防汛知识与抢险技术

主　编　刘秀华
副主编　李欣庆

黄河水利出版社
·郑州·

内 容 提 要

　　本书在总结我国防汛抗洪抢险方面成功经验的基础上,系统地阐述了防汛基本知识和技术要素,供从事防汛工作的人员学习、使用,旨在提高其工作能力和水平。全书共 8 章,主要包括雨水情预报、险情巡视与检查、防洪工程措施、防洪非工程措施、堤防工程险情、河道整治工程险情、涵闸工程险情、水库工程险情。

　　本书可作为防汛抗洪抢险的专业人员、参加防汛抢险的地方行政首长,以及各级从事防汛抗洪抢险工作人员的培训和了解相关知识的工具书,也可供大专院校相关专业的师生参考。

图书在版编目(CIP)数据

防汛知识与抢险技术/刘秀华主编. —郑州:黄河水利
出版社,2022.8
ISBN 978-7-5509-3342-2

Ⅰ.①防…　Ⅱ.①刘…　Ⅲ.①防洪-技术培训-教
材　Ⅳ.①TV877

中国版本图书馆 CIP 数据核字(2022)第 137181 号

策划编辑:岳晓娟　　电话:0371-66020903　　E-mail:2250150882@ qq. com

出　版　社:黄河水利出版社
　　　　　　地址:河南省郑州市顺河路黄委会综合楼 14 层　　邮政编码:450003
发行单位:黄河水利出版社
　　　　　　发行部电话:0371-66026940、66020550、66028024、66022620(传真)
　　　　　　E-mail:hhslcbs@ 126. com
承印单位:河南瑞之光印刷股份有限公司
开本:787 mm×1 092 mm　1/16
印张:15.5
字数:358 千字　　　　　　　　　　　　　　印数:1—2 000
版次:2022 年 8 月第 1 版　　　　　　　　　印次:2022 年 8 月第 1 次印刷

定价:89.00 元

前　言

洪涝灾害是我国危害最大、造成损失最严重的自然灾害之一，是我国国民经济和社会持续发展的"心腹之患"。防御水旱灾害，减少灾害损失，关系到社会安定、经济发展和生态与环境的改善。

中华人民共和国成立以来，中国共产党和政府领导全国人民进行了大规模的水利建设，在防洪减灾方面成绩斐然。各主要江河基本形成了以水库、堤防、蓄滞洪区或分洪河道为主体的拦、排、滞、分相结合的防洪工程体系和水文预测预报等防洪非工程体系，防洪减灾效果明显。同时，兴建了大量的蓄水、引水、提水工程，形成了比较完善的供水保障体系，提高了抗御旱灾的能力。

尽管我国在防御洪涝灾害方面做出了很大努力，并取得巨大成就，但由于自然、社会和经济条件的限制，我国现在的防汛抗洪减灾能力仍然较低，不能适应社会、经济迅速发展的要求，防灾减灾仍是一项长期而艰巨的任务。

本书旨在全面总结我国防汛抢险方面的成功经验，系统地阐述防汛抢险知识，供从事防汛抢险工作人员培训学习，以期提高工作能力和水平。全书共8章，主要包括雨水情预报、险情巡视与检查、防洪工程措施、防洪非工程措施、堤防工程险情、河道工程险情、涵闸工程险情、水库工程险情。本书可作为各级防汛抗洪专业干部和防汛人员的学习、使用，也可供各级相关部门的工程技术人员和有关高等院校的师生参考。

本书编写人员及分工如下：第一章由曹智慧编写，约7.08万字；第二章由艾若心编写，约5.77万字；第三章由李欣庆编写，约7.36万字；第四章和第五章由刘秀华编写，约9.53万字；第六章至第八章由武守静编写，约6.06万字；全书由刘秀华担任主编并负责全书统稿。本书在编写过程中曹克军参与了审查和修改，提出了许多宝贵意见，在此表示衷心的感谢！

由于编写时间仓促，书中不妥之处，敬请广大读者批评指正。

编　者

2022 年 3 月

目 录

第一章　雨水情预报

第一节　概　述

雨水情预报包括雨情预报和水情预报两部分。雨情预报通常是指天气形势分析及暴雨预报,主要根据天气形势的发展,预报洪水来源地区将出现暴雨的时间、范围和量级,为洪水预警、判断水情发展趋势提供依据。这部分一般由气象部门来做,并根据专家实际工作经验做适当调整。

水情预报是建立在充分掌握水循环运动规律的基础上,根据防汛部门在生产实际中能实时获取的水情信息,预报未来水情变化的一门实用技术。水情预报是防洪非工程措施中的关键环节,它可广泛服务于防洪抢险、水利工程运用、水资源调度,乃至工农业生产,对国民经济发展起到基础支撑作用。水情预报按水的现象可分为洪水预报和其他水文预报两个方面。

第二节　暴雨预报

一、天气学基础知识

(一)大气环流的基本概念

一般说来,大气环流是指全球范围的大尺度大气运行的基本状况。这种大范围大气运动的水平尺度在数千千米以上,垂直尺度在 10 km 以上,时间尺度在 1~2 日以上,这么大范围的大气运行的基本状态,是各种不同尺度的天气系统发生、发展和移动的背景条件。

从全球平均的纬向环流看,在对流层里,最基本的特征是:大气大体上沿纬圈方向绕地球运行,在低纬度地区常盛行东风,称为东风带,又称为信风带,北半球为东北信风,南半球为东南信风。中纬度地区则盛行西风,称为西风带。其所跨的纬度比东风带宽。西风强度随纬度增加,最大风出现在 30°N~40°N 上空的 200 hPa 附近,称为行星西风急流。在极地附近,低层存在较浅薄的弱东风,称为极地东风带。

从全球径向环流看,在南北方向及垂直方向上的平均运动构成三个经圈环流:①低纬度的正环流,即哈得来环流。在近赤道地区空气受热上升,在高层向北运行逐渐转为偏西风,在 30°N 左右有一股气流下沉,在低层又分为两支,一支向南回到近赤道,另一支北移。②中纬度形成一个逆环流或称间接环流、费雷尔环流。③极区正环流,即极地下沉而在 60°N 附近为上升,从而形成一个正环流,但较弱,在中纬度地区与低纬度地区之间则常有极锋活动。

大气环流的主要成因有以下几方面：

一是太阳辐射。这是地球上大气运动能量的来源，由于地球的自转和公转，地球表面接受太阳辐射能量是不均匀的。热带地区多，而极区少，从而形成大气的热力环流。

二是地球自转。在地球表面运动的大气都会受地转偏向力作用而发生偏转。

三是地球表面海陆分布不均匀。

四是大气内部南北之间热量、动量的相互交换。

正是由于以上种种因素构成了地球大气环流的平均状态和复杂多变的形态。

(二) 天气术语

1. 天气

天气是指某一地区在某一时段内由各种气象要素所综合体现的大气状态，大气中发生的阴、晴、风、雨、雷、电、雾、霜、雪等都是天气现象，它们的产生都与天气系统的活动有密切的关系，天气与人类的生活、社会、经济活动有十分密切的关系。

2. 天气系统

天气系统是指具有一定的温度、气压或风等气象要素空间结构特征的大气运动系统。如有的以空间气压分布为特征组成高压、低压、高压脊、低压槽等；有的则以风的分布特征来分，如气旋、反气旋、切变线等；有的又以温度分布特征来确定，如锋面；还有的则以某些天气特征来分，如雷暴、热带云团等。通常构成天气系统的气压、风、温度及气象要素之间都有一定的配置关系。大气中各种天气系统的空间范围是不同的，水平尺度可从几千米到 1 000~2 000 km。其生命史也不同，从几小时到几天都有，一般划分为大尺度系统、中尺度系统和小尺度系统。

(1)大尺度系统。天气图上常见的水平范围为几百米到几千千米的长波、气旋、反气旋等都是大尺度系统，其垂直范围可占对流层的大部分，在这种系统中，水平风速为十几米每秒，垂直速度一般在 10 cm/s 以下。大尺度系统又可分为长波系统(大于 3 000 km)和天气尺度系统两种。

(2)中尺度系统。小气旋、跑线等都属于中尺度系统。其水平范围为几十千米到二三百千米，垂直范围一般为几千米。在这类系统中，水平风速一般为 10~25 m/s，垂直速度为几十厘米每秒至几米每秒，局部地区可达几十米每秒。

(3)小尺度系统。积雨云、浓积云等都属小尺度系统，它们的水平范围小于 10 km，垂直范围大体为几千米。在这类系统中，水平风速一般为几米每秒，大时可达二三十米每秒，垂直速度很大，可达几米每秒至几十米每秒。

3. 气团

气团是指在水平方向上大气的物理属性(温度、湿度和稳定度)比较均匀的大块空气块。其水平尺度达到几百千米至几千千米，垂直尺度几千米到十几千米。气团的形成必须具有范围大、性质均匀的下垫面，还须有合适的环流条件。气团的分类，若按形成的地理位置分，则有极地气团(又可分为极地大陆气团和极地海洋气团)、热带气团(又可分为热带海洋气团和热带大陆气团)。此外，还有中纬度气团，它们主要来自极地或热带的变性气团。若按热力分类，气团则可分为冷气团和暖气团。

活动于我国的主要气团，随季节而有变化。冬季以极地大陆气团为主，我国南方部分地区则会受热带海洋气团影响。夏季主要受热带海洋和热带大陆气团影响,在我国北方则仍会受极地大陆气团影响。春、秋季则主要有变性极地大陆气团和热带海洋气团。

4. 锋面

暖空气由于温度高、密度小,而北方移来的空气又干又冷,密度大。当这两种不同性质的空气相遇的时候,中间就有一条温度和密度不连续的交界面,即分隔冷、暖两种不同性质气团之间的狭窄的过渡带。这个过渡带自地面向高空冷气团一侧倾斜。过渡带在近地面的宽度只有几十千米,到高层可达到 200~400 km。锋的长度一般可有几百千米到几千千米,垂直方向可伸展 10 多 km。在这一过渡带里温度变化特别大,这在气象学上叫锋面。锋面是冷暖空气交绥的地方,暖空气轻,被冷空气抬升到高空,就会有水汽冷却凝结,形成浓密的云层,并出现降水,这就是锋面降水。

按照热力学分类方法,若冷气团主动推动暖气团,则称为冷锋;反之称为暖锋。若冷暖气团相当,则称为准静止锋。若冷锋追上暖锋,则会形成锢囚锋。由于锋面是冷暖气团交界的地区,空气活动十分活跃,可以形成一系列的云、雨、大风、降水等天气。在我国一年四季都有锋的活动,其中冷锋活动最为经常,且能在全国广大地区出现。在春夏之交,往往会有准静止锋活动。锋面的活动常经历生成、加强、消亡的过程。一般生命史 3~5 d。

5. 切变线

切变线是指一条近于东西向的风向不连续线,线的两侧风存在明显的气旋性切变。根据风场的切变形式大体分为:①冷锋式切变,即偏北风和西南风的切变;②暖锋式切变,即东南风和西南风的切变;③准静止锋式切变,即偏东风和偏西风的切变。切变线一般主要出现在中、低空即 3 000 m 和 1 500 m 左右的空中。在我国东部地区常会出现和维持准静止锋式的切变线。如初夏在江淮流域到长江以南的江淮切变线。夏季即会在华北地区出现切变线。由于切变线是一种风的不连续线,切变线附近上升运动强烈,容易发生降水,常有暴雨出现,暴雨区多分布在切变线北侧的东风区域里,是造成夏季我国降水的一个重要天气系统。

6. 低压

低压又称气旋或低涡,气旋是指地面气压比四周低的区域,气象学上称为气旋(低气压)。生成于低纬度海洋上的称为热带气旋(或称热带风暴,我国又称台风)。生成于中纬度地区的为温带气旋。气旋中心气压愈低,气压梯度愈大,这时气旋就愈强。在北半球,低压区域内空气做逆时针方向流动,在南半球则相反。由于低压区域内有上升气流,水汽上升冷却,成云致雨,所以气旋常造成乌云密布、雨、雪或大风等天气,若低压中有锋面,天气则更恶劣,此时的低压更确切地称为锋面气旋或温带气旋,在气旋中心和锋面附近天气变化激烈,气旋中心和锋面经过的地区常常有大雨和暴雨出现。若按气旋生成源地分,又有江淮气旋、黄河气旋、蒙古气旋和东北低压等。由于我国幅员广大,地形复杂,按地区又分华北低涡、东北低涡、西南低涡等。低涡内有较强的上升运动,为降水提供有利条件,如果水汽充沛,也常有暴雨产生。影响黄河流域的冷涡常由西风带延伸槽切断而成,或气流流经特定地形(如青藏高原)后产生。

7. 高压

高压亦称反气旋,与低压不同的是,指同一水平面上中心气压的四周高的大气涡旋,活动于我国的高压,夏季主要是太平洋高压或称副热带高压,冬季则主要是蒙古冷高压。副热带高压是介于热带与温带之间的高气压,这种高压是控制热带、副热带地区的持久的大型天气系统,其位置和强度随季节而有变动,在高压中心控制的地区,因气流下沉,一般云雨少见,在其边缘则多降水等天气系统活动。副热带高压因受海陆分布的影响而分裂成若干单体,其中西太平洋副热带高压的强弱和位置变化,对我国天气和气候的影响较大。夏季我国大陆上的降雨同西太平洋副热带高压的位置、强度、活动有着十分密切的关系。一般认为副高控制范围内是比较均匀的暖湿空气,其中心盛行下沉气流,天气晴朗少云,它在一个地区长期维持,可造成该地区内的干旱。副高边缘,特别是西部和西北部边缘与中高纬度天气系统相互作用,又常有大雨和暴雨天气出现。若副高稳定少动,就会造成一个地区的干旱和另一个地区的严重洪涝,历史上罕见的 1998 年长江特大洪水与副热带高压的异常活动关系密切。

8. 台风

台风是影响降水的又一重要天气系统。由于台风到来时伴有狂风暴雨,会给国家和人民生命财产带来重大损失。

影响我国的台风生成于西太平洋和南海热带海洋上,是一个直径约为几百千米的暖性涡旋。世界气象组织规定:涡旋中心附近最大风力小于 8 级时,称热带低压;当中心附近风力达 8~9 级时,称热带风暴;当中心附近风力达 10~11 级时,称强热带风暴;当中心附近风力达 12~13 级时,称台风;当中心附近风力达 14~15 级时,称强台风;当中心附近风力大于或等于 16 级时,称超强台风。我国气象部门原规定,当涡旋中心附近风力大于或等于 8 级时称台风,大于或等于 12 级时称强台风,1989 年起统一按世界气象组织规定的标准划分。

台风登陆时风强雨急,常常造成暴雨洪水灾害。当台风登陆后伸入内陆,与中纬度西风带系统结合,相互作用时还会触发出强暴雨的发生。

(三) 天气图基本知识

1. 地面天气图

地面天气图是填写气象观测项目最多的一种天气图。它填有地面各种气象要素和天气现象,如气温、湿度、风向、风速、海平面气压和雨、雪、雾等,还填有一些能反映空中气象要素的记录,如云高、云状等,既有当时的记录,又有一些能反映短期内天气演变实况及趋势的记录,如 3 h 变压、气压倾向等。因此,地面天气图在天气分析和预报中是一种很重要的工具。

地面天气图的分析项目通常包括海平面气压场、3 h 变压场、天气现象和锋等。

1) 海平面气压场

气压的分布称为气压场。海平面上的气压分布称为海平面气压场。气压的三度空间分布(简称空间分布,包括水平和垂直的分布)称为空间气压场。其他气象要素场的概念与此相同。

海平面气压场分析就是在地面图上绘制等压线,即把气压数值相等的各点连成线,绘制等压线后,就能够清楚地看出气压在海平面上的分布情况。

等压线分析所显示出来的气压场有五种基本形式。任一张天气图都是由这五种基本形式构成的。

(1)低压。由闭合等压线构成的低压区,气压从中心向外增大,其附近空间等压面类似下凹的盆地。

(2)高压。由闭合等压线构成的高压区,气压从中心向外减小,其附近空间等压面类似上凸的山丘。

(3)低压槽。从低压区中延伸出来的狭长区域叫作低压槽,简称槽。槽中的气压值较两侧的气压要低,槽附近的空间等压面类似于地形中的山谷。常见的低压槽一般从北向南伸展,从南伸向北的槽称为倒槽,从东伸向西的槽则称为横槽。槽中各条等压线弯曲最大处的连线称为槽线,但地面图上一般不分析槽线。

(4)高压脊。从高压区延伸出来的狭长区域叫作高压脊,简称脊。脊中的气压值较两侧的要高。脊附近的空间等压面类似地形中的山脊。脊中各条等压线弯曲最大处的连线为脊线,但一般不分析脊线。

(5)鞍形气压场。两个高气压和两个低气压交错相对的中间区域称为鞍形气压场,简称鞍形场或鞍形区。其附近的空间等压面的形状类似马鞍形状。

2)3 h 变压线的绘制

3 h 内的气压变化反映了气压场最近改变状况,使我们能从动态中观察气压系统,它是确定锋面的位置,分析和判断气压系统及锋面未来变化的重要根据,因此在地面图上分析 3 h 变压线具有重要意义。

2. 高空天气图

为了全面认识和掌握天气的变化规律,除分析地面天气图外,还要分析高空天气图,即填有高空某一等压面上气象记录的等压面图。高空天气图上一般填有高度、温度、风向、风速、温度露点差、24 h 变高等气象要素。

1)等压面图的概念

空间气压相等的各点组成的面称为等压面。由于同一高度上各地的气压不可能都相同,所以等压面不是一个水平面,而是一个像地形一样的起伏不平的面。用来表示等压面的起伏形势的图称为等压面形势图。

等压面的起伏形势可采用绘制等高线的方法表示出来。具体地说,将各站上空某一等压面所在的位势高度值填在图上,然后连接高度相等的各点绘制出等高线,从等高线的分析即可以看出等压面的起伏形势。

分析等压面形势图的目的是要了解空间气压场的情况。因为等压面的起伏不平现象,实际上反映了等压面附近的水平面上气压分布的高低。因此,通过等压面图上的等高线的分布,就可以知道等压面附近空间气压场的情况。位势值高的地方气压高,位势值低的地方气压低。等高线密集的地方表示气压水平梯度大;反之气压水平梯度小。

日常分析的等压面图有以下几种:

850 hPa 等压面图,其位势高度通常为 1 500 位势米左右。

700 hPa 等压面图,其位势高度通常为 3 000 位势米左右。

500 hPa 等压面图,其位势高度通常为 5 500 位势米左右。

300 hPa 等压面图,其位势高度通常为 9 000 位势米左右。

200 hPa 等压面图,其位势高度通常为 12 000 位势米左右。

100 hPa 等压面图,其位势高度通常为 16 000 位势米左右。

2)等压面图的分析内容

(1)等高线分析。因为等压面的形势可以反映出等压面附近气压场的形势,而等高线的高(低)值区对应于高(低)压区,因此等压面上风与等高线的关系,与等压面上风及等压线的关系一样,适合地转风关系。由此可知,分析等高线时,同样需要遵循下述规则:①等高线的走向和风向平行,在北半球,背风而立,高值区(高压)在右,低值区(低压)在左;②等高线的疏密(等压面的坡度)和风速的大小成正比。

(2)等温线分析。绘制等温线时,除主要依据等压面上的温度记录进行分析外,还可参考等高线的形势进行分析。这是因为空气温度越高,则空气的密度越小,气压随高度的降低也越慢,等压面的高度就越高。因此,越到高空,如 700 hPa 或 500 hPa 以上的等压面,高温区往往是等压面高度较高的区域;反之,低温区往往是等压面高度较低的区域。因此,在高压脊附近温度场往往有暖脊存在,而在低压槽附近往往有冷槽存在。

(3)湿度场的分析。湿度场的分析和温度场的分析相同,分析等比湿线、等露点线或等温度露点差线。湿度场中有干湿中心和湿舌、干舌,这些与温度场中的冷暖中心和暖脊、冷槽相对应。

(4)槽线和切变线的分析。槽线是低压槽区内等高线曲率最大点的连线。而切变线则是风的不连续线,在这条线的两侧风向或风速有较强的切变。槽线和切变线是分别从气压场和流场来定义的不同的天气系统,但因为风场与气压场相互适应,所以槽线两侧风向必定也有明显的转变。同样,风有气旋性改变的地方,一般也是槽线所在处,两者又有着不可分割的联系。

习惯上往往在风向气旋性切变特别明显的两个高压之间的狭长低压带内和非常尖锐而狭长的槽内分析切变线,而在气压梯度比较明显的低压槽中分析槽线。

3.温压场的综合分析

天气分析中常用的地面天气图和各层等压面图都是反映空间大气运动的工具。各种图上的现象都是互相联系的。只有将各种天气图配合起来进行综合分析,才能从整体上得到对大气运动的正确认识,从而为做好天气预报打下基础。

根据静力学方程得知:气压随高度的减小与温度的高低有关,温度愈高,气压随高度减小愈慢。这就是说,在暖空气中气压随高度的减少比在冷空气中慢。因此,气压系统的垂直结构与温度分布有关。下面简单介绍 3 种常见的高低压系统的垂直结构。

(1)深厚而对称的高压和低压。此类系统是对称的冷低压和暖高压,是温度场的冷(暖)中心与气压场的低(高)中心基本重合在一起的温压场对称系统。由于冷低压中心的温度低,所以低压中心的气压随高度而降低的程度较四周气压更加剧烈,因此低压中心附近的气压越到高空比四周的气压降低得越多,即冷低压越到高空越强。同样,由于暖高压中心温度高,所以高压中心的气压随高度降低较四周慢,因此暖高压越到高空也越强。冷低压和暖高压都是很深厚的系统,从地面到 500 hPa 以上的等压面图上都保持为闭合的高压系统和低压系统。冷低压和暖高压在剖面图上,等压面的坡度随高度是增大的,说明冷低压和暖高压在剖面图上是随高度变强的。我国东北冷涡即是一种深厚的对称冷低压,西太平洋副热带高压即是一种深厚的对称暖高压。

(2)浅薄而对称的高压和低压。此类系统在低层是对称的暖低压和冷高压,其温度场的暖(冷)中心基本上和气压场的低(高)中心重合在一起。暖低压,由于其中心温度较四周高,所以气压下降较四周慢,低压中心上空的气压,到一定高度以后,反而变得比四周还高,成为一个高压系统。同样,冷高压由于其中心温度较四周低,到高空一定高度以后就变为一个低压系统。这两种系统,在地面图上较明显,到500 hPa高度以上就消失或变为一个相反的系统。我国西北高原地区经常出现浅薄的暖低压,而南下的寒潮冷高压就是一种浅薄的冷高压系统。

(3)气压场不对称的系统。这类系统是指在地面图上冷暖中心和高低压中心不重合的高低压系统。在高压中,由于一边冷,一边暖,暖区一侧气压随高度降低比冷区一侧慢,所以高压中心越到高空越向暖中心靠近,即高压轴线向暖区倾斜。同样,在低压中,低压中心越到高空越向冷中心靠近,即低压轴线向冷区倾斜。在中纬度地区,多数系统都是温压场不对称的,因而轴线都是倾斜的,如锋面气旋等。

二、暴雨分析与预报

暴雨是泛指降水强度很大的降雨。通常规定:①日(或24 h)降水量大于或等于50 mm者,统称为暴雨。②日(或24 h)降水量为50~99 mm者,称为暴雨;日(或24 h)降水量为100~199 mm者,可称为大暴雨;日(或24 h)降水量大于或等于200 mm者,称为特大暴雨;还有将日(或24 h)降水量大于或等于400 mm者,称为危害性大暴雨。

暴雨可分为区域性和局地性两大类,一般来说,大范围的区域性暴雨,根据天气学(天气图)预报思路和方法是可以预报出来的。预报局地性暴雨比较困难,因为局地性暴雨往往与强热力对流以及地形特征密切相关。

(一)暴雨分析

1.暴雨形成的条件

(1)丰沛的水汽条件。在相同的上升运动条件下,大气柱中饱和比湿愈大,则降水愈强。实际上暴雨都是在饱和比湿达到一定程度以上才能发生的,这可能是由于水汽的多少,特别是低层水汽的多少,与垂直速度的强弱也有一定关系的缘故。

充分的水汽条件还必须有充分的水汽供应,因为只靠某一时刻大气柱中所含的水汽凝结下降量是很小的。在暴雨中水汽的供应主要是靠暴雨右侧的低空急流对水汽的输送。我国暴雨的主要水汽源地为孟加拉湾、南海及西太平洋。在偏南气流的作用下,经常由水汽输送到我国内陆地区。盛夏季节,副热带高压西部的暖湿偏南和偏东南气流能影响到我国中部,甚至北部地区。因此,孟加拉湾—南海一带的西南气流与西太平洋高压的东南气流在我国大陆上汇合时,常有利于暴雨和特大暴雨的发生。

(2)强烈的辐合上升运动。实际上一般暴雨,尤其是特大暴雨都不是在一天之内均匀下降的,而是集中在1 h到几小时内降落的,所以降水时的垂直运动是很大的,是由中小天气系统造成的。如此大的垂直运动,只有在不稳定能量释放时才能形成。所以在考虑暴雨时,必须分析不稳定能量的储存和释放的问题。

（3）影响系统的持续性。降水持续时间的长短,影响着降水量的大小。降水持续时间长是暴雨(特别是连续暴雨)的重要条件。中、小尺度天气系统的生命较短,一次中、小尺度系统的活动,只能造成一地短时的暴雨。必须要有若干次中、小尺度系统的连续影响,才能形成时间较长、雨量较大的暴雨。然而中、小尺度系统的发生、发展又是以一定的大尺度系统为背景的,也就是说,暴雨总是发生在大范围上升运动区内。因此,要讨论暴雨的持续时间,就必须讨论行星尺度系统和天气尺度系统的稳定性和重复出现的问题。副热带高压脊、长波槽、切变线、静止锋和大型冷涡等大尺度天气系统的长期稳定是造成连续性暴雨的必要前提。短波槽、低涡、气旋等天气尺度系统移速较快,但它们在某些稳定的长波形式控制下可以接连出现,造成一次又一次的暴雨过程。在特定的天气形势下,当天气尺度系统移动缓慢或停滞时,更容易形成时间集中的特大暴雨。

2. 大范围暴雨的环流形势

因为我国暴雨,尤其是特大暴雨和连续暴雨多是发生在夏季副热带高压北部的副热带锋区上,因此暴雨天气过程与副热带流型和副热带高压的活动有密切关系。

一般的移动性长波仅能造成一地区的短期暴雨,而稳定的长波则可造成连续的大暴雨。除单纯的热带天气系统外,产生我国连续大范围暴雨的副热带长波环流型基本上有两种:一种为稳定纬向型,另一种为稳定经向型。

（1）稳定纬向型。在此型下,东亚上空南支锋区比较平直,副热带高压脊线呈东西向,在平直西风带中,不断有小槽东移。对应低空为东西向切变线,地面为静止锋(低层锋区有时不明显)。与高空小槽相配合,低空有西南涡沿切变线东移,地面静止锋上,则有气旋生成并东移。在这些短波系统一次次经过的地区,接连发生暴雨,而暴雨带呈东西向。华南4~6月的前汛期降水和长江中下游6月中旬至7月上旬的梅雨多属于这种形势。

（2）稳定经向型。在此型下,副热带高压呈块状,位置偏北而稳定。其西侧长波槽移动缓慢,槽前维持明显的经向偏南气流。在其下方为近于南—北向或东北—西南向的切变线。西南涡东移后受副热带高压的阻挡,被迫沿切变线向北移动,速度减慢,加之西部冷空气的侵入,产生强的降水。降水带在长波槽前呈东北—西南向或南—北向。盛夏,当长波槽位于80°E以西时,主要雨带在黄河流域或华北地区,而长江流域及其以南少雨。当长波槽位于150°E附近时,主要雨带在105°E以东的华北、东北地区。当块状副热带高压位置特别偏北而稳定时,常造成持久性的特大暴雨。此种形势称为强经向型。

3. 行星尺度天气系统对暴雨的作用

从暴雨的两种环流型可见,无论哪种大范围的持续性暴雨,总是发生在环流形势比较稳定的时候。而环流形势的特点,是由行星尺度的天气系统所决定的。行星尺度天气系统的不同配置,就有不同的环流型,从而产生不同类型的暴雨。行星尺度天气系统本身并不直接产生暴雨,而是借制约影响天气尺度系统的活动才间接产生暴雨的作用。此外,它还能将南海、孟加拉湾和东部海上的水汽不断向暴雨区输送。因此,行星尺度天气系统的活动,大致决定了暴雨发生的地点、强度和持续时间。下面对影响我国暴雨的几种行星尺度天气系统的具体作用进行分析。

1) 西风带长波槽

(1) 乌拉尔大槽。因为夏季副热带流型长波波长 50°~60°（经度），所以当乌拉尔大槽稳定存在时，在其下游河套地区易于有低槽维持，造成稳定经向型暴雨。这时大槽中不断分裂小槽东移，冷空气多从西路或西北路经新疆和河西地区侵入我国河套和川陕一带。

(2) 贝加尔湖大槽。因为贝加尔湖大槽底部西风气流平直，存在时，易形成稳定纬向型暴雨。

(3) 太平洋中部大槽。当太平洋中部大槽发展和加深时，可使其西部的副高环流中心稳定，从而对其上游的西风槽起阻挡作用。当此槽不连续后退时，更可迫使西侧副高环流中心西进，建立日本海高压，造成经向型暴雨。

(4) 青藏高原西部低槽。这是副热带锋区上的低槽，它可与乌拉尔大槽或贝加尔湖大槽结合。当此槽建立时，在其上有分裂的槽东移，按其位置不同表现为西北槽、高原槽或印缅槽，是直接影响降水的短波系统。

2) 阻塞高压

(1) 乌拉尔山阻塞高压。乌拉尔山长波高压脊的建立，对整个下游形势的稳定起着十分重要的作用。这个高压常有冷空气南下，使其东侧低槽加深，分裂小槽东移，影响我国降水。同时，贝加尔湖则为大低槽区，中纬度为平直西风气流，有利于稳定纬向型暴雨的形成。

(2) 雅库茨克—鄂霍茨克海阻塞高压。雅库茨克—鄂霍茨克海阻塞高压的建立对我国暴雨有重要影响，尤其对我国梅雨影响更大。它常与乌拉尔山阻塞高压或贝加尔湖大槽同时建立，构成稳定纬向型暴雨。由于它稳定少变，使其上游环流形势也稳定且无大变化。同时西风急流分为两支，一支从它北缘绕过，另一支从它的南方绕过，其上不断有小槽东移，引导冷空气南下与南方暖湿空气交绥于江淮地区。另外，在阻塞高压的西南方和东南方有低涡切断，直接造成北方降水。

(3) 贝加尔湖阻塞高压。当这种阻塞高压建立时，易形成稳定经向型暴雨。它常由雅库茨克高压不连续后退或乌拉尔高压东移发展而成。当它与青藏高压相连，形成南北向的高压带时，将使环流经向度加大，并在这个高压带与海上副热带高压之间，构成狭长低压带，造成北方经向型暴雨。

3) 副热带高压

副热带高压呈东西带状时，副热带流型多呈纬向型，造成东—西向的暴雨。副热带高压呈块状时，副热带流型多呈经向型，造成南—北向或东北—西南向的暴雨。后者常发生于副热带高压位置偏北的时候。西太平洋副热带高压脊线西北侧的西南气流是向暴雨区输送水汽的重要通道，而其南侧的东风带是热带降水系统活跃的地区，因此它的位置变动对我国主要雨带的分布有密切关系。冬季副热带高压脊线在 20°N 以南，雨带在华南沿海一带。春季副高脊线逐渐北移，雨带中心移到南岭附近（25°N~27°N），华南前汛期雨季开始。初夏（6月中旬至7月上旬）副热带高压第一次北跳，脊线稳定在 20°N~25°N，雨带北移到江淮流域，梅雨季节开始，华南前汛期雨季结束。7月中旬，副热带高压第二次北跳，其脊线稳定在 30°N 附近，雨带中心移到黄河流域以北，华北和东北雨季开始，华南第二阶段雨季开始。8月下旬副热带高压脊线又开始撤退，雨带也开始南撤，9月上旬退回到 25°N,10 月上旬到达 20°N 以南。

4)热带环流

热带系统除直接造成暴雨外,它与中纬度系统的相互作用,对我国夏季西风带的降水有密切的关系。热带系统与中纬度系统相互作用而产生的暴雨大致可分为 3 种类型。

(1)在副热带流型经向度较大时,热带气旋北上,合并于西风槽中,或者中、低纬系统叠加在一起(如高层西风槽与低层东风波叠加),就造成暴雨。实际上华北与东北最强烈的暴雨,往往是由北上的热带系统(如由台风变性成温带气旋等)造成的。

(2)整个热带辐合区北抬,海上辐合区中有台风发展。在台风与副高之间维持强的低空偏东风急流,有利于水汽不断向大陆输送,保证暴雨区的充分水汽供应。1975 年 8 月初河南暴雨就是在这种形势下产生的。

(3)热带辐合带稳定于南海一带,副热带高压脊线位于 20°N~25°N,则江淮梅雨持续维持。这是热带环流对中纬度暴雨的间接影响。

4. 天气尺度系统对暴雨的作用

天气尺度系统对暴雨的作用主要表现在以下几个方面:

(1)制约和影响造成暴雨的中尺度系统的活动。天气尺度系统可以提供中尺度系统形成的基本条件。由于上、下层气流的平流差异,可以形成大范围的不稳定区。这是中尺度系统形成的必要条件之一。

而天气尺度的上升运动又是促成不稳定能量释放的触发条件。只是在不稳定能量释放时,对流活动和中尺度系统才得以形成。当中、小尺度系统生成后,一般沿对流层中层(700 hPa 或 500 hPa)的气流移动,因此天气尺度系统的气流,可以制约中、小尺度系统的移动,并能将其排列成带状,使其有组织地向前传播。

(2)供应暴雨区的水汽。整层大气的水汽凝结量(降水量)等于该大气柱中的水汽通量辐合与水汽局地变化之和。如果要使暴雨继续维持,则还需更强的大尺度水汽通量辐合以补充外区水汽的减少。而这种较强的水汽通量辐合场,一般出现在天气尺度的系统中。

(3)对暴雨作用的天气尺度系统的活动特点。当天气尺度系统强烈发展或停滞摆动时,则易造成较强而持续的暴雨。例如 1975 年 7 月 29 日一个发展的黄河气旋,在唐山地区普遍降下 200 mm 以上的特大暴雨,最大暴雨中心在柏各庄,高达 631 mm。1963 年 8 月上旬西南低涡在河北省停滞,造成"63·8"特大暴雨。各种天气尺度系统的叠加也会使降水量加大,例如造成 1975 年 8 月初河南特大暴雨的天气系统,除登陆的台风外,还有西风槽、东风扰动、低空东风急流、中空偏南急流、冷暖锋等。高空槽与低层台风叠加,构成"南涡北槽"形势,是一种较普遍的暴雨形势。西南涡与北部西风槽叠加,也常造成暴雨加强。台风东北象限的低层辐合与高空槽前的高层辐散叠加有利于上升运动的维持和加强。此外,在中空偏南急流之西侧、低空偏南急流之左侧也是有利于上升运动发展之处,且低空急流保证了水汽的充分供应,给暴雨的形成提供了条件。所以,在上述几个系统叠加之处就能形成暴雨。在稳定的环流形势下(一般多为纬向型),天气尺度系统沿同一路径移动,因而在此路径上的地区,往往受若干个天气尺度系统的重复作用,接连出现几次暴雨,形成连续性特大暴雨。

5. 中尺度天气系统对暴雨的作用

一次暴雨天气过程的降水总量并非由一次连续降水所组成,而是由于在此过程期间中尺度雨团不断生成和移动的结果。据分析,与中尺度雨团相配合的中尺度系统有中尺度低压(或负变压中心)、气旋性辐合中心、辐合线、切变线等。现将与中尺度雨团相配合的中尺度系统分述如下:

(1)中尺度低压。中尺度雨团常与中尺度低压相配合(并伴有负变压中心)。例如,1972 年 7 月 1~3 日安徽省淮北发生的一次特大暴雨,降水量最大达 596.9 mm,这次暴雨过程就是由十几个中低压系统连续影响造成的。

(2)中尺度辐合中心。流线从各个方向气旋式地朝一点辐合形成辐合中心。在辐合中心往往有暴雨发生。

(3)中尺度切变线。在切变线上有较明显的气旋式风向转变。一种是偏北风与偏东风之间的切变线,称为冷性切变线。它自西向东移动。当切变线过境时,风向由偏东转为偏北,随后风速逐渐加大,降水强度增加。另一种切变线是由东北东(或东北)风与东南风之间构成的切变线,称为东风切变线。这种切变线,是在东风带内产生的,并自东向西移动。每次出现后,雨量就有一次跃增。东风切变线引起的雨强很大(40 mm/h)。冷性切变线引起的雨强要小些(20 mm/h),降水时间也较短促。在中尺度切变线与天气尺度切变线相交之处往往是一个雨团强烈发展的地方。

(4)中尺度辐合线。在辐合线前方风速小,后方风速大,在辐合线上有较强的风速复合。暴雨常发生在辐合线附近。

6. 低空急流对暴雨的作用

与暴雨有关的低空急流往往存在于西太平洋高压的西北侧的西南气流中,其高度在 600~900 hPa(高原地区可达 500 hPa 高度以上)。急流的左侧经常有切变线和低涡活动,伴有大片的降水带(在雨带中并有暴雨中心生成),是辐合上升运动区。其右侧为副热带高压内部,通常天气晴朗,没有成片的降水发生,是辐散下沉运动区。当有两支急流(高、低空急流)存在时,在两急流之间为暴雨区。

在副热带高压的西侧或南侧,与热带辐合带、东风波之间还存在偏东风或东南风的低空急流,它与暴雨的关系也是极为密切的,它的结构与西南风低空急流类似。

低空急流与暴雨是相互促进的,低空急流的存在,有利于暴雨的发生,而暴雨的发生又促进了急流的形成和维持。

7. 暴雨的反馈作用

暴雨产生于一定的环流背景和天气系统之中,而暴雨的生成又对周围的环流形势和天气系统产生影响,这就是暴雨的反馈作用。这些作用有:促进了暴雨区垂直运动的发展、维持和推动暴雨区向前传播,在其右侧形成低空急流,促使低层气旋生成和发展。此外,暴雨区上空有潜热释放,使大气增暖,并加压而形成高压,或使原有高压加强,并由此而使其左侧上空的高空急流加强。又由于在暴雨区水汽向上输送的结果,使不稳定层结转变为中性层结,易有中间尺度(数百千米到 1 000 km)和中尺度扰动发展。由此可见,暴雨过程可能是形成中尺度天气系统的动力之一。

(二) 暴雨预报

1. 应用天气图预报暴雨

制作暴雨天气—气候模式,作形势预报后,如果符合某一类暴雨天气型,就按这一形势做预报。步骤如下:

第一步:大范围(以行星尺度为主)的天气形势分析和预报。对暴雨来说,要注意下述几点:

(1)西风带长波的演变和调整。中高纬度对流层中、上层表现为长波形式,其变化一般以两种方式进行:一种为长波演变;另一种为长波调整。特大暴雨往往出现在这种长波调整过程中。

(2)阻塞高压与切断低压。我国各地的持续性暴雨形势往往与中高纬度的阻塞高压有关。

(3)副热带高压。副热带高压西侧的暖湿气流与北方冷空气的交绥而产生的冷、暖锋系及锋系上的波动与气旋,以及副高与大陆高压之间形成的切变线、低涡都是我国主要的暴雨系统。

第二步,天气尺度系统的分析和预报。在有利的环流背景条件下,着重分析产生暴雨的天气尺度系统的活动,并配合其他指标,确定大范围暴雨的落区。

造成暴雨的天气尺度系统主要有:

(1)西风带系统。锋面、气旋、高空槽、低涡、切变线及高压边缘的低值扰动。

(2)热带天气系统。台风、热带辐合带上的扰动、东风波、热带云团、中层气旋、南支西风的扰动,以及配合低空急流的各种低值系统和扰动。

(3)高层天气系统。包括辐散流场、高空西风急流、高空东风急流。

第三步,小尺度系统及其条件的分析。目前,由于测站网密度所限,尚不能进行细致的中、小尺度分析,因此可运用多种工具进行综合分析。

2. 暴雨落区的预报

(1)高空槽与暴雨区位置。暴雨一般出现在高空槽前,尤其是高空槽在东移过程中不断向南伸的时候。这种情形一般出现在横槽转成竖槽的过程中。这时高空槽移动比较慢,并且在 500 hPa 槽线东南方正涡度平流甚强。如果在正涡度平流区域同时也是 500~1 000 hPa 的湿舌区域和位势不稳定区域,则这个区域会出现强降水。

(2)用多种特征量(特征线)来勾画落区模式。

华南前汛期暴雨预报中,根据暴雨天气形势的主要特征,用以下几个指标勾画出暴雨落区:暴雨常出现在低空 850 hPa 西南风急流轴和左侧西南风零线之间,尤其是出现在急流中心的左前方;850 hPa 假相当位温大于或等于 75 ℃;850 hPa 假相当位温减 500 hPa 假相当位温大于或等于 5 ℃;低层 850 hPa 或地面应是辐合区;850 hPa 比湿大于或等于 14 g/kg;理查逊数的负值中心常是暴雨区;暴雨区常常在低层暖湿中心的下风方。

(3)其他方法。

①用 850 hPa 实测风场按东北方向作 X 轴进行分解后,等风速线(西南风)所确定的急流轴及其中心与 850 hPa 假相当位温场,常能抓住暴雨比较主要的特征。

②850 hPa 的暖湿空气及其假相当位温场的锋区与地面高能区和能量锋区配合较

好,表示 850 hPa 以下假相当位温的分布近乎一致。

③暴雨主要发生在低空急流中心左前方的暖湿空气中,其主要特征是暖区降水。

应用以上分析亦可作暴雨终止时间的预报。从探空曲线中分析,当暴雨过程中大气由不稳定过程转为稳定过程,暴雨将结束。此外,根据湿不稳定指数分析,当湿不稳定指数小于或等于晴天数值(指雨后晴天的计算值,不同月份有所差异)时,则暴雨将结束。

三、暴雨预报精度

(一)暴雨预报质量评定办法

众所周知,衡量任何一个气象要素的预报精度,都要有一个客观、准确的评定方法,使评定出的预报精度既有代表性,又具可比性。经过多年来的努力,2002 年中国气象局出台了《中短期天气预报质量评定办法》(简称 TS 评定)。在 2005 年 2 月又对该办法进行了进一步修正。现将该评定办法中暴雨预报质量评定办法介绍如下。

1. 暴雨等级划分

暴雨等级划分见表 1-1。

表 1-1　暴雨等级划分

暴雨等级	12 h 降水量/mm	24 h 降水量/mm	暴雨等级	12 h 降水量/mm	24 h 降水量/mm
大到暴雨	23.0~49.9	38.0~74.9	大暴雨	70.0~140.0	100.0~250.0
暴雨	30.0~69.9	50.0~99.9	大暴雨到特大暴雨	105.0~170.0	175.0~300.0
暴雨到大暴雨	50.0~104.9	75.0~174.9	特大暴雨	>140.0	>250.0

2. 暴雨评定的分类

1)单站暴雨日标准

单站暴雨日是指某站日降水量大于或等于 50 mm,其日界为 8 时至次日 8 时和 20 时至次日 20 时。

2)单站持续性暴雨过程标准

单站持续性暴雨过程是指该过程中具有 2 d 或 2 d 以上的暴雨日。过程的开始日期为日降水量大于或等于 25 mm,过程的结束日期为日降水量小于 25 mm;如果该过程暴雨日数在 3 d 以上,中间允许有 1 d 降水量在 10 mm 以上。日界为 8 时至次日 8 时和 20 时至次日 20 时。

3)区域性暴雨日标准

(1)流域性暴雨日标准。流域性暴雨是指某流域出现日面雨量(日界为 8 时至次日 8 时)大于或等于 20 mm 的降水,即为流域性暴雨日。

注:流域性暴雨预报标准选用武汉中心气象台的标准,这也是我国唯一一个流域暴雨评定标准,后同。

(2)省暴雨日标准。省暴雨日是指全省有 X_x 个站以上出现日降水量大于或等于 25 mm,其中有 X_i 个站以上的日降水量大于或等于 50 mm,或 X_j 个站以上降水量大于或等于 100 mm,即为一次全省性暴雨日。日界为 8 时至次日 8 时和 20 时至次日 20 时。

注：X_x、X_i 和 X_j 各省都不一致，一般由各省自己确定。

4）区域持续性暴雨过程标准

（1）流域持续性暴雨过程标准。流域内持续性暴雨过程是指某流域出现 2 d 或 2 d 以上日面雨量大于或等于 20 mm 的降水过程。过程的开始日期为流域日面雨量大于或等于 10 mm，过程的结束日期为流域日面雨量小于 10 mm。

（2）省持续性暴雨过程标准。省持续性暴雨过程是指出现了 3 d 或 3 d 以上的全省性暴雨日，其中 4 d 中允许有 1 d、7 d 中允许有 2 d 无全省暴雨日。

3.暴雨评定办法

1）降水预报

单站降水预报：逐日检验只评定是否正确和是否属空报、漏报，并保存每日预报与实况资料。月、季、年检验依据当月、季、年的预报正确总次数、实际出现总次数、预报出现总次数计算各级降水的 TS 评分、空报率、漏报率。

TS 评分：
$$TS_k = \frac{NA_k}{NA_k + NB_k + NC_k} \tag{1-1}$$

漏报率：
$$PO_k = \frac{NC_k}{NA_k + NC_k} \tag{1-2}$$

空报率：
$$FAR_k = \frac{NB_k}{NA_k + NB_k} \tag{1-3}$$

式中：k 为 1、2、3、4、5，对 24 h 预报，分别代表不低于 0.1 mm、不低于 10 mm、不低于 25 mm、不低于 50 mm、不低于 100 mm，对 12 h 预报，分别代表不低于 0.1 mm、不低于 5 mm、不低于 15 mm、不低于 30 mm、不低于 70 mm；NA_k、NB_k、NC_k 为站（次）数，由表 1-2 定义。

表 1-2 降水预报检验分类

实况	预报	
	有 k 级降水	无
有 k 级降水	NA_k	NC_k
无	NB_k	—

大雨和暴雨预报：在年降水量小于或等于 300 mm 的地区，由所在省（自治区、直辖市）气象局自行规定大雨和暴雨的标准，并报中国气象局备案，其他地区按目前中国气象局业务规定标准执行。

区域降水预报：逐日检验依据当日预报正确站数、实际出现站数、预报出现站数，计算各级降水的 TS 评分、空报率、漏报率，并保存各站每日预报与实况资料；月、季、年检验依据当月、季、年的预报正确总站（次）数、实际出现总站（次）数、预报出现总站（次）数，计算各级降水的 TS 评分、空报率、漏报率。

2）灾害性天气落区预报

（1）灾害性天气落区预报。冰雹、雷暴、强降雪（中雪、中到大雪、大雪、大到暴雪、暴雪)、雾(雾、浓雾、强浓雾)、冻雨、霜冻、强降雨(大雨、大到暴雨、暴雨、暴雨到大暴雨、大暴雨、大暴雨到特大暴雨、特大暴雨)、沙尘天气(沙尘暴、强沙尘暴、特强沙尘暴)、大风(≥6级、≥8级、≥10级、≥12级)、高温(≥37℃、≥40℃)、强降温(≥8℃、≥12℃、≥16℃)等灾害性天气预报检验。

(2)评定方法。

TS评分:
$$TS = \frac{NA}{NA+NB+NC} \tag{1-4}$$

漏报率:
$$PO = \frac{NC}{NA+NC} \tag{1-5}$$

空报率:
$$FAR = \frac{NB}{NA+NB} \tag{1-6}$$

式中:NA、NB、NC为站数。

NA、NB、NC由表1-3定义。

表1-3 灾害性天气落区预报检验分类

预报	实况	
	有	无
有	NA	NC
无	NB	—

逐日检验依据当日预报正确站数、实际出现站数、预报出现站数计算TS评分、空报率、漏报率,并保存每日预报与实况资料;月、季、年检验依据当月、季、年的预报正确总站(次)数、实际出现总站(次)数、预报出现总站(次)数,计算TS评分、空报率、漏报率。

4.检验的区域范围

检验的区域范围为预报责任区。

5.检验时段

统一评定气象台站每天发布的公众预报。

1)降水预报

24 h以内预报以12 h和24 h为一段评定,48 h及以上预报以24 h为一段评定。

当以12 h为一段发布降水预报时,若直接发布降水量值预报,24 h时段的预报值为两个12 h时段预报值之和;若发布降水量级预报,24 h时段的预报值按以下规定:

(1)当前12 h和后12 h预报的量级相同时,24 h预报用该量级进行评定。

(2)当前12 h和后12 h预报的量级不同时,24 h预报用两个时段预报量级的中值相加后对应的量级进行评定。

2)灾害性天气落区预报

(1)冰雹、雷暴、暴雨到大暴雨、大暴雨、大暴雨到特大暴雨、特大暴雨预报评定12 h和12~24 h预报。

（2）中雪、中到大雪、大雪、大到暴雪、暴雪、雾、浓雾、冻雨、霜冻预报评定 12 h、12～24 h 和 24～48 h 预报。

（3）大雨、大到暴雨、暴雨、沙尘暴、强沙尘暴、特强沙尘暴、大风、高温、强降温预报评定 12 h、12～24 h、24～48 h 和 48～72 h 预报。

（二）暴雨预报精度

通过以上介绍，对暴雨及灾害性天气的评定方法有了一个初步的了解。由于大到暴雨以上的降水事件是小概率事件，就全国而言，暴雨的气候概率东西和南北相差很大，以黄河三门峡至花园口区间为例：三门峡至花园口区间南部历史暴雨出现的气候概率不超过 15%，北部暴雨出现的气候概率不超过 10%。就这么一个小小的区间暴雨的气候概率就相差如此大，更何况全国。对于黄河上游来讲，暴雨出现的历史概率更小，有些年份一年一次暴雨都不会出现。所以对于像这样的小概率事件的预报精度要求，就不能像对一般降水那样对待。就目前全国暴雨预报的精度而言，虽然使用的评定方法是一致的，但是由于我国暴雨出现的气候概率东西和南北差异非常大，所以暴雨预报精度既没有可比性又没有共同点。此外，就暴雨在气象预报工作评定中所占的比例而言，全国大致在 10%～15%。从这个数字中不难看出，暴雨预报仅占气象预报工作的很小一部分。但是暴雨对国民经济的影响却是非常重要和不可缺少的。如何提高暴雨的预报精度也是全国气象工作者为之奋斗和努力的目标。随着现代化技术的不断提高和气象监测、探测手段的不断增多，以及气象产品全球共享步伐的加快等，我们已拥有比以往任何时候都更加丰富的大气多层次、多方位的观测资料。这不仅仅是观测站网在空间分布和观测事件上的加密观测资料，还包括在太空中环绕地球运转的人造卫星对大气进行的三维观测资料，以及雷达和各种自动观测站非定时观测得到再加以四维同化的资料，使得暴雨预报精度也在不断提高。如致洪暴雨、台风暴雨等，对国民经济影响较大的暴雨都有较好的监测预测手段，并能及时准确地预测。同时暴雨预报在国民经济建设中也发挥了积极的作用。

从统计学的角度来讲，各种气象要素的概率分布函数的数据基础，必然是当地已经积累了多年的观测资料。统计学上经常说要有充分大的样本，一般认为在 30 年以上；否则就认为资料过少，难以求得可信的结果。目前，我国各地气象台站均积累了 30～40 年的暴雨资料。为暴雨预报及预报精度的评定提供了参考依据。

影响暴雨预报精度的因素很多，如尺度和持续性。大尺度暴雨的预报精度明显高于小尺度，持续性暴雨的预报精度要高于突发性暴雨。除上述暴雨自身因素外，暴雨预报精度还取决于当年暴雨出现的次数和预报员的经验。例如，某地一年只出现一次暴雨过程，预报失败，暴雨预报的精度为零。下一年该地暴雨出现了 4 次，1 次漏报，其他 3 次均预报正确，暴雨的预报精度为 75%。

通过上文可以看出，暴雨预报精度是一个受多种因素影响的综合气象要素，所以我们就不能简单地仅从分数对某地暴雨预报的精度做评价。目前，国内暴雨的预报精度，多数台站采用以当地的暴雨气候概率和 T213 数值预报产品为参照标准。就是将当年评定出的暴雨预报准确率与当地暴雨的气候概率和 T213 数值预报产品预报的降水做对比。目前，全国暴雨预报精度均远远高于暴雨的气候概率和 T213 数值预报产品的预报。

第三节　洪水预报

洪水预报是根据洪水形成和运动规律,利用前期和现时水文气象等信息,对某一断面未来的洪水特征值所做的预报。洪水预报的对象一般是江河、湖泊及水利工程控制断面的洪水要素,预报项目一般包括洪峰水位、洪峰流量、洪峰出现的时间、洪水涨落过程和洪水总量。洪水预报按洪水的类型一般分为河道洪水预报、流域洪水预报、水库洪水预报、融雪洪水预报、突发性洪水预报等。

一、河道洪水预报

河道洪水预报是在天然河道中,根据上游断面的洪水过程及在天然河道中洪水波运动规律,分析当洪水波传播到下游断面时的洪峰流量(水位)或洪水过程。

(一)洪水波运动及预报方法概述

在恒定流水面上,由于外来因素,例如暴雨径流、水电站运行、闸坝放水等,突然被注入一定水量,则原来恒定流水面便因此受到干扰而形成一种不稳定波动,这就是洪水波。

洪水波的特征可用附加比降、位相、相应流量(水位)、波速等物理量来描述。

天然棱柱形河道里洪水波运动是一种渐变非恒定流。当洪水波沿河道自上游向下游传递时,由于存在着附加比降,引起不断变形,表现为两种形态,即洪水波的推移和坦化,且在演进过程中连续地同时发生。洪水波的传进,引起河道断面水位的涨落变化,其中附加比降的变化是洪水波变形的主要因素。河道断面边界条件对洪水波形的影响则是固定的。例如,当河段内有开阔滩地,到某一高水位即行漫滩,洪水波加剧坦化,波高明显衰减,致使下站洪峰水位降低,洪水历时增长。如果下游断面比上游断面狭窄,则受塞水作用,使下游断面的波高比上游断面的增大,如图1-1所示。此外,区间来水、回水顶托及分洪溃口等外界因素,有时对洪水波变形也有很大的影响。

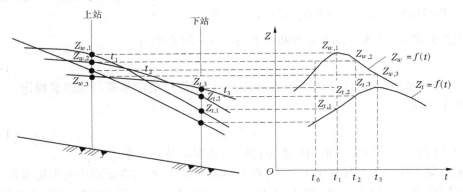

图1-1　洪水波与上下站水位过程关系示意图

河道洪水预报方法主要有相应水位(流量)法、合成流量法和洪水演算法。相应水位(流量)法和合成流量法是根据天然河道里洪水波运动原理,分析洪水波在运动过程中,波的任一位相水位(相当于水位过程线上任一时刻的水位)自上站传播到下站时的相应水位及其传播速度的变化规律,寻求其经验关系,据以进行预报的一种简便方法。

洪水演算法可分为水力学方法和水文学方法。水力学洪水演算方法即为完全圣维南方程组的数值解法和简化圣维南方程组的解析解法或数值解法,它可同时求得断面的流量过程和水位过程。水文学洪水演算方法,常见的有马斯京根法、特征河长法和汇流系数法等,只能进行河道流量演算求得断面的流量过程,如要转换成水位过程,则要通过水位流量水文学洪水演算方法,不考虑回水影响,所需的资料容易取得。

(二) 相应水位(流量)法

1. 相应水位(流量)法的基本原理

相应水位是指河段上、下游断面同相位的水位。相应水位(流量)预报,简要地说就是用某时刻上游站的水位(流量)预报一定时间(如传播时间)后下游站的水位(流量)。

在天然河道里,当外界条件不变时,水位的变化总是由于流量的变化所引起的,相应水位的实质是相应流量,所以研究河道水位变化规律,就应为研究河道中形成水位的流量的变化规律。

设在某一不太长的河段中,上、下游间距为 L,t 时刻上游站流量为 $Q_{u,t}$,经过传播时间 τ 后,下游站流量为 $Q_{l,t+\tau}$,若无旁侧入流,上、下游站相应流量的关系为

$$Q_{l,t+\tau} = Q_{u,t} - \Delta Q \tag{1-7}$$

如再传播时间 τ,河段有旁侧入流,并在下游站 $t+\tau$ 时刻为 $q_{t+\tau}$,则

$$Q_{l,t+\tau} = Q_{u,t} - \Delta Q + q_{t+\tau} \tag{1-8}$$

式中:ΔQ 为上、下游站相应流量的差值,它随上、下游站流量的大小和附加比降不同而异,其实质是反映洪水波变形中的坦化作用。另外,洪水波变形引起的传播速度变化,在相应水位(流量)法中主要体现在传播时间关系上,其实质是反映洪水波的推移作用。

传播时间是洪水波以波速由上游站运动到下游站所需的时间。其基本公式为

$$\tau = \frac{L}{u} \tag{1-9}$$

式中:τ 为传播时间;L 为上、下游站间距;u 为波速。

在天然河道中,洪水波波速 u 与断面平均流速 $\bar{v}$ 的关系为

$$u = \lambda \bar{v} \tag{1-10}$$

式中:λ 为波速系数,它取决于河道形态和流速,可根据历史洪水资料或经验确定。传播时间可按下式推求:

$$\tau = L/\lambda \bar{v} \tag{1-11}$$

式(1-8)及式(1-11)是河道相应水位(流量)预报的基本关系式。

在无旁侧入流的天然棱柱形河道中,对于固定河段,洪水波在运动中变形随水深及附加比降不同而异。所以式(1-8)和式(1-11)中的 ΔQ 及 τ 是水位和附加比降的函数,即 $Q_{l,t+\tau}$ 和 τ 值均依 $Q_{u,t}$ 和比降的大小等因素而定。但在相应水位(流量)法中,不直接计算 ΔQ 值和 τ 值,而是推求上游站流量(水位)与下游站流量(水位)及传播时间的近似的函数关系,即

$$Q_{l,t+\tau} = f(Q_{u,t}; Q_{l,t}) \tag{1-12}$$

$$Q_{l,t+\tau} = f(Q_{u,t}) \tag{1-13}$$

$$\tau = f(Q_{u,t}; Q_{l,\tau}) \tag{1-14}$$

$$\tau = f(Q_{u,t}) \tag{1-15}$$

式(1-12)~式(1-15)中,流量 Q 用水位 Z 代换,意义相同。

2.相应水位(流量)法预报

相应水位(流量)法预报要解决两个问题:一是已知上游站水位(流量)在下游站所形成的相应水位(流量)值;二是上、下游站间的传播时间,即上游站水位传播到下游站所需的时间。其预报要素主要有相应洪峰水位(流量)和水位(流量)过程。

当水流大体已汇集于河槽,下游站来水主要取决于上游。河段冲淤变化不大,又没有回水顶托等外界因素影响时,那么影响洪水波传播的因素较单纯,上、下游站相应水位过程起伏变化较一致,则在上、下游站的水位(流量)过程线上,常常容易找到相应的特征点——峰、谷和涨落洪段的反曲点等。利用这些相应的特征点的水位(流量)即可制作预报曲线图。

相应洪峰水位(流量)方法主要有相应洪峰水位(流量)相关法、涨差法、以支流水位为参数的洪峰水位(流量)相关法、以峰型系数为参数的洪峰流量相关法等。

在防汛工作中,往往还要预报水位(流量)过程以弥补洪峰预报的不足。相应水位(流量)过程预报方法主要有相应水位法、时段涨差法、现时校正法等。

相应水位法是取上、下游站间的平均传播时间为常数,当取它大于(或小于)实际的平均传播时间时,上、下游站的相应关系会呈逆(顺)时针方向的绳套关系。如果两者接近,就会呈单一曲线。显然,预报时只要知道某时刻上断面的水位(包括参数值),查此曲线,就可预报传播时间后下游站的水位。依此类推,可做出下游站的水位过程预报。

时段涨差法的关系式为

$$Z_{l,t+\tau} = Z_{l,t} + \alpha \Delta Z_u \tag{1-16}$$

$$\alpha = \frac{Z_{l,t+\tau} - Z_{l,t}}{Z_{u,t} - Z_{u,t-\tau}}$$

式中:$Z_{l,t+\tau}$ 为下游站($t+\tau$)时刻的水位;$Z_{l,t}$ 为下游站 t 时刻的水位;τ 为传播时间;ΔZ_u 为上游站 t 时刻与($t-\tau$)时刻的水位差。

实用上根据时段涨差法关系式建立以上游站时段涨差为参数的下游站前后期水位相关曲线,并根据该相关曲线进行水位过程预报(可参考长江水利委员会编写的《水文预报方法》)。

无论是相应水位法还是时段涨差法,都是应用已经发生的洪水资料而制作平均情况的预报方案,但作业预报时,往往由于方案所考虑的因素不全面或者水情有新的变化,以致不符合原有的相应水位关系,所以应及时校正,这就是现时预报法。

(三)合成流量法

在预报站上游有两条以上支流汇入的河段,且支流上均有水文控制站时,常采用合成流量法做预报。这种方法假定由各个上游站传播到下游站的流量是相互独立的,可以叠加,而不考虑干、支流洪水波间的相互干扰作用。因此,可将同时到达下游站的各个上游站相应流量之和(合成流量)与下游站相应流量(水位)建立相应关系。方法的关键是如何确定上游干支流各站到下游预报站的洪水传播时间。通常是从历年水文资料中选取不同洪水,按干、支流分别取其平均传播时间。计算合成流量的峰、谷特征点,原则上应在合成流量过程中选取。简化方法可考虑干、支流来水变化,即下游站洪水有时主要来自干流,有时主要来自支流,则最大(小)合成流量应以最大来水量的洪峰(谷)流量为主,加上其他各站相应的流量即得。

流量演算法是在圣维南方程组简化的基础上,利用河槽的水量平衡方程替代连续性方程,用河段的蓄泄关系代替动力方程,然后联立求解,将河段的入流过程演算为出流过程的方法。这类方法可以由河段上断面流量过程直接演算出下断面流量过程,对于需要预报流量过程以采取分洪、蓄洪等调度水量措施的河段很有用处。

1. 河段水量平衡方程式与槽蓄关系

根据水量平衡原理可知,在任何时段 Δt 内进入河段的水量与流出河段的水量之差,等于该时段内河槽蓄水量的变化。写成水量平衡方程式,即

$$\frac{I_1 + I_2}{2}\Delta t - \frac{O_1 + O_2}{2}\Delta t = \Delta S = S_2 - S_1 \tag{1-17}$$

式中:I 为河段入流流量;Q 为河段出流流量;S 为河段槽蓄量;下标 1、2 分别表示时段始、末的情况;Δt、ΔS 分别为时段长和河段蓄水变量。

式(1-17)为无区间入流的河段水量平衡式,如图 1-2 所示。

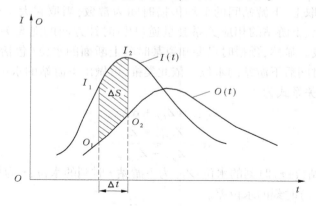

图 1-2　河段水量平衡示意图

槽蓄方程形式为 $S = f(O, I)$,常称槽蓄曲线。解题时必须首先建立正确反映客观规律的槽蓄曲线,这是流量演算法的关键。槽蓄曲线必须能如实地反映天然河道的洪水波特性,亦即河段蓄量与流量间的关系能反映非恒定流的运动规律。若水流在稳定状态,相应于每一流量的各断面的水位只有一个数值,因此某一断面的水位与槽蓄量间及流量与槽蓄量间均具有单值关系。由于附加比降的作用,非恒定流各水力要素间并不存在单值关系。对于一次洪水而言,水位—流量及水位—槽蓄量成为逆时针方向的绳套关系,如图 1-3 所示。

河道流量演算中,由于处理槽蓄曲线的不同而产生不同的演算方法。主要有特征河长法、经验槽蓄曲线法、马斯京根法等。

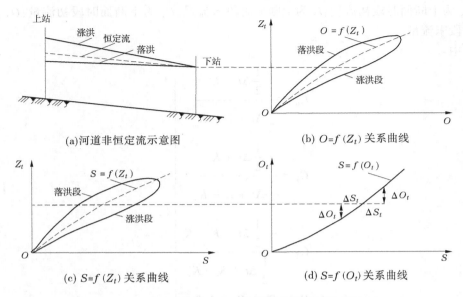

图 1-3　河道非恒定流时流量与槽蓄关系示意图

2. 特征河长法

槽蓄曲线 O—S 关系,在一定条件下可以由多值关系转化为单值关系。对于固定的下断面来说,水位与槽蓄量关系的绳套大小,不仅与附加比降有关,也与河段的长度有关。因此,可以找到一个河长,使水位与槽蓄量关系的绳套和水位与流量关系的绳套大小相当,则下断面流量与槽蓄量间有单值关系,故称这个河段长度为特征河长。在进行河道流量演算时,需要确定特征河长 L、演算河段的特征河长段数 n 及特征河段的洪水传播时间 K_l。

特征河长 L 根据 $l = \dfrac{Q_0}{S_0}\left(\dfrac{\Delta Z}{\Delta Q}\right)$ 推求。具体方法是:根据实测水位、流量资料确定恒定流水位—流量关系,分级取流量值,并在恒定流水位—流量关系曲线上查出其对应的上、下断面水位值,由恒定流水位—流量关系曲线可求出 S_0 和上、下断面的 $\left(\dfrac{\Delta Z}{\Delta Q}\right)_0$,并取其平均值,计算对应于各恒定流流量的 L 值。由于不同的流量级 L 是变化的,为了演算方便,一般取常数。

特征河长段数 n 由公式 $n = L/l$ 计算,l 为预报河段长。

特征河段的洪水传播时间 K_l 由公式 $K_l = l/u$ 计算,其中 u 为波速,可通过分析流速 v 或流量、断面面积资料得到,也可根据河道糙率和断面资料利用水力学公式计算。

3. 马斯京根法

马斯京根法由 G. T. 麦卡锡于 1938 年提出,因首先应用于美国马斯京根河而得名,是在河段流量演算中被广泛采用的一种河道洪水预报方法,其物理基础仍是圣维南方程组。

马斯京根法的流量演算公式为

$$O_2 = C_0 I_2 + C_1 I_1 + C_2 O_1 \tag{1-18}$$

式中:I_1 为上断面时段初流量;I_2 为上断面时段末流量;O_1 为下断面时段初流量;O_2 为下断面时段末流量。

其中:

$$\left.\begin{array}{l} C_0 = \dfrac{\dfrac{1}{2}\Delta t - K_x}{\dfrac{1}{2}\Delta t + K - K_x} \\[6mm] C_1 = \dfrac{\dfrac{1}{2}\Delta t + K_x}{\dfrac{1}{2}\Delta t + K - K_x} \\[6mm] C_2 = \dfrac{-\dfrac{1}{2}\Delta t + K - K_x}{\dfrac{1}{2}\Delta t + K - K_x} \\[6mm] C_0 + C_1 + C_2 = 1.0 \end{array}\right\} \qquad (1\text{-}19)$$

式中:K 为槽蓄曲线的坡度,它等于在相应蓄量下恒定流状态的河段传播时间;当假定水面为直线时,$x = \dfrac{1}{2} - \dfrac{l}{2L}$($L$ 为特征河长);Δt 为时段长,h。

应用马斯京根法进行流量演算,需要确定以上 3 个参数。当上、下游站不同时具备实测水文资料或实测资料缺乏时,可按水力学公式用分析法估算 K、x 值,为了提高演算精度,一般取 $\Delta t = K$ 或接近 K 值。另外,Δt 值的确定应考虑汇流曲线的合理性,单一河段的马斯京根法应为光滑的单峰曲线,要满足这一条件,C_0、C_2 值必须大于或等于 0。因此,演算时段 Δt 应满足下列不等式:

$$2K_x \leqslant \Delta t \leqslant 2K(1 - x) \qquad (1\text{-}20)$$

在预报实践中,对于较长河段,一般采用马斯京根分段连续流量演算,即将演算河段划分为 n 个单元河段,用马斯京根法连续进行 n 次演算,以求得出流过程。实际应用时,常以汇流系数直接推求出流过程。

二、流域洪水预报

对于区间面积相对较大的流域,如用相应水位法或河道流量演算法来做预报,则由于汇流时间短,预报的预见期与精度不能满足生产的需要,所以常根据降雨来预报洪水。流域内降雨形成流域出口断面的洪水过程分为两个阶段:一是降雨经植物截留、下渗、填洼等损失后的剩余部分称为净雨,净雨在数量上等于它所形成的径流量,降雨转化为净雨的过程称为产流过程;二是净雨沿地面和地下汇入河网,并经河网汇集形成流域出口断面的径流过程,称为流域汇流过程。产流与汇流计算合称流域产汇流计算或降雨径流预报。

(一)降雨径流要素计算

在降雨径流的分析计算中,主要要素有降雨量、径流深(量)、前期影响雨量或前期流域蓄水量等。

1. 降雨量

降雨包括降雨量、降雨强度、降雨历时、降雨过程、降雨分布(范围)以及暴雨中心位置等。降雨量是指与洪水过程相应的一次降雨过程的总量,常以流域或区域平均降雨量(mm)表示。

1)降雨量的表示方式

降雨量在时间上的变化过程和在空间上的分布情况,常用图形表示,如降雨强度过程线(时段雨量柱状图)、降雨量累积曲线、等雨量线(或等雨深线)等。

2)流域平均降雨量的计算

由雨量站的实测雨量记录,计算一个流域的平均降雨量,常用方法有下列三种:

(1)算术平均法。将流域内各雨量站的雨量算术平均,即得流域平均雨量。此法计算简便,适用于流域内地形变化不大,雨量站分布较均匀的情况。

(2)加权平均法。加权平均法又称垂直平分法或泰森多边形法。将相邻雨量站用直线相连,对各连线作垂直平分线,由这些垂直平分线连成许多多边形,每个多边形内有一个雨量站。流域边界处的多边形以流域边界为界。假定每个多边形内雨量站测得的雨量代表该多边形面积上的降雨量,则流域平均雨量可按面积加权平均求得。面积加权平均法应用比较广泛,适用于雨量站分布不均匀的情况。

(3)等雨量线法。在较大流域内地形变化比较显著,若有一定数量的雨量站,可根据地形等因素的作用考虑降雨分布特性绘制等雨量线图。用求积仪量得各等雨量线间的面积,该面积上的雨量以相邻两等雨量线的平均值代表,然后按面积加权计算流域平均雨量。

2. 径流量

一次洪水过程除包括本次降雨所形成的地面径流、壤中流和地下径流外,往往还包括前期洪水尚未退完的部分水量以及非本次降雨所补给的深层地下径流量等。因此,在计算本次洪水径流量时,首先应把上述后两项水量从洪水过程中分割出去。目前,一般把壤中流和地面径流并在一起,合称直接径流。分割本次洪水过程的工作就在于分割深层径流、直接径流和地下径流。

1)流量过程的分割

在多数情况下,洪水开始起涨时刻的流量由深层地下水和前一次降雨所形成的浅层地下水组成。如图 1-4 中 A 点的流量由 AE 和 EG 两部分组成,AE 部分是前期洪水的浅层地下水,EG 部分是深层地下水。这两部分都与本次降雨无关,应从流量过程中分割出去。一个流域的基流量较稳定,可取历年最枯流量的平均值或本年汛前的最枯流量用水平线分割之,如图 1-4 中的虚线 ED。虚线 AF 表示浅层地下水的退水曲线,指 A 点以后的流量若无本次降雨产流应沿 AF 虚线变化,本次降雨引起洪水的起伏变化,如图 1-4 中的 ABC 部分。但 C 点以后,因有后续降雨,使洪水过程又呈上涨趋势,则 C 点以后由本次降雨所形成的径流量仍需从过程线中分割出来。图 1-4 中 C 点的部位较高,则曲线 CD 表示 C 点以后的直接径流(包括河槽蓄水)和地下径流的退水变化。分割出次径流总量后,进一步分割直接径流的地下径流。一种常用、简单的方法是斜线分割法,如图 1-5 所示。从起涨点 A 到直接径流终止点 B 之间连一直线,其下部和基流的上部即地下径流,AB 线以上为直接径流。B 点可用流域地下径流的退水曲线来确定,使地下退水曲线 CBD 的尾部与流量过程线退水段的尾部相重合,分离点即为 B 点。

用这种方法,关键是确定 B 点。使用当中为了方便,常采用经验方法确定洪峰出现(或雨止时刻)到直接径流终止时刻的时距,以 N 表示,如图 1-5 所示。根据经验,N 的数值与流域面积的大小、流域降雨特性和下垫面的特性有关,可以根据多次历史资料和实际经验确定。

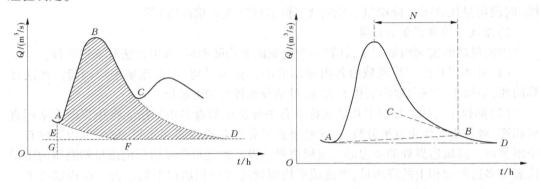

图 1-4　流量过程线分割示意图　　　　图 1-5　斜线分割法分割地下径流量示意图

2)流域退水曲线

不同的水源其水流运动规律是互不相同的,反映在退水曲线上也有差异。一般表现为地面水消退最快,壤中流次之,浅层地下径流较慢,深层地下径流最慢。关于退水曲线的研究很多,实用上多从实测流域退水曲线中找出经验规律。一般深层地下径流在洪水预报中采取上述的直线分割法。地面径流和表层流不易分割。因此,流域退水曲线是包括直接径流和浅层地下径流的退水曲线。

直接径流、浅层和深层地下径流可分别按蓄泄之间的线性系统关系,推导出同一形式的退水曲线公式。

3)径流深(量)计算

在分割出一次降雨所形成的径流过程线后,即可计算径流总量 $W(\text{m}^3)$,其值为径流总量 $\sum Q\Delta t$,再平均分配到流域上,即得本次降雨相应的径流深 $R(\text{mm})$,公式为

$$R = \frac{3.6\sum Q\Delta t}{F} \tag{1-21}$$

式中:F 为流域面积,km^2;Δt 为计算时段长,h;Q 为主测流量,m^3/s。

3. 前期影响雨量

降雨开始时,流域内包气带土壤含水量的大小是影响降雨径流形成过程的一个重要因素,土壤含水量的实测资料很少,即使有也只能代表点的情况,不能代表土壤含水量在流域分布的复杂规律。因此,水文学上用间接的方法来表示流域的土壤含水量。目前,常用两种方法:一种是指标法,即前期影响雨量(P_a);一种是定量计算流域蓄水量(W)法。一般情况用第一种方法,但 P_a 并不能代表实际的 W,只是一个反映土壤干湿程度的指标。

其计算公式为

$$P_{a,t+1} = K(P_{a,t} + P_t) \tag{1-22}$$

式中：$P_{a,t+1}$ 为 $t+1$ 时的土壤含水量；$P_{a,t}$ 为 t 日开始时的土壤含水量；K 为土壤含水量的日消退或折减系数，$K<1$，常取 0.85 左右；P_a 以流域最大土壤含水量作为上限控制。

若流域较大，P_a 值应按雨量站分块计算，全流域的 P_a 值由各块 P_a 值加权平均。

(二) 流域产流的基本原理

产流是流域中各种径流成分的生成过程，其实质是水分在下垫面垂直运行中，在各种因素综合作用下的发展过程，也是流域下垫面对降雨的再分配过程。不同的下垫面条件具有不同的产流机制，不同的产流机制又影响着整个产流过程的发展，呈现不同的径流特征。自然界两种基本的产流模式为蓄满产流和超渗产流。

1. 蓄满产流

蓄满产流是指包气带土壤含水量达到田间持水量之前不产流，这时称为"未蓄满"，此前的降雨全部被土壤吸收，补充包气带缺水量。包气带土壤含水量达到田间持水量时，称为"蓄满"，蓄满后开始产流，雨强 i 超过稳定下渗 f_c 的部分形成地面径流 R_s，稳渗部分形成地下径流 R_G，总产流量 R 为两者之和，即

当 $W>W_c$ 时，$R=R_s+R_G$，又分为：当 $i>f_c$ 时，$R_s=i-f_c$，$R_G=f_c$；当 $i<f_c$ 时，$R_s=0$，$R_G=R$。

因此，一经满足 W_c，不再有损失，降雨径流关系符合次洪水量平衡方程：

$$P - R - E = W_M - W_0 \tag{1-23}$$

式中：P、R 为次洪降雨量及总产流量，mm；E 为雨量蒸发量，mm；W_M 为包气带达 W_C 时的土壤含水量，mm；W_0 为雨始包气带土壤含水量，mm。

在湿润及半湿润地区，雨量丰沛，植被良好，包气带缺水量小，一般很容易在一次降雨过程中得到满足，故以蓄满产流为主。蓄满产流的特点是降雨与总产流量的关系只取决于前期土湿，与雨强 (历时) 无关，具有超蓄产流的特点，径流系数较高，年径流系数常达 0.5 左右或以上，流量过程具有明显的地下水补给段，由于地下水汇流速度缓慢，次洪过程呈陡涨缓落的偏态型。

2. 超渗产流

在干旱和半干旱地区，雨量稀少，植被极差，包气带缺水量大而下渗能力低，产流的方式主要是雨强超过渗强而形成地面径流。影响降雨产流的因素是雨强与前期土湿，这种产流方式称为超渗产流。

当 $i>f$ 时，$R_s=i-f$，$R_G=0$；

当 $i<f$ 时，$R_s=R_G=0$。

在发生超渗产流的地区，地下水补给很少，次洪过程陡涨陡落，基本对称。

需要说明的是，对某个具体的流域，这两种产流方式是相对的。湿润地区以蓄满产流为主的流域，在长期干旱后，若遇到雨强大于下渗能力的降雨，既使此时包气带未蓄满，也会产生超渗的地面径流。同样，在干旱地区，以超渗产流为主的流域，在多雨的季节也可能在流域的局部甚至全部出现蓄满产流现象。

(三)产流计算

1. 降雨径流相关法

降雨径流相关是在成因分析与统计相关相结合的基础上,用每场降雨过程流域的面平均雨量和相应产生的径流量,以及影响径流形成的主要因素建立起来的一种定量的经验关系。

影响降雨径流关系的主要因素有前期影响雨量 P_a 或流域起始蓄水量 W_0、降雨历时、降雨强度、暴雨中心位置等。我国湿润和半湿润地区最常用的是 P—P_a—R 三变量相关图法,如图1-6所示。该图以次降雨量 P 为纵坐标,相应的次洪径流深为横坐标,降雨开始时的 P_a 为参数建立起来的降雨径流相关图。从降雨径流成因分析,该图应符合以下规

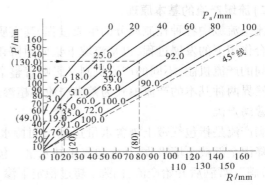

图1-6　降雨径流相关图

律:①P 相同时,P_a 越大,损失越小,R 越大,故 P_a 等值线的数值自左向右增大;②P_a 相同时,P 越大,损失相对于 P 越小,径流系数越大,P—R 线的坡度随 P 的增大而减缓,但不应小于45°。在湿润地区,随 P 的增大,降雨径流相关图的上段表现为一组平行等距离直线,这一特点有利于曲线的外延。

P—P_a—R 相关图做好后,就可以根据降雨过程及降雨开始时的 P_a,在图上求出净雨过程。在次洪模型中,P_a 计到降雨开始为止,更换次洪则更换 P_a。对于多时段降雨过程,依此类推就可求出净雨过程,即产流量过程。若降雨开始时 P_a 不在等值线上,可用内插方法查算。

降雨径流关系也可简化为 $R = j(P + P_a)$ 的形式,以 $P + P_a$ 为纵坐标,R 为横坐标,如图1-7所示。建立这种经验相关图,必须有足够多的实测资料,才能反映不同降雨特性和流域特征的综合经验关系。对于没有实测暴雨洪水资料的区域,可利用地形、土壤、植被、气候等条件相似的邻近地区的降雨径流相关图来估算降雨的产流量。

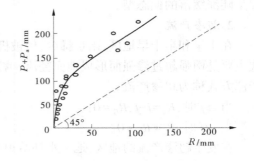

图1-7　简化的降雨径流相关图

2. 蓄满产流模型的产流量计算

从20世纪60年代初开始,赵人俊等经过长期对湿润地区暴雨径流关系的研究,提出了蓄满产流模型,建立了 P—W_0—R 关系用以计算净雨过程,以及确定稳定下渗率和划分地面、地下净雨的方法。该法现已成为我国湿润地区产流计算的一种重要方法。

(1)产流量计算公式。蓄满产流以满足包气带缺水量为产流的控制条件,包气带缺

水量的分布用流域蓄水容量曲线来表示。流域蓄水容量在流域内的实际分布是很复杂的,要想用直接测定土壤含水量的办法来建立蓄水容量曲线是困难的。通常的做法是由实测的降雨径流资料选配线型,间接确定蓄水容量曲线。多数地区经验表明,蓄水容量曲线可用 B 次抛物线来表示,即

$$\alpha = \varphi(W'_m) = 1 - \left(1 - \frac{W'_m}{W'_{mm}}\right)^B \tag{1-24}$$

式中:B 和 W'_{mm} 为待定参数,B 值反映流域中蓄水容量的不均匀性,主要取决于流域的地形地质土壤状况,W'_{mm} 则取决于流域的气候和植被等特征。一般 B 值为 $0.2 \sim 0.4$,W'_{mm} 南方湿润地区为 $100 \sim 150$ mm。

流域蓄水容量曲线用 B 次抛物线表示后,流域的蓄水容量 W_M 为

$$W_M = \int_0^{W'_{mm}} [1 - \varphi(W'_m)] dW'_m = \int_0^{W'_{mm}} \left[1 - \frac{(W'_m)}{W'_{mm}}\right]^B dW'_m = \frac{W'_{mm}}{1+B} \tag{1-25}$$

假设降雨起始时刻流域蓄水量为 $W_0 = W$,根据水量平衡方程,当 $A+P-E<W'_{mm}$ 时:

$$R = (P-E) - \Delta W = (P-E) - \int_A^{A+P-E} [1 - \varphi(W'_m)] dW'_m$$

$$= (P-E) - (W_M - W_0) + W_M \left(1 - \frac{A+P-E}{W'_{mm}}\right)^{1+B} \tag{1-26}$$

当 $A+P-E \geqslant W'_{mm}$ 时:

$$R = (P-E) - (W_M - W_0)$$

其中

$$A = W'_{mm} \left[1 - \left(1 - \frac{W_0}{W_M}\right)^{\frac{1}{1+B}}\right] \tag{1-27}$$

参数 B 和 W'_{mm}(或 W_M),可用实测降雨径流资料优选。

产流量计算公式可用来计算一场降雨的总产流量,也可用于推求产流过程。将一场暴雨过程划分为若干时段,然后逐时段计算其产流量,即得产流量过程,也就是净雨过程。

(2)流域蓄水量计算。产流计算过程中,需确定出各时段初的流域蓄水量。设一场暴雨起始流域蓄水量为 W_0,它是第一时段初的流域蓄水量,第一时段末的流域蓄水量就是第二时段初的流域蓄水量,依此类推,即可求出流域的蓄水过程。时段末流域蓄水量计算公式为

$$W_{t+\Delta t} = W_t + P_{\Delta t} - E_{\Delta t} - R_{\Delta t} \tag{1-28}$$

式中:$W_{t+\Delta t}$、W_t 为时段初、末流域蓄水量,mm;$P_{\Delta t}$ 为时段内流域的面平均降雨量,mm;$E_{\Delta t}$ 为时段内流域的蒸散发量,mm;$R_{\Delta t}$ 为时段内的产流量,mm。

式(1-28)中的蒸散发量 $E_{\Delta t}$,按流域蒸散发的概念,常采用一层、二层、三层模型进行计算。

(3)产流过程(净雨过程)计算。设降雨总历时为 T,先确定计算时段 Δt,将 T 每隔一个 Δt 划分为一个时段。按所划分的时段可得降雨过程 $P_{\Delta t}$—t。用 E601 型蒸发器实测水面蒸发值(或作修正)作为蒸发能力,则 $\text{EM}_{\Delta t}$—t 已知。B、W_M(W_{UM}、W_{LM}、W_{DM})、C 由实测资料预先分析确定,均为已知值。根据上述已知条件,即可计算产流过程。

(4)地面地下径流(净雨)的划分。上述求得的径流量是时段总径流量,总径流量 R

包括地面径流和地下径流,即 $R = R_s + R_G$。

由于地面径流和地下径流的汇流特性不同,因此需要将总径流量 R 划分为地面径流 R_s 和地下径流 R_G,以便分别进行汇流计算。

当 $P_{\Delta t} - E_{\Delta t} \geqslant f_c \Delta t$ 时,产生地面径流,下渗的水量 $f_c \Delta t$ 在产流面积上形成的地下径流 $R_{G\Delta t}$ 为

$$R_{G\Delta t} = \frac{R_{\Delta t}}{P_{\Delta t} - E_{\Delta t}} f_c \Delta t \qquad (1\text{-}29)$$

当 $P_{\Delta t} - E_{\Delta t} < f_c \Delta t$ 时,不产生地面径流,$P_{\Delta t} - E_{\Delta t}$ 全部下渗,在产流面积上形成的地下径流 $R_{G\Delta t}$ 为

$$R_{G\Delta t} = \frac{F_R}{F}(P_{\Delta t} - E_{\Delta t}) = R_{\Delta t} \qquad (1\text{-}30)$$

对一场降雨过程,产生的地下径流总量为

$$R_{G\Delta t} = \sum_{P_{\Delta t} - E_{\Delta t} \geqslant f_c \Delta t} \frac{R_{\Delta t}}{P_{\Delta t} - E_{\Delta t}} f_c \Delta t + \sum_{P_{\Delta t} - E_{\Delta t} < f_c \Delta t} R_{\Delta t} \qquad (1\text{-}31)$$

因此,只要知道流域的 f_c,就可以利用式(1-31)把时段产流量划分为地面径流、地下径流两部分。

3. 超渗产流模型的产流量计算

超渗产流模型判别降雨是否产流的标准是雨强 i 是否超过下渗能力 f_c。因此,用实测的雨强过程 $i(t)$—t 扣除下渗过程 $f_p(t)$—t,就可得净雨过程,即产流量过程 $R(t)$—t,这种计算产流量的方法称为下渗曲线法,如图1-8(a)所示。

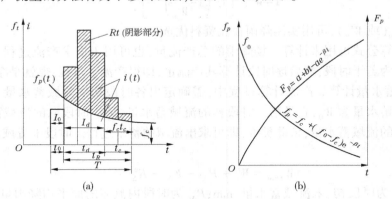

图 1-8 下渗曲线及下渗累积曲线示意图

1)下渗曲线

下渗曲线 $F_p(t)$—t 用霍顿下渗公式表示:

$$F_p(t) = a + bt - ae^{-\beta t} \qquad (1\text{-}32)$$

其中,$a = \frac{1}{\beta}(f_0 - f_c)$;$f_c = b$;$F_p(t)$ 为 t 时刻累积下渗水量,即累积损失量,这部分水量完全被包气带土壤吸收,所以 $F_p(t)$ 也就是该时刻流域的土壤含水量 W_t。

每次实际雨洪后的流域土壤含水量 W_0+P-R（超渗产流降雨历时一般不长，雨期蒸散发可忽略）及相应的下渗历时 t 符合式（1-32）。根据历年降雨径流资料可以得出 $F_p(t)$—t 的经验关系曲线，并可拟合成经验公式，经验公式的微分曲线即为下渗曲线。

$F_p(t)$—t 与 $f_p(t)$—t 曲线可以转换为 f_p—F_p 的形式，如图 1-9 所示。由于累积下渗量 F_p 就是该时刻的土壤含水量 W，所以 f_p—F_p 曲线实际上就是 f_p—W 曲线，该曲线反映了流域土壤含水量对下渗容量的影响。

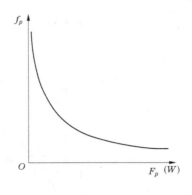

图 1-9　f_p—F_p 关系曲线

2）超渗产流的产流量计算

（1）应用 $f_p(t)$—t 和 f_p—W 关系推求产流量。将降雨过程划分为不同的计算时段，时段长可以不等，根据雨强变化情况而定。然后逐时段进行计算，步骤如下：

①以降雨开始时流域的土壤含水量 W_0，查 f_p—W 曲线，得本次降雨的起始下渗率 f_0，W_0、f_0 即为第一时段初流域的土壤含水量和下渗率。

②求第一时段产流量 R_1、下渗水量 I_1 及时段末流域土壤含水量 W_1。将第一时段平均雨强 $\overline{i_1}$ 与 f_0 比较：

当 $\overline{i_1} \leqslant f_0$ 时，本时段不产流。时段内的降雨全部下渗，下渗水量 $I_1 = \overline{i_1}\Delta t_1$，时段末流域土壤含水量 $W_1 = W_0 + I_1$。

当 $\overline{i_1} > f_0$ 时，本时段产流。以时段初下渗率 f_0 在图 f_p—t 曲线上找出对应历时 t_0，以 $t_0 + \Delta t_1 = t_1$ 在 f_p—t 曲线上查出时段末的下渗率 f_1。又以 f_1 在 f_p—t 曲线上查得时段末土壤含水量 W_1。本时段下渗水量 $I_1 = W_1 - W_0$，则第一时段的产流量 $R_1 = \overline{i_1}\Delta t_1 - I_1$。

③进行第二时段计算。第一时段末的下渗率和土壤含水量即为第二时段初的数值。其余步骤同②。

计算中，如遇时段平均雨强小于时段初下渗率，但两者数值相近，时段平均雨强可能会大于时段末的下渗率，不能确定该时段是否产流。此时可按步骤②先求得时段下渗量 I，若 $I < \overline{i_1}\Delta t$，产流；若 $I \geqslant \overline{i_1}\Delta t$，不产流。

（2）图解法。将流域下渗累积曲线 F_p—t 和雨量累积曲线 $\sum P$—t 绘在同一张图上，如图 1-10 所示，然后用图解法推求产流量。根据降雨开始时的流域土壤含水量 W_0，在 F_p—t 曲线上找出对应的 A 点，自 A 点绘降雨量累积曲线 $\sum P$—t。F_p—t 和 $\sum P$—t 曲线的斜率分别表示下渗强度和雨强，比较两曲线斜率即可判断出是否产流。AB 段 $i < f_p$，不产流，i 全部补充土壤含水量。将 BC 段平移至 $B'C'$，该段 $i > f_p$，故该时段产流，从 C' 点到 F_p—t 曲线的垂直距离 $C'C''$ 即为产流量。再将 CD 段平移至 $C''D'$，该时段 $i < f_p$，不产流。如此逐时段比较下去，就能求得一场降雨的产流过程。

（3）初损后损法。这是下渗曲线法的一种简化方法。它把实际的下渗过程简化为初

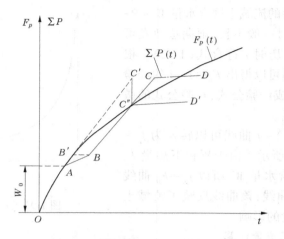

图 1-10　图解法推求产流量示意图

损和后损两个阶段,如图 1-11 所示。产流以前的总损失水量称为初损,记为 I_0,包括植物截留、填洼及产流前下渗的水量;后损是流域产流以后下渗的水量,以平均下渗率 $\bar{f}$ 表示。

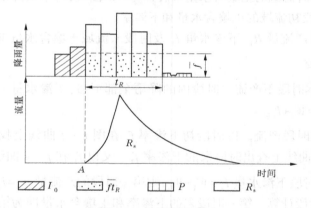

图 1-11　初损后损法

①初损量 I_0 的确定。对于小流域,由于汇流时间短,出口断面的起涨点大体可以作为产流开始时刻,因而,起涨点以前雨量的累积值可作为初损的近似值。对较大的流域,需考虑流域内各雨量站至流域出口断面汇流时间不同的问题。此时可分雨量站按各自的汇流时间定出各自的产流开始时刻,并取该时刻以前各站累积雨量的平均值或其中最大值作为流域的初损量 I_0。利用实测雨洪资料,分析各场洪水的 I_0 及相应的流域起始蓄水量 W_0、初损期的平均雨强 $\bar{i}$,并建立相关图备用。此外,由于植被和土地利用具有季节性变化特点,初损量 I_0 还受到季节的影响。因此,也可以建立以月份为参数的初损相关图。

②平均后损率 $\bar{f}$ 的确定。一次降雨形成的径流深 $R(R_s)$ 为

$$R = P - I_0 - \bar{f}t_R - P' \tag{1-33}$$

因此

$$\bar{f} = \frac{P - R - I_0 - P'}{t_R} = \frac{P - R - I_0 - P'}{t - t_0 - t'} \tag{1-34}$$

式中:$\bar{f}$ 为平均后损率,mm/h;P 为次降雨量,mm;P' 为后期不产流的雨量,mm;t_R 为超渗历时,即产流历时,h;t、t_0、t' 分别为降雨后历时、初损历时和后期不产流降雨的降雨历时,h。

一次降雨过程中,由于后损是初损的延续,初损量越大,土壤含水量越大,则后损能力越低,$\bar{f}$ 就越小。所以 $\bar{f}$ 不仅与流域起始土壤含水量 W_0 有关,而且与初期降雨特性有关,初期降雨特性用初损期平均雨强 $\bar{i}_0$ 表示。因此,可以根据实测雨洪资料,分析建立 $\bar{f}$ 与 t_R 及 t_0 的关系备用。

③产流量计算。有了初损 W_0-$\bar{i}_0$-I_0 和后损 $\bar{f}$-$\bar{i}_0$-t_R 关系图后,根据已知的降雨过程就可推求产流量(净雨)过程。

4.混合产流方式下的产流量计算

蓄满产流和超渗产流是根据不同的产流方式提出的两种产流模式,有的流域两种产流模式兼有,应把两者结合起来应用。具体做法是做出预报流域蓄满和超渗两个方案,先用蓄满产流方案,求得蓄满产流面积上的产流量;再根据超渗产流方案,求得不蓄满面积上的超渗产流量,实际产流量为二者之和。

(四)流域汇流预报

降落在流域上的雨水,从流域各处向流域出口断面汇集的过程称为流域汇流,包括坡地汇流和河网汇流两个阶段。流域汇流预报常采用水文学的途径来模拟,直接求出出口断面的流域汇流曲线,目前常用的汇流曲线有单位线、瞬时单位线、综合单位线和等流时线等。

1.单位线法

谢尔曼(L. K. Sherman)单位线是根据水文资料分析而得的地面径流单位线,简明易用,效果较好,在水文预报和水文计算中常被采用,同时它的基本概念和假定,对地下径流单位线、坡地单位线和河网单位线也基本适用。

1)基本概念和假定

在给定的流域上,单位时段内时空分布均匀的一次降雨产生的单位净雨量,在流域出口断面所形成的地面(直接)径流过程线,称为单位线。单位净雨深一般取 10 mm,单位时段长可取 1 h、2 h、3 h、6 h 等,视流域大小而定。

单位线法假定净雨在面上分布均匀,将流域作为整体,不考虑内部的不均匀性;又假定净雨与其所形成的流量过程之间的关系符合叠加性,将汇流视为线性时不变系统,所以单位线的定义和假定归纳起来是:集总,线性时不变,即单位线符合倍比和叠加原理。

$$Q_i = \sum_{j=1}^{m} I_j q_{i-j+1} \quad (1 \leqslant i-j+1 \leqslant m) \tag{1-35}$$
$$(i = 1, 2, \cdots, n; j = 2, 3, \cdots, m)$$

式中:Q 为出口断面时段末流量,m³/s;q 为时段单位线时段末流量,m³/s;I 为时段平均净雨量,mm;m 为净雨时段数;n 为时段单位线时段数。

控制单位线形状的指标有单位线洪峰流量 q_p、洪峰滞时 T_p 及单位线总历时 T,常称单位线三要素,如图 1-12 所示。

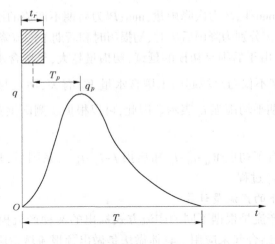

图 1-12　单位线三要素示意图

2) 单位线的推求

从实测水文资料分析单位线,宜选择一次在时空分布较均匀的短时段降雨所形成的单峰较大洪水来分析。传统的分析方法有分析法、图解法、试错法、最小二乘法,还有 W. M. 赛德尔(W. M. Snyder,1961)迭代法和各种识别方法,这些都属于"黑箱"方法。

每次洪水可分析出一条单位线,流域单位线是多次洪水分别求出的单位线的综合平均值。

单位线应用流域面积的大小,按流域自然地理特征和降雨特征及要求而定,一般不宜过大。在湿润地区一般应用面积可以大一些。但降雨特征应基本上符合单位线的假定,流域面积分配曲线不宜呈双峰型。

(1)原型单位线。这是最简单的推求单位线的方法。把一次单独时段降雨所形成的单峰流量过程线的各时段流量值,除以本次洪水的径流量再乘以 10 即得。因为所求单位线的时程分配与原来洪水的一样,故称为原型单位线。计算公式为

$$q(t) = \frac{10}{R}Q_s(t) \tag{1-36}$$

式中:$q(t)$ 为 10 mm 单位线,m^3/s;$Q_s(t)$ 为地面径流过程,m^3/s;R 为本次洪水地面径流量,与一个单位时段的净雨量 I 相等,mm。

(2)分析法。对 2~3 个时段净雨量(特别是有一个时段净雨量最大)形成的洪水,宜用分析法推求单位线。式(1-36)可转化为

$$q_i = \frac{Q_i - \sum_{j=2}^{m} I_j q_{i-j+1}}{I_i} \quad (i=1,2,\cdots,n;j=2,3,\cdots,m) \tag{1-37}$$

式中:符号意义同前;若 Q 的时段数为 l,则单位线时段数 $n=l-m+1$。

(3)试错法。该法最适用于多时段净雨过程,并有一个时段净雨量最大的情况。首先参考本流域中单独时段净雨量分析的单位线作为第一次假定的单位线 $q(t)$,求出最大时段净雨量以外的各时段净雨量产生的部分地面径流过程,如图 1-13 中的 $I_1q(t)$、$I_3q(t)$

把它们错开时段叠加,与总地面径流过程相减,其差值就是最大时段净雨量 I_2 所产生的部分地面径流过程 $I_2q(t)$,乘以 $10/I_2$,就得一条试算单位线 $q'(t)$。若与第一次假定单位线 $q(t)$ 接近,即为所求;否则将两条单位线相应的纵坐标平均值,作为第二次假定的单位线。重复以上步骤,直到假定单位线与试算单位线基本相符。

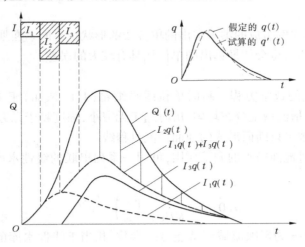

图 1-13　试错法

应用时,常常分解多次洪水的单位线,对准单位线洪峰后予以平均,以减少分析中的误差。

3) 单位线的时段转换

单位线应用时,往往因实际降雨历时和已知单位线的时段长不相符合,不能任意移用;另外,在对不同流域的单位线进行地区综合时,各流域的单位线也应取相同的时段长才能综合。解决上述问题的方法就是进行单位线的时段转换。

假定流域上净雨持续不断,且每一时段净雨均为一个单位,在流域出口断面形成的流量过程线,该曲线称为 S 曲线。显然,S 曲线在某时刻的纵坐标就等于连续若干个 10 mm 净雨所形成的单位线在该时刻的纵坐标值之和,或者说,S 曲线的纵坐标就是单位线纵坐标沿时程的累积曲线,即

$$S(t) = \sum_{j=0}^{k} q_j(\Delta t, t) \tag{1-38}$$

式中:$S(t)$ 为第 k 个时段末($t = k\Delta t$)S 曲线的纵坐标,$\mathrm{m^3/s}$;q_j 为时段为 Δt 的单位线第 j 个时段末的纵坐标,$\mathrm{m^3/s}$;Δt 为单位线时段,h。

若已有某时段的单位线,就可以用式(1-38)求 S 曲线。

有了 S 曲线,就可以进行单位线不同时段的转换,转换后的单位线为

$$q(\Delta t, t) = \frac{\Delta t_0}{\Delta t} [S(t) - S(t - \Delta t)] \tag{1-39}$$

式中:$q(\Delta t, t)$ 为转换后时段为 Δt 的单位线;Δt_0 为原单位线时段长;$S(t)$ 为时段为 Δt_0 的 S 曲线;$S(t - \Delta t)$ 为后移 Δt 的 S 曲线。

4）单位线存在的问题及处理方法

单位线假定流域汇流符合倍比和叠加原理,事实上这并不完全符合实际。因此,一个流域不同次洪水分析的单位线常有些不同,有时差别还比较大,受洪水大小和暴雨中心位置的影响较大,需要按洪水的大小和暴雨中心位置分别确定单位线,在实际工作中根据具体情况选用。

此外,不同水源比例组成的洪水求出的单位线的形状也不同。在划分地面、地下径流成分时,如有较大误差,也会使推算出的单位线具有较大的误差。

2. 瞬时单位线

(1)瞬时单位线的数学方程。瞬时单位线是纳希(J. E. Nash)于1957年提出来的。所谓瞬时单位线,是指流域上分布均匀,历时趋于无穷小,强度趋于无穷大,总量为一个单位的地面净雨在流域出口断面形成的地面径流过程线。

纳希假设流域对地面净雨的调蓄作用,可用一系列串联的线性水库的调节作用来模拟。公式为

$$u(0,t) = \frac{1}{K\Gamma(n)}\left(\frac{t}{K}\right)^{n-1} \mathrm{e}^{-\frac{t}{K}} \tag{1-40}$$

式中:Γ 为伽玛函数;n 为反映流域调蓄能力的参数,相当于线性水库的个数或水库的调节次数;K 为线性水库的蓄泄系数,相当于流域汇流时间的参数,具有时间因次。

(2)瞬时单位线的时段转换。瞬时单位线的时段转换仍采用 S 曲线,S 曲线的定义,有:

$$S(t) = \int_0^t u(0,t)\mathrm{d}t = \int_0^{t/k} \frac{1}{\Gamma(n)}\left(\frac{t}{K}\right)^{n-1} \mathrm{e}^{\frac{t}{K}}\mathrm{d}\left(\frac{t}{K}\right) \tag{1-41}$$

当 n、K 已知,以不同的 t 代入式(1-41)积分,就可得到 S 曲线,将以 $t = 0$ 为起点的 $S(t)$ 曲线向后平移一个 Δt 时段,即可得 $S(t-\Delta t)$ 曲线,推导出如下公式:

$$q(\Delta t, t) = \frac{10F}{3.6\Delta t}u(\Delta t, t) = \frac{10F}{3.6\Delta t}\left[S(t) - S(t - \Delta t)\right] \tag{1-42}$$

即为时段为 Δt、净雨为 10 mm 的时段单位线。

(3)参数 n、K 的确定。参数 n、K 的确定有矩法和优选法两种,计算出的 n、K 值还需代回原来的资料做还原验证,若还原的精度不能令人满意,则需对 n、K 做适当调整,直至满意。

(4)瞬时单位线参数的非线性改正。与时段单位线类似,由每场暴雨洪水资料分析出的参数 n、K 并不完全相同,而是随净雨强度的大小而变化的,不符合倍比假定,水文学上把这种现象称为非线性。目前一般的处理方法是在分析出来的 n、K 的基础上,寻求它们随净雨强度变化的规律,以便在使用时按照具体的雨情选择相应的 n、K。另外,流域降雨不均匀也会引起 n、K 的非线性,这时可采用与时段单位线类似的处理方法,即根据不同暴雨中心位置对 n、K 的影响进行分类处理。

3. 地貌瞬时单位线法

(1)概述。基于流域地貌特征和概率方法的地貌瞬时单位线,是近十几年来发展起来的一种有物理根据的流域汇流随机模型,将地貌信息转化为水文信息,然后结合降雨特

性,就能推求流域出口断面的流量过程。

地貌瞬时单位线的公式为

$$u(t) = \theta_1(0)\left[\frac{\lambda_1\lambda_3(\lambda_2 - \lambda_1\lambda_{13})}{(\lambda_2 - \lambda_1)(\lambda_3 - \lambda_1)}e^{-\lambda_1 t} + \frac{\lambda_1\lambda_2\lambda_3}{(\lambda_1 - \lambda_2)(\lambda_3 - \lambda_2)}e^{-\lambda_2 t} + \frac{\lambda_1\lambda_3(\lambda_2 - \lambda_3 P_{13})}{(\lambda_1 - \lambda_3)(\lambda_2 - \lambda_3)}e^{-\lambda_3 t}\right] +$$
$$\theta_2(0)\left[\frac{\lambda_2\lambda_3}{\lambda_3 - \lambda_2}e^{-\lambda_2 t} + \frac{\lambda_2\lambda_3}{\lambda_2 - \lambda_3}e^{-\lambda_3 t}\right] + \theta_2(0)\lambda_3 e^{-\lambda_3 t} \tag{1-43}$$

地貌瞬时单位线有 3 个参数:转移概率 $P_{ij}(i \neq j)$、初始状态概率 $\theta_i(0)$ 和平均滞留时间的倒数 λ_i。

(2)转移概率 P_{ij}。P_{ij} 是指 i 级河流中流入 j 级河流的河流数占 i 级河流总数的比率,即

$$P_{ij} = \frac{流入 j 级河流的 i 级河流数}{i 级河流总数} \tag{1-44}$$

(3)初始状态概率 $\theta_i(0)$。由雨滴起始状态概率可知:

$$\theta_i(0) = \frac{第 i 级河流的汇流面积}{流域面积} \tag{1-45}$$

(4)平均滞留时间的倒数 λ_i。λ_i^{-1} 是雨滴耗费在 i 状态的平均时间,根据河长律定义,并假定全流域的流速可取为常数,得:

$$\lambda_i = \frac{V}{L_i} \quad (i = 1, 2\cdots, \Omega) \tag{1-46}$$

4. 等流时线法

等流时线法是根据时间—面积曲线计算出口断面流量过程的方法,假定流域各处汇流速度不随时间变化,流域面上各块面积离出口断面有远有近,其汇流时间就有长有短,应用本法的关键是怎样正确地确定全流域汇流速度或流域汇流时间。

等流时线就是流域内经过一定的汇流时间能同时流到出口断面的水质点在流域上所处位置的连线,如图 1-14 中虚线所示。相邻两等流时线间的流域面积则构成等流时面积,如图 1-14 中 A_1、A_2、$\cdots$。以 A_j 为纵坐标,以其相应的流域汇流时间为横坐标所构成的曲线称为面积分配曲线或面积—流时曲线,如图 1-14 所示。

因为出口断面的流量是流域上净雨量汇集形成的,假如水体的汇流速度固定不变,则其流到出口断面的时间仅取决于它们在流域上所处的相对位置。等流时线法把水体视作刚体,把它的运动视作刚体位移,即用面积—流时曲线代表流域汇流曲线,所以每块等流时面积与该面积上净雨量的乘积,便是部分径流量。同一时刻到达出口断面的相应部分流量叠加,就形成出口断面的流量,这就是等流时线的基本概念,如用图 1-14 的面积—流时曲线,若有 3 个时段净雨量 I_1、I_2、I_3,则所形成的径流组成如图 1-15 所示。

其 i 时段末的出流量 Q_i 为

$$Q_i = \frac{1}{\Delta t}\sum_{j=1}^{m} I_j A_{i-j+1} \quad (m \leqslant n) \tag{1-47}$$

或　　$$Q_i = \frac{1}{\Delta t}\sum_{j=1}^{m} I_{i-j+1} A_j \quad (m > n) \quad (i = 1, 2, 3, \cdots, n; j = 1, 2, 3, \cdots, m) \tag{1-48}$$

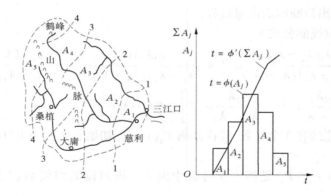

图 1-14　等流时线及面积—流时曲线

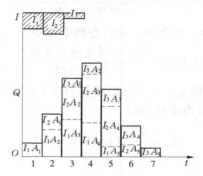

图 1-15　径流组成示意图

式中: n 为等流时面积块数; m 为净雨量时段数; I 为时段净雨量; A_j 为第 j 块等流时面积; Δt 为单位时段长。

等流时线法的突出优点在于反映了出流量的组成规律,适用于河网汇流为主的流域和降雨地区分布不均匀的洪水。其主要缺点是没有考虑洪水波的坦化以及采用固定的等流时线(线性变化)。

5. 地下径流汇流计算

下渗的雨水有一部分渗透到地下潜水面,然后沿水力坡度最大的方向流入河网,最后汇至流域出口断面,形成地下径流过程。资料分析表明,地下水的贮水结构可视为一个线性水库,即地下水的蓄量与其出流量的关系为线性函数。下渗的净雨量为其入流量,经地下水库调节后的出流量就是流域出口断面的地下径流出流量。因此,联解地下水蓄泄方程与水量平衡方程,就可求出地下径流的汇流过程:

$$Q_{g2} = \frac{\Delta t}{K_g + 0.5\Delta t}\bar{I}_g + \frac{K_g - 0.5\Delta t}{K_g + 0.5\Delta t}Q_{g1} \qquad (1-49)$$

$$\bar{I}_g = \frac{1\,000 R_G F}{3\,600 \Delta t} = \frac{0.278 R_G F}{\Delta t}$$

式中: Q_{g1}、Q_{g2} 为时段初、末地下径流出流量, m^3/s; $\bar{I}_g$ 为时段地下径流的入流率, m^3/s; F

为流域面积,km^2;R_G 为时段内的地下净雨量,mm;Δt 为计算时段,h。

根据式(1-49)逐时段进行计算,就可以求出地下径流的出流过程。

对蓄满产流,应分别推求地面径流和地下径流过程,二者同时刻叠加即为该流域出口断面的流量过程。

三、水库洪水预报

为了确保水库的工程安全和充分发挥水库的综合效益,做到科学管理、最大限度地利用水利资源,以适应工农业发展的需要,必须做好水库的水文预报工作。

水库水文预报,涉及面较广,预报内容较多。本章仅介绍以洪水为主要对象的水情预报方法,如水库入流量预报、调洪演算及水库水位预报。

(一) 建库后河道水力条件和水文特性的变化

在天然河道上修建水库工程拦蓄洪水后,坝址以上回水区内的原来河道被淹没,形成了人工湖泊,使水深和水面面积大大增加。不但水库周边至原河槽间的区间径流,以直接降雨形式进入库区,另外由于回水区水面面积和水深增大,糙率和比降减小,显著地改变了库区的水力条件,水体汇流规律与河道有所不同,主要表现在以下几个方面。

1. 汇流速度的变化

建库以后,由于水深加大,库区的波速大大加快,洪水波进入库区后迅速向四周传播,波形急剧变化,传播时间缩短。

由于库区水面比降减小,坡度变平,因此库区平均流速 V 值相应变小或趋于 0。但由于库区水深大大增加,建库后波速远较天然河道的波速要大得多,洪水传播时间也相应大大缩短。

2. 洪峰流量的变化

建库后洪峰流量一般比建库前峰值增高,峰现时间提前,如图 1-16 所示。而且这种变化,随着暴雨中心越靠近回水区(距坝较近的库段)而越明显。

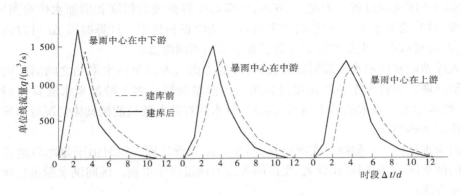

图 1-16　某水库建库前后单位线变化图

3. 峰型的变化

从实测的建库前后的峰型相比,建库后峰型的涨水段变陡,洪量增大。高水峰腰段更为尖瘦。

　　由于建库后水力条件和水文特性的变化,当利用建库前实测资料编制入库流量预报方案时,应根据建库前后水文特性变化规律加以改正。同时要对库区的特性,如回水河段长占全河长的比例、库容、库面积及库盆形态等因素综合进行分析。目前,对水库回水区汇流特性的认识和研究还很不够,因此在作业预报中,常做些经验处理,如设水库回水区内汇流历时为0;将入库站的入流量和库面降雨量转化的入流量叠加后直接作为坝址处的总入流量等。

(二)水库(湖泊)水位、流量预报

1.入库流量的预报

　　通过水库周边进入水库的地面径流量和地下径流量是入库径流的主要组成部分。按来水区域不同可分为上游各入库站实测的径流量,即上游来水量;各入库站以下到水库回水末端处区间面积上汇入库内的径流量,即区间来水量;还有库面直接承受的降水量所转化的径流量等三部分。

　　如果在建库前和建库后均有实测水文资料,便可根据以上流域的降雨和径流资料编制水库入库站以上流域的产流和汇流的预报方案。方法与前述天然流域的方法相同。

　　建库前坝址断面无实测资料时,可利用建库后的资料,根据水量平衡原理,反推入库流量过程,据此编制入库流量预报方案。

　　入库流量还原计算的水量平衡方程式为

$$\bar{I} = \bar{Q} \pm \frac{\Delta V}{\Delta t} + G \tag{1-50}$$

式中:$\bar{I}$ 为时段平均入库流量,m³/s;$\bar{Q}$ 为时段平均出库流量,m³/s;ΔV 为时段始末库容差,m³;Δt 为时段长,s;G 为时段内损失量,m³/s,包括蒸发、渗漏等损失量,其值如果较小,忽略不计。

　　在反推入库流量过程时,常由于坝前水位代表性不足和测次不够,以及它可能受到风浪影响或计算时段选取不当等,使反推的入流过程发生锯齿形变化,甚至出现负值,难以反映真实的入库流量过程。为此,一方面,要提高库容曲线的精度和增加水位观测次数;另一方面,对观测的水库水位过程,要进行合理性检查和校正。计算时段 Δt 可以通过试错确定,有时可以在一次洪水还原计算过程中采用不同的 Δt。

　　当入库站距水库回水末端河段较长时,需要考虑入库站至回水末端之间河段内洪水波的变形问题。应将入库站的流量过程用河道流量演算法将上游站来水演算到回水末端,但一般水库无回水末端的实测水文资料,洪水演算的参数只能视具体情况近似确定。

2.区间洪水预报

　　区间来水量由于一般缺乏实测资料,不便直接分析计算。同时由于建库后造成了一定范围的回水区,如区间面积较大,则区间入流的预报应予重视。区间洪水预报简要介绍以下两种方法:

　　(1)区间入流系数法。该法是假定区间和入库站以上流域的产流和汇流规律基本相近,在推求区间来水量和入流过程时,将各入库站的流量之和乘以一个系数 α,作为区间入流量。α 值大致等于区间面积 A_L 与入库站以上流域面积 A_u 的比值,即 $\alpha = A_L/A_u$。

　　这个方法是近似的,只有当区间面积不大,降雨分布比较均匀,区间与上游入库站来

水的同步性较好时,才能采用。

当流域内降雨分布不均匀时,要考虑 α 值的变化。若暴雨中心偏于上游,α 值就小;若暴雨中心偏于下游,α 值就大。

(2)指示流域法。在区间面积上找出具有实测资料,而其自然地理和水文特征对整个区间又有代表性的小河流域,作为指示流域。分析其产流和汇流规律,然后按面积的关系放大,移用于整个区间,预报整个区间的入流量。

当区间面积较大,如考虑降雨和产流在面上的不均匀性,可采取分若干个小区域计算净雨量,再配合区间小区域的汇流曲线,分别计算入库流量过程和库面降雨形成的径流,以及前期入流的退水过程,最后进行叠加,即得整个区间的入库流量过程。

(三)水库调洪演算基本原理

水库(湖泊)的水文预报,主要是预报水库坝前(或湖泊出口)最高水位、最大出流量及其过程。当水库入流量大于出流量时,库内蓄水量增加,水位上升;当水库入流量小于出流量时,则库内蓄水量减少,水位下降。因此,入流、出流及蓄水量的变化,组成了水库(湖泊)水量平衡关系,成为调洪演算的基础。

(四)水库调洪演算方法

1. 调洪计算方法——蓄率中线法

水库调洪计算的依据是水量平衡方程。水库的入流由上游测站来水和区间来水(包括库水面降雨形成的径流)两部分组成。如果在洪水期,计算时间不长,可以忽略水面蒸发。水库的出流是各个泄水建筑物的总泄流量。水库的水量平衡方程为

$$\bar{I}\Delta t - \bar{Q}\Delta t = \Delta V \tag{1-51}$$

式中:$\bar{I}$ 为时段内入库流量平均值;$\bar{Q}$ 为时段内出库流量平均值;ΔV 为时段内水库蓄量的变化值;Δt 为计算时段长。

如果水库的蓄量与出流关系单一,并假定入流和出流在计算时段内呈线性变化,式(1-51)可改写为

$$\frac{V_2}{\Delta t} + \frac{Q_2}{2} = \frac{V_1}{\Delta t} + \frac{Q_1}{2} + \bar{I} - Q_1 \tag{1-52}$$

式中:各变量的下标1、2分别表示其时段始、末值。

对于某一水库,可根据其泄流曲线 H—Q 及库容曲线 H—V,计算出一定计算时段 Δt 下的水库调洪计算曲线,见图1-17。

出库流量过程和库水位及蓄水量的预报精度的高低,关键取决于入库流量的预报和库水位的代表性。

水库调洪计算一般是已知入库流量过程和水库特性曲线,根据初始库水位和水库泄水建筑物的启闭情况,计算出库流量、库水位和库蓄水量过程。这种水库调洪计算可按前面所讲的调洪步骤计算。不过在通常情况下,泄水建筑物在一次洪水过程中的启闭状态是不断变化的,$Q = f(H)$ 和 $V/\Delta t + Q/2 = f(H)$ 都非单一。

可以编制一个灵活通用的水库调洪计算程序,进行水库的实时调度计算。它的输入参数包括水位与库容、水位与各类泄水建筑物的泄流能力曲线坐标。输入的时变参数是

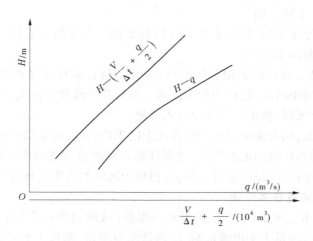

图 1-17　水库调洪计算曲线

计算开始时的初始库水位和在一次洪水过程中拟定或实际的闸门启闭情况。输入的水文数据为入库流量过程。输出是既定调度方案下的出库流量、库水位、库蓄水量过程。

2. 选择泄洪方案的计算方法

为了有效利用水利资源和确保水库工程及下游行洪安全,若由闸门控制的水库,可根据预报的入库洪水过程,水库允许最高蓄水位及下游河道行洪能力等情况,综合分析下泄流量的大小和历时的长短,以此制订出较为合理的调度方案,以达到有计划的蓄、泄、用水目的。下面介绍选择泄洪方案的计算方法。

只要预报出一次入库洪水总量 W,则可根据水库的起涨水位 H_0 及允许最高水位 H_p,从图中查得不超过允许最高水位应下泄的水量 W_u 和初步拟定的平均下泄流量 Q 及相应的泄洪历时 t。

泄流方案可根据预报的精度及其具体情况而定,故可拟成先小后大或先大后小等不同的阶梯形泄洪过程,而后再根据水量平衡方程式试算库水位。

水库调洪演算的方法很多,但其基本原理则相同。应用时要根据水库特性及预报要求进行选择,其必须具备的资料是入库流量过程 $I=f(t)$、库容曲线 $V=f(H)$ 及泄流曲线 $Q=f(H)$。泄流曲线取决于水库的泄水设施及其特性。泄水设施有溢洪道及泄洪隧洞等方式,其水位—流量关系通常用水力学公式计算求得,所涉及的参数则通过模型试验或参照有关资料给定。因此,在预报过程中要用实测资料校正,以提高精度。在泄流实际操作调度时,启闭方式不同,要分别编制相应的预报图表备用。

3. 考虑动库容(楔蓄)的调洪演算方法

水库调洪演算,一般以库水面为水平的静库容作为计算依据。但实际上在入库流量不为 0 时,库面存在着水力坡降。其坡降形状取决于水库入流量、出流量及坝前壅水高度等因素的影响。当坝前水位很高且河底坡降较陡时,可近似地认为库水面为水平。当坝前水位不高及分布在库尾的库容所占比例较大时,采用库面为水平的计算方法,就可能引起较大的误差。

1）动库容的一般特性

天然洪水进入库区时，形成水力坡降，水力坡降线与坝前水位水平线之间形成的楔蓄容积称为动库容；水平线以下的容积称为静库容。由于入库流量在沿库区流程中，呈缓变不稳定流态，则每一瞬间的水面线的形状是不同的，因而所对应的模型库容也就不同。根据库区水流流态的分析，动库容是入库流量和坝前水位的函数。其一般特性如下：

（1）同一坝前水位，入库流量越大，所形成的库区水面坡降越陡，则动库容越大；反之则越小。

（2）同一入库流量，坝前水位越高，水面坡降线越平缓，则动库容越小；反之则越大。

（3）由于水面坡降线越接近库尾末端越陡，因此动库容主要集中于库尾。对于尾部库容所占比例较大的水库，动库容就大；反之则小。

2）调洪演算方法

目前对于考虑动库容影响的调洪演算方法，研究得还很不够。已有的一些方法，如在库区选择反映水面变化的代表站或虚移入库点以处理库容曲线，建立以入流或库区示储流量为参数的演算曲线等多属经验性的。现简要介绍如下：

（1）选代表站建立 $V=f(H)$ 关系曲线。选择反映库区水面变化的代表站，建立单一的 $V=f(H)$ 关系曲线。水库水面比降较大，经回水观测，其水面曲线基本上为直线，故可用入库站与坝址站水位的平均值代表库水位，建立水位—库容关系曲线用作演算。若入库站与坝址站水位的平均值代表性不够，则应取库区几个水位站的平均水位代表库水位。

（2）虚移入库点而后按静库容调洪。虚移入库点的目的，是使移动入库点后的入库流量过程与出流过程所计算的库容曲线能基本上消除模蓄影响造成的绳套而呈单一线，且与静库容曲线非常接近，这样移动后的入流过程可按静库容调洪工作曲线进行演算。

（3）用示储流量的概念建立参数的演算曲线。引入马斯京根法中示储流量 Q' 的概念以反映动库容影响，建立以库区示储流量为参数的演算曲线。

由于水库对洪水的调节作用是由动、静库容共同进行的，由水量平衡方程式可知：

$$\bar{I} - \bar{Q} = \frac{\Delta V}{\Delta t} \tag{1-53}$$

$$\frac{V_2}{\Delta t} = \frac{V_1}{\Delta t} + \frac{\Delta V}{\Delta t} = \frac{V_1}{\Delta t} + (\bar{I} - \bar{Q}) \tag{1-54}$$

式中：V_1、V_2 分别为时段始、末的动、静库容之和，m^3；ΔV 为动、静库容之和的变量，m^3。

对有控制泄流设施的水库，可根据实测入库流量和出库流量，按式（1-53）和式（1-54）算得各时段末的 $\frac{V}{\Delta t}$，并假定不同的 x 值，经过试算求出 Q' 值。

根据多次洪水的计算结果，以坝前水位 H 与相应的库容蓄水量，并以相应的库区示储流量 Q' 为参数绘制 $H=f(Q', \frac{V}{\Delta t})$ 关系曲线。

预报时，可根据预报的入库流量和拟定的泄流量过程计算 $\frac{\Delta V}{\Delta t}$ 及 Q' 值，而后求得库水位 H_c 值。

一般都是采用第一种方法,即蓄率中线法。

此外,还有中小型水库预报,水库施工期的水文预报,在此不再赘述。

四、洪水作业预报

(一)预报方案研制

对有预报任务的防洪区域,要事先研制符合流域暴雨洪水特性的预报方案。由于流域的产汇流受诸多因素的影响,规律极其复杂,北方河流表现得更为突出。因此,在研制洪水预报方案时,需对特定流域的暴雨洪水进行综合分析,确定主要影响因素,据此建立预报方案。对于流域产汇流模型预报方案,则应选择多场历史洪水对模型参数进行率定和检验,并根据流域的暴雨洪水特性对模型进行适应性分析。最后还应对预报方案精度进行评价。

(二)预报系统开发

"水文预报就是事先估算未来状态中实时水文要素。它包括水文学科和非水文学科,如站网设计、资料处理、水文分析和综合(模拟)、遥测技术、通信、计算机的操作使用等综合在一起的技术性工作。根据这一观点,水文预报的内容不能被认为是一种具体的水文技术,而应该被认为是一种运用多门技术发展的经济活动。"这是世界气象组织(WMO)水文水资源部主任 J. 涅迈茨教授给近代作业预报实时水文系统下的定义。洪水预报是水文预报学科中的主要组成部分,洪水预报系统就是洪水作业预报的一个实时水文业务系统。

随着计算机技术的发展,洪水作业预报的自动化水平有了很大提高。目前,我国大部分流域机构和省(自治区、直辖市)的水情部门都已开发了洪水预报系统,使水情工作效率成倍提高。一个完整的洪水预报系统应包括以下几部分功能。

1. 预报模型

预报模型是洪水预报系统的核心。目前,在洪水作业预报中广泛使用的是确定性概念模型。按照预报对象的不同,预报模型可分为河道汇流模型、流域产流模型、流域汇流模型、经验模型等。

2. 模型参数率定

基于建立的预报模型,选用某一流域一定时期的连续资料进行模拟计算,根据计算结果与实测结果进行比较,求出误差。再调整参数值,比较其结果和误差,直到最后误差为最小,即率定出参数的最优值,完成模型参数率定。模型参数率定方法有人工试错法和自动优选法两种。人工试错法是根据人的分析判断来修改参数,最后使目标函数为最小。自动优选法采用数学最优化方法,自动求解参数的最优值。

3. 作业预报

洪水作业预报涉及信息读取、处理、计算、分析、发布等各环节。洪水作业预报就是在计算机上完成洪水预报的各个环节,提高作业预报效率。

4. 辅助模块

要完成洪水预报,提高预报精度,需要许多辅助实用模块,如数据查错、数据等时段化处理、雨量站泰森多边形面积权重计算、等雨量线绘制生成、数学优化方法、目标函数计算、实时校正方法、图形交互技术等。

(三)重大水情的处理

在汛期,各级防汛部门的水情工作人员必须密切监视雨水情的变化,对各种水情现象做出快速反应,同时将情况及时向上级领导汇报。当然,接到重大水情电报后(比如暴雨、洪峰等),应按照"稳、准、快"的原则进行处理。

"稳":对接收到的重大水情,要首先核实数据的正确性。因为水情电报在传输过程中有可能发生错误。

"准":当收到重大水情时,首先要利用各种通信手段同水情信息的采集单位或个人取得联系,确认重大水情的正确性,并详细了解重大水情发生时的相关情况。

"快":当对重大水情的正确性核实无误后,要及时将情况向上级防汛部门及主管领导报告,并认真做好值班记录。

(四)作业预报

当流域内发生重大水情时,主班预报员要立即组织预报员进行各种水情的分析和预报。我国汛期开展的预报内容主要有洪峰流量、洪水过程、径流预报等,而北方流域的冬季还要开展冰情预报,内容主要有封河日期、开河日期等。

目前,水情部门使用的作业预报工具主要有传统的经验相关图和计算机实时作业预报系统两种。随着计算机软件技术的发展,传统的相关图预报手段也可以在电脑上实现。

经验相关图方法是一种传统的预报手段,是预报员在洪水预报工作中总结出来的一种简便易行的预报工具。当然,这些相关图是在对历史洪水总结分析的基础上对暴雨洪水规律的高度概化,相当一部分有很好的物理成因基础,目前在实践中仍然发挥着巨大作用。

洪水预报系统是建立在水情信息系统基础上的。目前,我国已建立了全国水情信息计算机广域网,大部分水情部门建立了实时水情数据库,这为建立洪水预报系统打下了良好的基础。

洪水预报系统首先提取实时水情数据库中的雨水情数据,并处理成预报模型所需要的数据格式,然后输入模型进行计算,最后把计算结果以图表的形式输出。一个完整的洪水预报系统还应包括历史资料的处理、模型参数的率定等内容。

预报员利用上述预报手段和工具分别做出预报后,还要进行预报会商。每个预报员要把自己的预报结果从资料的使用和处理、模型和参数的选择、实时水情特点的认识进行比较详细的介绍,以便于达成比较客观一致的会商结论。

五、洪水预报发布

目前,我国洪水预报的发布由各级防汛抗旱指挥部办公室归口管理。随着水文事业的发展,社会各界和新闻媒体对水文事件越来越关注,洪水预报发布的归口管理也显得越来越重要。

当预报员的会商结果做出之后,进入洪水作业预报程序的最后一个环节,即预报发布。目前,洪水预报的发布一般实行签发制度。根据各级水情部门制定的岗位责任制,对不同量级洪水预报的签发人进行了明确规定,从而使水情工作在汛期有条不紊地进行。

六、洪水预报精度评定

为了不断提高洪水预报模型的预报精度,当洪水实况出现以后,要及时对洪水预报精度进行评定。对于预报误差较大的洪水,还应对该次暴雨洪水进行深入分析,找出引起误差较大的原因,据此对预报模型进行改进和完善。洪水预报精度按《水文情报预报规范》(SL 250—2000)评定。

第四节　冰情预报

冰凌是冬季的一种水文现象,具有发生、发展及消失的复杂过程。不同的河段所处的地理位置及各种影响因素不同,冰凌的形成和演变特点也不相同,其演变过程及规律取决于热力因素、动力因素及河道形态等,人类活动在不同程度上也能改变冰凌的演变规律。

一、影响冰情变化的因素

从河道水情演变过程分析可以看出,影响冰情变化的主要因素有热力因素、动力因素、河道形态以及人类活动等。

热力因素包括太阳辐射(含散射辐射)、气温、水温等。太阳辐射和地面反射辐射决定大气温度,气温又影响着水温和冰温,因此气温是影响冰情变化热力因素的集中表现。气温的高低决定着冰量和冰质,是影响河道结冰、封冻和解冻开河的主要因素,因此可以用气温作为表征热力状况及其变化的基本要素。

动力因素包括流量、水位、流速、风力、波浪等。流量的动力作用反映在水流速度的大小和水位涨落的机械作用力上,流速大小直接影响结冰条件和冰凌的输移、下潜、卡塞等,水位的升降与开河形势关系比较密切,水位平稳能使大部分冻冰就地消融形成"文开河"形势,水位急骤上涨能使水鼓冰裂形成"武开河"形势。水位和流速的变化取决于流量的变化,水位、流速和流量之间具有一定的函数关系,流量大,则流速大、水位高。因此,可以用流量的大小作为冰情演变的动力因素。另外,流量本身具有热能量,在水温相同时,流量越大,水体储存热量越多,水流动力作用越大,在同样的气温条件下,结冰越晚。

河道形态包括河道的平面位置、走向及河道的边界特征等。河道的地理位置和走向又与热力因素联系在一起,气温一般随地理纬度的增加而降低,故处于高纬度河流的气温低于处于低纬度河流的气温,由南向北流向的河段,上游气温高于下游的气温。河道边界特征主要指局部河段的宽窄、深浅、比降、弯曲、分汊等。河道边界特征通过改变水流条件反映出来,故和水力因素联系较密切。在气温和流量变化不大的情况下,在缩窄、弯曲、浅滩、分汊及回水末端等局部河段易发生流冰卡堵、堆积、封冻、结坝现象。

人类活动影响主要指在河道上修建水库、分滞洪区、引水渠和控导工程等。另外,在凌汛抢险时采取的措施也对冰凌产生一定的影响。水库调节能改变原河道的流量分配过程,同时又增加了水温,所以水库对冰情的影响反映在水力因素和热力因素上,在河道上修建控导工程能改变局部河段的边界条件,因而也改变了水流的流势和流速分布,对冰情的影响主要反映在水力因素上。下面列举黄河的具体冰情河段说明四个主要因素对冰情的影响。

二、封冻预报

(一)指标法

通过统计分析可以总结出一些河段出现流凌、封冻的指标。

例如:黄河下游出现最低气温降到-5 ℃以下,日平均气温小于或等于0 ℃,或最高气温小于0 ℃时,即可能流凌。

又如:黄河下游封河条件为:

(1)流凌后,遇到寒潮侵袭,流凌密度达到80%以上,水温为0 ℃,最高气温小于0 ℃,日最低气温小于-10 ℃,且维持2 d以上。

(2)流凌密度达80%以上,日最高气温小于-5 ℃,日最低气温小于-15 ℃。出现上述两个条件之一,黄河下游即可能封河。

(二)经验相关法

河道内流凌以后,随着气温继续下降和持续负气温,水体继续失热,流冰量逐渐增加,且冰块逐渐变硬,当流冰量大于断面的输冰能力时即卡冰封河。因此,影响封河的因素主要为流冰量和断面输冰能力,而流冰量主要与气温有关,气温越低,水体失热越多,则流冰量越大,越易封河;断面输冰能力主要与流速成正比,流速越大,水流动力越大,搬运冰凌的能力越大,即输冰能力越大,越不易封河,在同一断面上,流速主要与流量成正比。所以影响封河的因素主要为气温和流量,建立封河预报方案也主要是基于这两个因素。对不同的地区可选择不同的因子组合来制作预报方案。

例如:黄河上游选用流凌日期和日平均气温转负后至流凌日的累积负气温预报封河日期,或日平均气温转负后10 d的气温累积值,以反映降温强度和水体失热情况。用封河前某一时段的平均流量及日平均气温转负后至流凌日的累积负气温预报封河日期。前期流量反映了河道水流动力作用,累积负气温反映水体失热量的多少,也有的用流凌日最低气温作参数反映寒潮降温强度。

黄河下游纬度低,气温相对较高,封河较晚,常以气温转负日期和该日流速或流量,并考虑上下河段的温度差来预报封河日期。用经验相关式表示,即建立黄河下游封河日期与济南气象站日平均气温稳定转负日期及该日利津水文站的平均流速之间的关系:

$$Y = 3.4446 + 1.05115X_1 + 10.9498X_2 \qquad (1-55)$$

式中:X_1为济南站日平均气温稳定转负日期;X_2为利津站平均流速;Y为预报封河日期(以12月1日为起点)。

(三)数学模型

1.水面冰的演变及冰盖的形成

河道内产生流冰花以后,流冰花的体积不断增大,浮力也不断增大,当所受的浮力大于由于水流紊动产生的垂直混合力时,水面即形成高密度浮冰层,由于悬浮冰的继续积聚、空隙水的冻结及由于失热引起冰花增长等,浮冰可形成冰盘,并且体积不断增大,强度不断增强。由于隔离影响,部分水面被浮冰覆盖将导致净冰量产生的减少(Lal和Shen,1991;Andres,1995)。

　　水面冰被河流横断面堵塞将导致浮冰层停止向下游运动,流冰堵塞使来冰向上游堆积,形成初始冰盖,冰盖一旦形成,源源不断的来冰将使冰盖向上游发展。冰盖前缘向上游发展的速度取决于来冰量和新冰盖的厚度,而新冰盖的厚度由冰盖前缘的水流条件决定,当流速相对较小时,来冰则沿冰盖前缘向上平靠,形成单层光滑冰盖,其厚度较小,接近表面浮冰的厚度,这种冰盖叫平封冰盖;若流速较大,则流冰在冰盖前缘交错堆积或潜入冰盖下,并逐渐向上游延伸,冰盖厚度大,这时冰盖厚度与表面浮冰的厚度关系不大,这种形态的冰盖叫立封冰盖,这种冰盖发展模式经常称为"窄冰塞"或者"水力增厚"。

　　如果冰盖前缘的流速大于某一临界值,则冰盖不再向上游发展,来冰随水流潜入冰盖下。这一临界条件用临界弗劳德数表示。野外观测资料表明临界弗劳德数大约为 0.09(Shen 和 Ho,1986;Sun 和 Shen,1988)。

　　在任何水力条件下形成的冰盖都必须有足够的厚度以抵抗住所受的各种外力,这些力主要包括水流的拖曳力、风力、冰盖自身的重力及边界的剪切力。如果所受的力超过由冰盖强度及边界的阻塞产生的阻力,冰盖崩塌,这时出现机械增厚或堆积,一直到冰盖厚度达到能够经受住外力。

　　2. 初始冰盖形成理论

　　从理论上来说,出现流冰受阻、停滞而形成初封冰盖的地方,应是流冰量大于河段输冰能力的河段。

　　流冰量 Q_i 可用下式表示:

$$Q_i = C_i B_e v_s (1 - e) t_i \qquad (1-56)$$

式中:C_i 为流凌密度;B_e 为敞露水面宽度;e 为流冰的平均孔隙率;v_s 为冰块的平均流速;t_i 为流冰的平均厚度。

　　一般假定流冰的阻塞发生在临界 C_i 时,从式(1-56)可导出 C_i。这种方法曾被 Nuttall(1973)和 Calkins 等(1976)用来确定可能发生冰塞的地方,但必须指出,这种方法中的一个隐含假设是叫不受流冰块相互碰撞的影响,即流冰平均流速 v_s 可由下式来确定:

$$v_s = kv \qquad (1-57)$$

式中:v 为水流的断面平均流速,即 $v = Q/BH$,H 为平均水深;k 为系数,约为 1.14。

　　将式(1-57)代入式(1-56),推导得 C_i 为

$$C_i = \frac{(Q_i/Q)H}{kt_i(1-e)}\left(\frac{B}{B_e}\right) \qquad (1-58)$$

　　由式(1-58)可以看出,随着流冰量的加大和敞露水面宽的减小,流冰发生阻塞的可能性加大。

　　Ackerman 和 Shen(1983)对冰水混合物之间因碰撞产生动量交换而引起的剪切力进行了分析,指出最大输冰能力发生在小于最大临界流凌密度 C_i(临界流凌密度 C_i 的意义是大于该临界值时则流冰阻塞封河)时,当 $C_i \approx 0.7$ 时,输冰率最大。

　　流冰卡塞形成初始冰盖以后,其前缘向上游的发展速度可借助质量守恒定律来计算:

　　设冰盖向上游发展的速度为 v_j,t 为冰盖厚度,e 为流冰空隙率,流冰速度为 v_s,q_i 为河道内单宽流冰量,向前发展的冰盖前缘相应的单宽流冰量为

$$q_i \frac{v_s + v_j}{v_s} = t(1 - e)v_j \tag{1-59}$$

式(1-59)为单宽流冰量等于单宽冰盖体积的增率,即

$$q_i' = q_i(v_s + v_j)/v_s \tag{1-60}$$

从式(1-60)即可求出冰盖向上游发展的速度 v_j 为

$$v_j = \frac{q_i}{t(1 - e) - q_i/v_s} \tag{1-61}$$

3. 封河机制

河道内产生流冰后,随着水体的不断失热,流冰量逐渐增大。根据冰水力学理论,流冰花在水中主要受流冰之间的摩擦力、冻结力、水流对冰花的拖曳力以及风力,其中流冰之间的摩擦力、冻结力是阻止冰凌流动的力,称为冰凌阻力;水流对冰凌的拖曳力是促使冰凌移动的力。当风向与水流方向一致时,风力为拖曳力,反之为阻力。随着流冰量的增大和气温的继续降低,流冰之间的摩擦力、冻结力必然增大,即冰凌阻力增大,当增大到大于拖曳力时,即开始卡冰封河。

从以上分析可知,冰凌阻力与流冰量和负气温成正比,而拖曳力与流量、水面比降、上下断面宽比及河道弯曲度等因素有关,即

$$F_s = f(Q_i, T_a) \tag{1-62}$$

$$F_t = f(Q, J, B', S) \tag{1-63}$$

式中:F_s 为冰凌阻力;Q_i 为流冰量;T_a 为日平均气温,℃;F_t 为拖曳力;J 为水面比降;B' 为上、下断面河宽比;S 为河道弯曲度。

$$F_s > F_t + F_w \tag{1-64}$$

式(1-64)中,F_w 为风力,顺风时,具有阻止封河的作用,逆风时能促进封河。风速小时一般忽略不计。

流冰量增大是由于气温降低,所以流冰量是气温的函数,与负气温成正比,而冰凌阻力是流冰量和气温的函数,可近似简化为流冰量的函数,因此可近似用流冰量的大小近似代表冰凌阻力的指标;冰凌在水中是由于在水流的带动下向下游输移,因此水流对冰凌的拖曳力其实代表河道的输冰能力,因此不等式(1-64)也说明了当流冰量大于河道的输冰能力时,密集的流冰在急弯、浅滩、束窄处堵塞,即开始卡冰封河,这与初始冰盖形成理论一致。

三、解冻预报

(一) 指标法

预报开河日期有两种方法:一种是根据气温回暖日期预报开河日期,另一种是根据日平均气温稳定转正日期预报开河日期。如预报利津河段开河日期以北镇气象站气温回暖日期和开河时瞬时最高水位减去开河前转折点的水位(起涨前的水位)为指标。

开河凌峰流量预报的方法:

(1)根据槽蓄水总量预报开河凌峰流量。影响凌峰流量的主要因素是,上游来水和断面以上总槽蓄水量及其释放速度。总槽蓄水量包括河槽基流和槽蓄水增量,槽蓄水增

量是封河期由于冰盖等的阻水作用而蓄在断面上游的那一部分水量。

(2)根据上游站凌峰流量预报下游站凌峰流量。

(二)经验相关法

1. 开河日期预报

影响开河的因素主要有水力因素、热力因素及河道条件,但是由于各河段所处的地理位置不同,各种因素对开河的作用主次不同,有的河段开河以水力因素为主,有的河段开河以热力因素为主,可根据不同的情况建立不同的预报方案。如在黄河上,共建立 12 个开河预报方案,根据所选的因素不同,归纳为以下 4 种:

(1)以气温转正日期为主,并考虑累积正气温或某一旬平均流量预报开河日期。气温转正日期反映冰盖大量吸热的开始时间,转正日期越早,开河日期也越早,累积正气温值反映冰盖的吸热量,为延长预见期,采用最高气温转正日期。稳定转正日期的早晚有正比关系的趋势,与最高气温稳定转正后 10 d 的累积气温高低也有正比关系趋势,但是关系较乱,趋势不是很明显。分析其原因是,这种开河预报方案没有考虑水力因素,仅考虑了热力因素,由于影响开河的主要因素考虑不全,因此造成关系比较乱。

(2)以某一旬平均气温、流量和河槽蓄水量预报开河日期。例如三湖河口水文站。由于三湖河口站一般 3 月下旬开河,所以用 3 月上旬平均气温和平均流量及至 3 月上旬巴彦高勒至三湖河口区间的槽蓄水量来预报开河日期。在这些因素中,平均气温反映热力因素,流量反映水动力因素,槽蓄水量反映断面过流能力。

(3)以某一时期气温,考虑最大冰厚及流量预报开河日期。例如,石嘴山水文站开河预报方案,采用断面最大冰厚、2 月下旬至 3 月上旬兰州站平均流量和 1 月 1 日至 2 月 15 日累积正气温预报开河日期,最大冰厚表示冰盖强度,最大冰厚越厚,说明冰盖强度越大,则开河需要吸收的热量越多,在水动力条件一定时,开河越晚;2 月下旬至 3 月上旬兰州站平均流量表示水动力条件,是促进开河的因素,1 月 1 日至 2 月 15 日累积正气温是促进开河的热力因素。

(4)以最高气温超过 5 ℃以上的日期和上游热流量(流量与水温的乘积),或前期上游某一旬平均水温(或气温)等因素预报开河日期。

2. 开河最高水位预报

开河最高水位与上游来水、封冻后水位的高低以及开河形势、卡冰结坝的位置和规模等因素有关,由于历年卡冰结坝的情况不固定,难以找到固定的指标,所以预报开河最高水位选择封冻后某一时期的水位、开河前气温、流量或断面槽蓄水量等主要影响因素建立相关图。黄河上游段开河最高水位预报方案共建立了 9 个,根据所选择因素的不同,预报方案可分以下三类:

(1)第一类预报方案以某一时期水位和气温或流量、槽蓄水量等预报开河最高水位。

(2)第二类预报方案是以上游流量和最大冰厚预报开河最高水位,流量表示水力因素,冰厚表示对水流的阻力作用,冰厚越厚,对水流的阻力越大,壅水则开河最高水位越高。

(3)第三类预报方案为以封河最高水位和 2 月最高气温达 5 ℃的当日及前两日的三天平均水位预报开河最高水位。

(三)数学模型

1. 开河机制

冬末春初,当气温回升和太阳辐射强度增大时,冰盖表面开始融化,融化的水渗入冰盖,逐渐改变冰盖层的结构。随着径流补给的增加,水温随之增高,冰盖进一步消融变薄和变色,厚度逐渐减小,遇到合适的水力条件和热力条件,即融化开河。

冰盖的消融一般从岸边开始,并逐渐使冰盖脱岸,当水位上涨显著时,冰盖浮起,这时只要有适当的水力或风力条件,就会造成冰盖滑动或开河。

冰盖被破坏的条件,可用Ⅱ.Г.舒里亚科夫斯基的不等式表示:

$$\sigma h_i \le f(H, \Delta H) \tag{1-65}$$

式中:σ 为冰盖强度,Pa;h_i 为冰盖厚度,cm;H 为水位,m;ΔH 为水位增量,m。

由于 $H=f(Q)$,Q 为流量,所以式(1-65)可写为

$$\sigma h_i \le f(Q, \Delta Q) \tag{1-66}$$

冰盖强度和冰厚是阻止冰盖破裂的因素,主要与气温有关,Q 和 ΔQ 分别表示水流对冰盖的拖曳力和抬升力的指标,这两个力是促使冰盖破裂的水力因素,促使冰盖破裂的因素强于阻止冰盖破裂的因素时,则开河。

2. 开河预报模型的建立

由开河机制可知,影响开河的因素主要是流量(水力因素)、气温(热力因素)和冰厚(表示冰盖强度),因此用这三个因素建立开河预报模型如下:

$$Q \ge \frac{10\beta h_i^{1.9}}{\sum T_a + 1} \tag{1-67}$$

式中:β 为经验系数,在黄河上一般为 1.4~1.5。

第二章　险情巡视与检查

为贯彻执行"安全第一,以防为主,常备不懈,全力抢险"的方针,必须在坚持日常管理、全面进行"体检"的基础上,加强汛期特别是暴雨、台风、地震、江河水位骤升骤降及持续高水位行洪期间的巡视检查,及时发现并尽快把堤坝上的隐患和险情消灭在萌芽阶段,以确保堤坝安全。因此,加强巡视检查是堤坝及河道工程安全管理和防汛抢险的重要工作内容之一,要给予高度重视。

第一节　险情类型

一、堤防险情

堤防是沿河流、湖泊和海岸,或行洪区、分洪区(蓄、滞洪区)、围垦区边缘修筑的挡水建筑物。堤身及地基经常出现的险情有漫溢、漏洞、管涌、渗水、脱坡、裂缝、风浪和陷坑等。

(1)漫溢。漫溢是指出现超标准洪水,水位上涨,堤高不够,洪水从其顶面溢出的险情。

(2)漏洞。漏洞是贯穿堤身或地基中的缝隙或孔洞流水的现象。堤防出险最危险的是漏洞,堤防决口多数为漏洞所致。

(3)管涌。管涌是在一定渗流作用下,堤身或地基土体中的细颗粒沿着骨架颗粒所形成的孔隙涌出流失的翻沙鼓水现象。因逸出口在背河堤脚、更远的地面或堤脚外的坑塘、水洼等处,常冒出小泉眼或出现沙环,也叫地泉。检查方法主要是:在背河堤脚、地面用脚在水下试探,感觉水温变凉,即应加以怀疑,然后检查是否有漩涡或冒水(清水或带褐色水)现象。夜间风雨交加,看不清时,可先挡住周围的流水,然后低头用舌头舔水,含沙者为"浑涌",无沙者为"清涌"。

(4)渗水。渗水也叫散浸,是堤防等防洪工程在高水位作用下,背河坡面及坡脚附近地面出现的土壤渗水现象,其特征是土壤表面湿润、泥软或有纤流。渗水原因主要是堤身断面单薄、土壤孔隙率大、有裂缝、压实不好,堤身有隐患,地基透水性强等,致使渗径减短,渗透加重,发展成为渗水险情。渗水严重时,有发展成为管涌、流土或漏洞的可能。

(5)脱坡。脱坡也叫滑坡,是堤、坝边坡失稳,局部土体下滑,堤脚处土壤被推挤向外移动或隆起,致使堤坝破损、断面削弱的险情,在堤防临背水坡均可发生。

(6)裂缝。堤坝在洪水长时间作用下,其顶部或坡面出现纵向或横向(垂直堤坝轴线)裂缝,使堤坝破损,危及堤坝安全。除脱坡前先发生裂缝外,黏土干缩、大堤沉陷、两工段接头不好、存在松散土层等因素都可能发生裂缝。裂缝以横缝最危险;干缩裂缝多在表层,呈不规则形态,要注意鉴别。

(7)风浪。江、河、湖泊汛期涨水,水面加宽,水深增大,风浪高,堤坝边坡在风浪涌动连续冲击淘刷下,易遭受破坏。轻者造成坍塌险情,重者严重破坏堤身,以致决口成灾。

(8)陷坑。陷坑也称跌窝,即在高水位或雨水浸注情况下。堤身、戗台及堤脚附近发生的局部凹陷现象。陷坑发生原因主要是堤身或临河坡面下存有隐患,土体浸水后松软沉陷,或堤内涵管漏水导致土壤局部冲失发生沉陷,有时伴随漏洞发生。察看堤坡等处有无沉陷时,若发现低洼陷落处,其周围又有松落迹象,上有浮土,即可确定为陷坑。

(9)坍塌。也称崩岸,是指堤防洪水偎堤走溜,造成堤坡及堤顶坍塌险情,是堤防冲决的主要原因。主要有崩塌和滑脱两种类型。其中以崩岸比较严重。坍塌险情如不及时抢护,将会造成冲决灾害。

(10)溃决。也称溃口,是堤防工程因受大溜顶冲导致堤坝坍塌或洪水发生漫溢等险情,抢护不及时或来不及抢护导致堤防发生的一种险情,溃决险情危害极大,需及时进行堵复。

二、河道整治工程险情

河道整治工程包括堤防险工及控导护滩工程,其坝垛经常出现的险情有坦石或根石墩蛰、根石走失、坝体滑动坍塌、坝身蛰裂和洪水漫顶等。

(1)坦石或根石墩蛰。坦石或根石墩蛰是坝垛在水流顶冲下,坝基或河底被淘刷后出现的险情,按其墩蛰程度与速度可分为大墩大蛰(也叫猛墩猛蛰)、平墩慢蛰两种。

大墩大蛰是坝垛坦石、根石甚至部分土坝基突然发生大体积的快速墩蛰现象,险情一般都非常严重,短暂的时间内就会危及坝垛的安全。出险原因主要为坝垛基础浅、护根石不足、水流冲刷深度大、坝基下部埽体腐烂、河床底部为层淤层沙格子底等。

平墩慢蛰是坝垛坦石、根石在较大范围内的下沉蛰陷现象,为常见险情,多发生在坝垛有一定基础或河床底部为沙基、胶泥滑底时。此险情较为缓和,易于抢护。

根石蛰动,坝垛基础块石活动下沉,发展为水面以上有凹陷塌落现象。

(2)根石走失。根石走失是坝垛受到急流顶冲,根石外坡表面石块被揭走、坡面变陡的险情,一般发生在坝垛前头、上跨角和迎水面水面以下 1/3 水深处。

(3)坝体滑动坍塌。坝体滑动坍塌又称溃膛,是坝垛局部塌陷或整体坍落倒塌破坏、坝身失稳的险情,坍塌严重时有坝身塌断,甚至跑坝的危险。出险原因主要是水流冲刷;坝基淘深;水位骤降导致坝后侧压力增大及反向渗透压力作用;坝垛坦石、根石后填土被水淘空,坝垛断面不足,安全系数小等。

(4)坝身蛰裂。坝身蛰裂是指坝垛临水侧坝顶发生顺坝方向裂缝,裂缝外侧坝基与坦石出现不均匀沉陷的险情。除因水中进占施工、埽体下沉产生蛰裂外,主要出险原因是坦石过陡、根石薄弱、强度不均匀。

(5)洪水漫顶。洪水漫顶是指当险工和控导护滩工程的坝垛遇到超标准洪水,或由于泥沙淤积等形成异常高水位洪水,或风浪较大时,洪水漫过坝顶损毁坝垛的险情。险工坝垛的防洪标准与堤防的相同,超标准洪水漫顶险情与堤防漫溢险情具有相同的危险性。

三、水工建筑物险情

涵闸险情主要有土石结合部渗水、闸身滑动、翼墙倾倒、闸下游消力池及海漫处渗水、闸后脱坡、闸底板或侧墙断裂、闸门启闭失灵和漏水等。虹吸及穿堤管道工程险情主要是管壁锈蚀或破裂漏水、管道封闭不严和铁石土结合部渗漏等。

（1）土石结合部渗水。堤防上的涵闸与土壤结合部位，如岸墙、翼墙、涵洞与土结合部，由于土体回填不实、止水失效、动物打洞或雨水冲刷造成缝隙，从而发生渗流或管涌险情。

（2）闸身滑动。由于超标准挡水使渗压水头过大，建筑物设计、施工质量差不能满足抗滑稳定要求，闸身发生严重位移、变形。此类险情一般比较严重。

（3）翼墙倾倒。涵闸上下游翼墙、护坡等建筑物迎水面及底脚，因急流冲刷，特别是在高水位时，受水流顶冲淘刷与水中漂浮物冲击而引起的倾斜或倒塌的险情。

（4）闸下游消力池、海漫处渗水。由于基础施工质量不好。止水设施破坏，反滤设施不能满足要求等因素：在闸下游消力池、海漫或其他部位会出现渗水，甚至管涌现象。

（5）闸后脱坡。闸后脱坡与堤防、坝垛脱坡类似。

（6）涵闸底板或侧墙裂缝。因基础处理不好，承载力不足，基础不均匀沉陷，使涵闸蛰裂，多在底板或翼墙等处发生裂缝。

（7）闸门启闭失灵。由于启闭机损坏、闸门扭曲变形等因素造成闸门启闭失灵的险情。

（8）闸门漏水。闸门构造不严或有损坏，止水设施损毁或门顶封闭不严等，均会造成闸门漏水。

（9）虹吸及穿堤管道工程险情。虹吸及穿堤管道工程险情主要是由于管道破坏、管路短导致渗径不足、管壁与土石结合不好等因素。在背河堤坡或静水池发生漏水、渗水。

第二节　防汛检查

一、检查形式

（一）经常检查
经常检查是指为保证工程设施正常运行，管理人员按岗位责任制要求进行的检查，包括对獾狐洞穴、裂缝的追踪检查，护堤（坝）员雨后检查，闸管人员对启闭机械设备的日常检查等。对经常性检查发现的问题，要按规定及时进行处理。

（二）定期检查
定期检查主要指由基层管理单位按有关规定组织的全面普查。基层管理单位对定期检查要填写检查记录，并写出报告报上级主管部门。包括：春季工程普查，每年三四月进行，发现问题必须于汛前组织处理；汛后工程普查（结合冬季獾狐洞普查），每年10月、11月要全面检查工程在汛期运用后出现的问题，并据以拟定次年岁修工程计划；定期组织河势查勘和根石探摸。

（三）特殊检查
特殊检查是指当发现工程存在较复杂问题时，需要进行的检查。一般由基层管理单位组织，邀请上级主管部门及有关部门参加，或申请上级主管部门直接组织进行。特殊检查要对检查项目提出鉴定意见。主管单位编写专题报告，呈报上级主管部门。

(四) 汛期安全检查

对各项工程都应制定汛期安全检查制度,包括警戒标准划分,检查内容,检查路线、程序、方法,责任制,交接班规定,报告制度和险情处理措施等。

对工程检查道路和查水道路都应铲除杂草,疏通整平。在险工和控导护滩工程的沿子石后坝面应铲出宽度不小于 1 m 的检查面。

二、堤防检查

堤防是抗御洪水的主要设施。但是,堤防工程受大自然和人类活动的影响,工作状态和抗洪能力都会不断地变化,出现一些新的情况,如汛前未能及时发现和处理,一旦汛期情况突变,往往会造成被动局面。因此,每年汛前对所有堤防工程必须进行全面的检查。对于影响安全的问题,要制订度汛措施和处理方案,务必使工程保持良好状态投入汛期运用。堤防工程重要程度不同,防洪设计标准、结构性能以及工作条件也不相同,应针对每段堤防情况,具体分析,认真检查。

(一) 堤防的类别及要求

堤防(包括海堤)具有就地取材、修筑简易的特点,大量建于江河两岸、湖泊周边、沿海滩涂等地,用以约束水流和抵御洪水、风浪、潮汐的侵袭。但是堤防线长量大,经常暴露于旷野,受风蚀雨淋,虫兽危害,极易发生破坏,汛期导致溃堤事故,确有"千里大堤、溃于蚁穴"之虑。因此,对于堤防的防汛任务和工程结构要有明确的要求。

1.堤防的类别

堤防按其修筑的位置不同,分为河堤、江湖堤、海堤及水库、蓄(滞)洪区、低洼地区的围堤等;按其功能可分为干堤、支堤、子堤、遥堤、隔堤、行洪堤、防潮堤、围堤、防浪堤等;按建筑材料分有土堤、石堤、土石混合堤和混凝土防洪墙等。堤防的等级划分应根据保护对象的大小及重要性确定,详见《堤防工程设计规范》(GB 50286—2013)的有关规定。

2.堤防的基本要求

每段堤防应根据防洪规划和堤防现状,确定防汛水位。

(1)警戒水位。河道洪水普遍漫滩或重要堤段漫滩偎堤,堤防险情可能逐渐增多时的水位,定为警戒水位。达到该水位,要进行防汛动员,调动常备防汛队伍,进行巡堤查险。

(2)设计洪水位。指堤防设计水位或历史上防御过的最高洪水位。接近或达到该水位,防汛进入全面紧急状态,堤防临水时间已长,堤身土体可能达饱和状态,随时都有出险的可能。这时要密切巡查,全力以赴,保护堤防安全,并根据"有限保证,无限负责"的原则,对于可能超过设计洪水位的抢护工作也要做好积极准备。

堤顶在设计洪水位之上要有足够的堤顶超高,堤顶超高值由波浪爬高、风壅增水高度和安全加高组成,如图 2-1 所示。一般背水坡不应出现渗水,或虽有渗透现象,但不得发生流土或管涌;在一般河道流速和水位骤降的情况下,临水坡不致发生坍塌险情;对重要堤防断面,要符合滑坡稳定和渗流稳定分析要求;堤身土体应密实,不得有塌陷、断裂、缝隙等隐患。

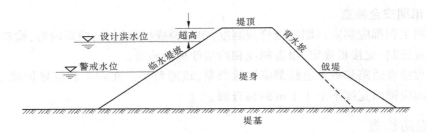

图 2-1　堤防断面示意图

堤线一般应与洪水流向平行、两岸堤距应尽量一致,保持河道水面线平顺。

堤基要有一定宽度,符合允许承载力和渗透坡降要求,强透水地基要有控制渗透设施。

靠近河槽的堤段有可能发生冲刷时,应有堤岸防护工程。为防御洪水或风暴潮对堤防的淘刷,临水面要有防冲护坡。

(二)堤防检查的主要内容

1.堤防外部检查

堤身表面应保持完整,管护范围内的各项管理设施、标点、界桩等应完好无缺。检查堤身有无雨淋沟、浪窝、脱坡、裂缝、塌坑、洞穴以及害虫害兽活动痕迹;有无人为取土、挖窑、埋坑、开挖道口、穿堤管线等;护岸护坡、险工坝段、控导工程有无松动、脱落、淘刷、架空、断裂等现象;植物护坡和防浪林木是否完好,有无妨碍巡堤查险的杂草、刺条等;防汛料物是否齐备,土牛、料场、料堆是否符合储备定额要求;通信设施是否完好畅通。

2.堤防断面检查

堤顶现有高程是否达到设计防洪水位的要求;堤防的安全超高是否符合设计标准;河床有无冲淤变化,实测水位流量关系与设计水位流量关系是否相符;根据堤身、堤基土质和洪水涨落持续时间,检查堤身断面是否符合边坡稳定和渗透安全要求;检查堤顶宽度是否便于通行和从事防汛活动。

3.堤身隐患检查

堤身隐患是削弱堤防抗洪能力,造成汛期抢险的主要原因。不论是汛前检查还是平时管理养护,都要把它视作险点。检查内容有:检查有无动物破坏,如狐、獾、鼠、蛇、白蚁等掏穿的洞穴;堤内有无因树根、树干、桩木等年久腐烂而形成的空隙;有无施工时处理不当埋在堤内的排水沟、暗管、废井、坟墓等;施工中有无因局部夯压不实,或填有冻土、大土块经固结和蛰陷形成的暗隙;堤身有无裂缝,一般应注意检查修筑时夯压不均匀处、分界线和新旧堤结合部位有无裂缝,或者因干缩、湿陷和不均匀沉陷而生成的裂缝。

4.堤防渗流检查

堤防和土坝一样,堤身和堤基都有一定的透水性,但由于堤线过长、洪水期短、防渗工程量大等因素,汛期堤防发生渗流是普遍的,甚至还会出现散浸、流土、管涌、脱坡等险情。汛前应着重检查以下几个方面:检查以往汛期发生渗漏的实况记载,是否进行了处理,分析渗漏发展与洪水位的关系,确定渗漏部位,仔细查找产生渗漏的原因;检查了解过去渗水的浑浊情况和渗水出口的水流现象;检查沿堤两侧有无水塘、取土坑、潭坑等穿透覆盖层的情况;检查堤防附近有无打井、锥探、挖掘坑道等情况;检查穿堤建筑物周边有无蛰陷、开裂和上下游水头差增大等现象;检查建在强透水地基上的堤防,为防止渗流破坏而修建的防渗、导流和减压工程设施等有无破坏。

(三)堤防检查方法

堤防检查除沿堤实地察看和调查访问外,还应采取一些简易的探测方法,尽早发现并消除隐患,以达到确保堤防安全的目的。常用的检查方法如下所述:

(1)对堤顶高程应定期进行水准测量。如发现高程不够,应检查分析原因。如因堤身正常固结、沉陷而降低的,应当培修加高;如因堤基变动或堤身受外力作用而引起的,应进行观察分析;制订处理方案,在未得到处理前要加强防守或降低防洪标准。

(2)人工锥探。这是多年来处理堤身隐患的简便方法,不仅可以查找堤身隐患,也是加固堤防的一项措施。其做法是用直径 12~19 mm、长 6~10 m 的优质圆钢钢锥,锥头加工成上面为圆形,尖端为四瓣或五瓣,如图 2-2 所示。由 4 人操作,自堤顶或堤坡锥至堤基,根据锥头前进的速度、声音和感觉,可判别出锥孔所遇土质、石块、树根、腐木以及裂缝、空洞等。在锥探中还可对照向锥孔内灌细沙或泥浆量多少进行验证,必要时则重点进行开挖检查。

(3)机械锥探。机械锥探是用打锥机代替人力,所用锥杆较人工的粗,锥头直径为 30 mm,锥杆直径 22 mm,锥探方法有压挤法、锤击法、冲击法三种。锥探的孔眼布置要适当,有的排成孔距 0.5~1.0 m 的梅花形。机械锥探判别堤身有无隐患,要在钻孔中利用灌浆或灌水发现。

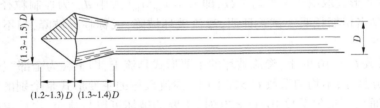

图 2-2　人工锥探锥头示意图

(四)判断堤防渗流破坏参考资料

堤防临水后出现渗透水流,轻则发生堤后散浸或渗水,重则引起堤身或堤基渗透变形,由此造成的溃决屡见不鲜,所以在检查时必须对堤防渗透问题给予高度重视,认真分析研究。现将判别渗流破坏的参考资料举例介绍如下。

1.堤身渗流的临界浮动坡降

堤防持续受高水位洪水浸透,渗透水流有可能将土壤中的微粒带走,破坏堤身土壤结构,在渗流出逸处发生土粒浮动,甚至造成流土或管涌。对于渗流出逸处土粒浮动的判别,可直接由水力坡降进行简单分析。一般土粒临近浮动状态的水力坡降称为临界浮动坡降,其值可由下式求得:

$$i_f = (1 - n)(G_s - 1) \tag{2-1}$$

式中:i_f 为临界浮动坡降;n 为土壤空隙率;G_s 为土粒比重。

出逸处水力坡降的安全系数计算式如下:

$$k = i_f/i_E \qquad (2\text{-}2)$$
$$i_E = h/L \qquad (2\text{-}3)$$

式中:i_E 为实际出逸坡降;h 为内外水头差,m;L 为渗径长度,m。

土壤孔隙率 n 和比重 G_s 须由试验测定。根据多数试验结果,在一般土质中,出逸坡降达到 0.6~0.8 时,即开始出现浮动现象,故分析堤身断面时,应检查出逸坡降是否小于临界浮动坡降,并应具有一定的安全系数。

2. 堤基和地面渗流破坏的临界坡降

南京水利科学研究院提出的渗流方向自下而上时管涌的临界坡降 i_F 公式如下:

$$i_F = 42d_3/(k/n^3)^{1/2} \qquad (2\text{-}4)$$

式中:d_3 为相应于含量为 3% 的粒径,cm;n 为土壤空隙率;k 为渗透系数,参照经验数据选用,cm/s。

当实际坡降超过式(2-4)求出的临界坡降时,即可能发生管涌。

对于流土现象,如渗透动水压力作用的方向与流向一致、向上的动水压力超过土体重量时,土体即被托起形成流土,据此可求得流土的临界坡降 i_F。

$$i_F = \rho_1/[\rho - (1 - n)] \qquad (2\text{-}5)$$

式中:ρ_1 为土的干密度;ρ 为水的密度;n 为土壤空隙率。

当实际渗透坡降超过临界坡降时,将发生流土现象。

3. 无黏性土的渗流稳定性分析

对于砂土及砂砾土的渗流破坏,试验说明由于土粒直径和孔隙大小的几何关系不同,渗流破坏的主要形式取决于不均匀系数,即 $C_u = d_{60}/d_{10}$(式中 d_{60} 为控制粒径,d_{10} 为有效粒径)。苏联学者伊斯托明娜试验证明,渗流破坏坡降,或称临界坡降,与不均匀系数相关,其特性如下:

不均匀系数 $C_u \leq 10$ 的土,渗流破坏的主要形式是流土,即土粒为全部"悬浮"或者有部分喷涌、部分悬浮;不均匀系数 $C_u > 20$ 的土,渗流破坏的主要形式是个别的细小颗粒被带出(机械管涌);不均匀系数 $10 < C_u < 20$ 时,主要的破坏可以是流土,也可以挟带出土粒形成管涌。

上升渗流的允许水力坡降值 i_A 可以参考下列数值:①对于 $C_u \leq 10$ 的土,$i_A = 0.3 \sim 0.4$;②对于 $10 < C_u < 20$ 的土,$i_A = 0.2$;③对于 $C_u > 20$ 的土,$i_A = 0.1$。

三、水闸(涵洞)检查

水闸是修建在河道堤防上的一种低水头挡水、泄水工程,用途十分广泛。汛期可与河道堤防和排水、蓄水工程相配合,发挥控制水流的防洪作用。

(一)水闸的类别及基本要求

1. 水闸的类别

水闸按照作用,主要分为以下几种:

(1)节制闸(或称拦河闸),用来控制和调节河道的水位和流量,一般洪水时闸门打开宣泄洪水,避免水闸上游河道水位壅高。

(2)进水闸(包括分洪闸、分水闸),用来从河道、湖泊、水库内引取水流。分洪闸是防止河道洪水自行泛滥成灾,在分洪道或蓄洪区进口修建的水闸。

(3)排水闸(包括挡潮闸),是用来排泄江河两岸的涝水,但又要防止江河洪水倒灌,建在沿海排水河道出口的排水闸,除排水作用外,还要防止海潮的倒灌,其结构必须考虑双向挡水。

(4)冲沙闸,是为排除进水闸或拦河闸的泥沙淤积而修建的,是大含沙量河道上引水枢纽不可缺少的组成部分。

水闸如按闸厢结构形式分则有开敞式、胸墙式、涵洞式等。

2. 水闸的等级划分

水闸工程设计一般按照原水利电力部颁发的《水闸设计规范》(SD 132—84)进行。凡构成水利枢纽工程的水闸及位于堤防上的水闸,其等级标准还应参照主体工程的等级确认。

通常,管理和统计上划分水闸的等级,采用按过闸校核流量分为三级,即大型水闸,校核流量大于 1 000 m³/s;中型水闸,校核流量 100~1 000 m³/s;小型水闸,校核流量 10~100 m³/s,无校核流量按设计流量计。

3. 水闸的工作条件和基本要求

具备水闸所在河道的水位流量关系和设计洪水流量(或排水流量)资料,以及闸上下游设计水位指标等;分洪闸要有河道控制断面或闸前启闭水位的规定,要有闸前河道水位与上游河段来水及下游河段安全泄量的相关关系资料;水闸承受上下游最大水位差时,要符合抗滑和抗倾覆稳定要求;在各种设计水位的作用下,闸基和两岸土体要符合渗透稳定要求,不得发生渗透变形;闸下游扩散段的布置要符合最优水流形态的要求,要有有效的消能防冲设施,防止下游河床和两岸发生冲刷;闸门和启闭设备要符合水闸运行操作的要求,在各种运行情况下,都要有充分的可靠性,做到启闭灵活。

(二)水闸检查的主要内容

河道上的水闸边界条件较为复杂,有其自身的安全问题,同时还关系到所在河道堤防的防洪安全。因此,汛前应结合河道堤防一并进行检查。检查的主要内容如下。

1. 水力条件检查

水闸的运用主要是上下游水位的组合。要对照设计检查上下游河道水流形态有无变化,河床有无淤积和冲刷,控制调节水位和流量的设计条件有无变化。检查闸门开启程序是否符合下游充水抬升的条件和稳定水流的间隙时间要求,要按照水闸下游尾水位变化的要求,检查闸门同步开启或间隔开启后下游水流状态是否满足要求,有无水闸启闭控制程序。对有船闸和鱼道的水闸,检查有无汛期联合运行规定。

2. 闸身稳定检查

水闸受水平和垂直外力作用产生变形,应检查闸室的抗滑稳定。检查闸基渗透压力和绕岸渗流是否符合设计规定;为消减渗透压力设置的铺盖、止水、截渗墙、排水等设施是否失效;两岸绕渗薄弱部位有无渗透变形;闸基有无冲蚀、管涌等破坏现象。

3. 消能设施检查

水闸下游易发生冲刷,要根据过闸水流流态观测记录,对照检查水闸消能设施有无破坏,消能是否正常。检查下游护坦、防冲槽有无冲失,过闸水流是否均匀扩散,下游河道岸坡和河床有无冲刷。

4. 建筑物检查

对土工部分,包括附近堤防、河岸、翼墙和挡土墙后的填土、路堤等,检查有无雨淋沟、浪窝、塌陷、滑坡、兽洞、蚁穴以及人为破坏等现象;对石工部分,包括岸墙、翼墙、挡土墙、闸墩、护坡等,检查石料有无风化,浆砌石有无裂缝、脱落,有无异常渗水现象,排水设施是否失效,伸缩缝是否正常,上下游石护坡是否松动、坍塌、淘空等;水闸多为混凝土或钢筋混凝土建筑,在运行中容易产生结构破坏和材料强度降低等问题,应检查混凝土表面有无磨损、剥落、冻蚀、碳化、裂缝、渗漏、钢筋锈蚀等现象,建筑物有无不均匀沉陷,伸缩缝有无异常变化,止水缝填料有无流失,支承部位有无裂缝,交通桥和工作桥桥梁有无损坏现象等。

5. 闸门检查

闸门的面板(包括混凝土面板)有无锈穿、焊缝开裂现象,格梁有无锈蚀、变形,支承滑道部位的端柱是否平顺,侧轮、端轮和弹性固定装置是否转动灵活,止水装置是否吻合,移动部件和埋设部件间隙是否合格,有无漏水现象;对支铰部位,包括牛腿、铰座、埋设构件等,检查支臂是否完好,螺栓、铆钉、焊缝有无松动,墩座混凝土有无裂缝;对起吊装置,检查钢丝绳有无锈蚀、脱油、断丝,螺杆、连杆有无松动、变形,吊点是否牢固,锁定装置是否正常。

6. 启闭机械检查

水闸所用启闭设备,多是卷扬式起重机或螺旋式起重机,其特点是速度慢,起重能力大。主要检查内容有:闸门运行极端位置的切换开关是否正常,启闭机起吊高度指示器指示位置是否正确;启闭机减速装置,各部位轴承、轴套有无磨损和异常声响;当荷载超过设计起重容量时,切断保安设备是否可靠,继电器是否工作正常;所有机械零件的运转表面和齿轮咬合部位应保持润滑,润滑油盒油料是否充满;移动式启闭机的导轨、固定装置是否正常,挂钩和操作装置是否灵活可靠;螺杆式启闭机的底脚螺栓是否牢固。

7. 动力检查

电动机出力是否符合最大安全牵引力要求;备用电源并入和切断是否正常,有无备用电源投入使用的操作制度;电动和人力两用启闭机有无汛期人力配备计划,使用人力时有无切断电源的保护装置;检查配电柜的仪表是否正常,避雷设备是否正常。

(三) 水闸事故的分析实例

水闸既有自身的安全问题,也关系到堤防的防洪安全,因水闸事故而造成堤防溃决的例子较多,下面介绍几个实例,供参考。

在水闸检查中要按设计操作运行程序进行全部启闭设备的试运转。对制定的运行程序,每个操作人员必须应知应会,切实遵守,以免盲目启闭造成严重事故。如河南省某水闸因无操作制度,当闸上水深 4.5 m、闸下无水时,开启中间 4 孔,一次提高 1.0 m,未形成正常水跃,将海漫破坏。

在检查中要特别注意闸基和侧墙渗流发生管涌、流土、渗浑水等现象,以往由此造成失事者较多。如广东省某水闸,1973 年建成后,下游出口即发生管涌和伸缩缝长期漏浑水现象,曾经多次处理未能彻底解决。1985 年 9 月,漏水增多,洞身突然断裂下沉 3 m,涵闸整体被破坏。

　　钢筋混凝土的碳化和钢筋锈蚀近年来在一些老工程上较为突出,因关系到建筑物结构的强度,已引起管理部门的重视。据调查分析、混凝土受空气中 CO_2 侵蚀,其碱度降低,而形成"碳化"。当混凝土碳化深度达到钢筋保护层厚度时,就会使钢筋表面原有的钝化膜被破坏,加快钢筋锈蚀。另外,沿海地区钢筋混凝土受海水、海风和盐雾中氯离子的浸入,钢筋锈蚀也会加快。如长江下游某水闸由于混凝土碳化,钢筋锈蚀膨胀,使建筑物多处产生顺筋裂缝,混凝土平均碳化深度超过 60 mm,有的混凝土崩落,威胁水闸的安全。其他地区水闸亦有类似情况发生。

　　闸门启闭事故多为平时检查疏忽和运行误操作引起,也就是对异常现象未能认真分析,执行操作制度没有定岗定位,专人负责。如天津永定新河某水闸共 11 孔,为升卧式平板钢闸门。1974 年,第 1 孔闸门提高 1.0 m,因钢丝绳锈蚀被拉断,闸门坠落。1976 年第 11 孔闸门提升到最高位置,未及时停机致使闸门出轨翻倒。另外,漳卫新河某进洪闸为弧形闸门,1982 年 5 月由非专职人员操作,闸门超过限位后,未拉闸停机,将钢丝绳拉断,挤坏闸门支臂。长江流域某水库 1990 年泄洪时,提升溢洪道闸门,因电源更换闸门反向下落,将闸门支臂扭曲压弯,门面板被冲翻。

四、河道整治工程检查

　　充分发挥河道泄洪能力是防止洪水灾害的重要措施,为此对河道治理要力争顺应河势,巩固堤岸,彻底清除泄洪障碍,尽可能保持河道稳定,以提高河道泄洪能力。但因河道受自然因素影响较多,变化较难预测,只有经常观察,熟悉河性,方能找出趋利避害的规律。特别是每年汛前要通过河道检查,判别利害趋势,查找存在的问题,以便进行处理和加强防守,做到安全度汛。现对河道类型和检查的主要内容简介如下。

(一)河道的形态分类

　　对防洪关系重大的平原河道,基本形态分为以下三类:

　　(1)蜿蜒型河道。大部分河道的中下游常演变形成蜿蜒型河道,如图 2-3 所示。其形态大致有以下特点:平面形状由正反向的弯道和介乎其间的过渡段相连接,形成 S 形;基本河槽多为窄深断面。宽深比 B/h(B 为水面宽,h 为水深)值较小;在弯道的上游过渡段,主流线(亦称动力轴线)偏靠凸岸,在弯顶部位主流线偏靠凹岸;主流线位置的变化规律常为"低水傍岸,高水居中",或者是"小水坐弯,大水取直",常说的险工河势"低(小)水上提,高(大)水下挫",都是这个道理;弯道深槽和过渡段浅滩年内常发生周期性的冲淤变化。

　　(2)游荡型河道。游荡型河道的一般特点是:在较长河段内宽窄相间,在窄河段水流集中,宽河段出现沙滩和河汊,河床变化快。主流摆动不定,河势极不稳定;河道断面一般比较宽浅,滩槽的高差较小,宽深比 B/h 值较大;河槽年内的冲淤变化,一般是汛期主槽冲刷。而非汛期淤积,但大含沙量的河道多半是淤积,河床不断抬高。游荡型河道多分布在华北及西北地区的河道中下游。如图 2-4 所示为黄河中下游游荡型河道。这种河型对防洪和河道整治都极为不利。

　　(3)分汊型河道。分汊型河道的一般特点是:河道内江心洲较多,外形复杂,不同河

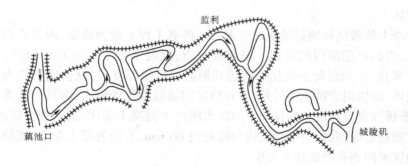

图 2-3　长江蜿蜒型河道

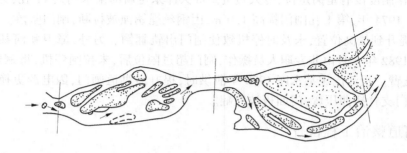

图 2-4　黄河中下游游荡型河道

段的断面、流量、输沙量以及边界条件等因素变化很大;河床在分汊入口处常形成倒坡;在分汊入口处水面壅高,形成横比降和环流,在分汊出口处的汇流区形成小的漩涡;河道分汊多由水流进入宽河段后泥沙堆积而引起。分汊型河道是河道中下游常见的一种河型,如长江城陵矶以下,珠江的西江和北江下游,松花江中下游等基本上属于这种河型,如图 2-5 所示。

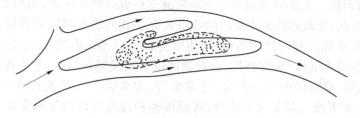

图 2-5　分汊型河道

(二) 河工建筑物的类型与基本要求

为稳定河势和保护堤岸而修建的水工建筑物,通常称为河工。河工建筑物的种类很多,按照修建的目的分,有护岸工程(如护坡、护脚、矶头、坝垛等),有整治工程(如丁坝、顺坝、潜坝、锁坝等)、防护工程(混凝土模袋、三维网垫护坡等)。河工建筑物按照结构形式分,有坡式护岸、桩式护岸、墙式护岸、坝式护岸以及埽工、沉排等。河工建筑物按建筑材料分,有轻型工程和重型工程,用梢料、薪柴、土工合成材料修筑的为轻型工程,大部分可以就地取材;用石料、混凝土修筑的为重型工程,如砌石坝、混凝土坝和防洪墙等。

河工建筑物对水流要有足够的抵抗能力,要保持抗倾覆、抗滑动的稳定性。河工建筑物直接修筑在河底或河岸上,一般无特殊的基础处理措施,建筑物应连接紧密,不应有空段和开裂。同时为适应河床边界的变化,河工建筑物常采用散抛石和沉排防护,这种防护要随着河床的变化自相适应。利用梢料或芦柴修做河工建筑物,一般用于水下,耐久性尚好,不宜用在时干时湿(水位变动区)的部位,以免加速霉烂。

(三)主要河工建筑物

1.抛石护脚

在水位以下利用抛石护脚是最常见的一种形式。抛石时应考虑块石规格、稳定坡度、抛护深度和厚度等。抛石护脚的稳定坡度根据抛护段的水流速度、深度而定。一般河道抛石边坡应不陡于 1:1.5,在水流顶冲严重河段应不陡于 1:2。抛石厚度关系工程的效果和造价。一般用抛石粒径的倍数确定抛石厚度。如规定不少于 0.8~1.0 m,约相当于块石粒径 0.3 m 的 3 倍。抛石护脚横断面如图 2-6 所示。

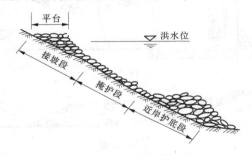

图 2-6　抛石护脚横断面图

2.块石护坡

块石护坡工程除受水流冲击外,还受风浪淘刷和地下水渗流影响。因此,护坡砌石要求扣紧,而且护坡应首先做好护脚,保持稳定。为防止边坡土壤被风浪和渗水带走,造成护坡底层淘空而坍塌,块石护坡底部须铺设反滤垫层。块石护坡分散抛、干砌和浆砌三种,多采用干砌块石护坡。干砌块石护坡断面如图 2-7 所示。

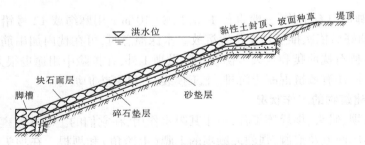

图 2-7　干砌块石护坡横断面

3.丁坝

丁坝由坝头、坝身和坝根组成,主要用于调整河宽,迎托水流,保护堤岸。由于丁坝对水流和近岸河床有剧烈影响,工程不易稳固,尤其在水深溜急、河面狭窄处修建更要慎重实施。丁坝的长度取决于整治线的位置。但也与坝高有关,一般出水的丁坝较短,潜水丁坝较长,有的伸向河心。丁坝轴线与水流方向的夹角对溜势影响很大,一般为托溜外移,不漫水的丁坝修成下挑,漫水丁坝有的修成上挑。丁坝结构中坝根和坝头最为重要,坝根应嵌入堤岸,并在相邻范围内设有护岸。坝头附近因河床易冲刷,下层多铺设柴排、模袋或铅丝笼等护底。根据丁坝的位置条件、结构形式可采用土心丁坝、抛石丁坝、沉排丁坝、柳石丁坝等。抛石丁坝结构如图2-8所示。

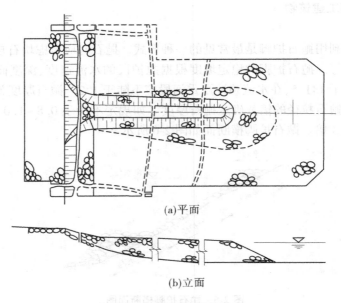

(a)平面

(b)立面

图 2-8　抛石丁坝结构

4. 顺坝

顺坝多沿整治线修建成潜水式,其高度按整治水位确定。顺坝与河岸的连接与丁坝相同,但边坡较平缓,以利承受水流冲刷。顺坝中间可建格坝,格坝的间距一般为长度的2~3倍。

5. 柳石枕坝

柳石枕是柳梢包石结构,一般直径1 m,长8~10 m。用麻绳或12号铅丝捆扎,绳距0.5~0.7 m。捆好后依次推至预定位置沉放。水深溜急时,可在枕内加串筋绳,控制枕体平稳入水,以防柳石枕前爬和走失。柳石枕除做坝工外,在抢险中用途也很大。除以上所举河工建筑物外,还有铰链混凝土沉排、土工模袋、三维网垫护坡等。

(四)河工建筑物的工作状况

丁坝、挑水坝、矶头、坝垛等工程,由于其阻水作用,在它们的上游水位壅高,流速场发生剧烈变化,形成回流及泡漩,强烈冲刷坝的上腮(上跨角)和坝根。在坝头部位,发生水流集中绕流现象,造成明显的冲坑,威胁坝头的安全。在坝的下游,由于水流离解现象,也形成回流泡漩区,造成坝下腮(下跨角)的冲刷,如图2-9(a)所示。

水流的紊流现象,均造成坝上下腮(上下跨角)、坝头、坝根部位的坍塌出险。冲刷严重时,坝头塌陷入水,坝身、坝根也相继塌陷,甚至发生后溃险情。

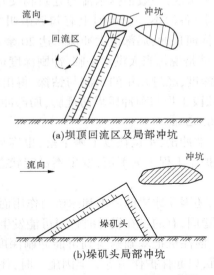

(a)坝顶回流区及局部冲坑

(b)垛矶头局部冲坑

图 2-9 丁坝(矶头)冲坑示意图

坝垛、矶头等起短丁坝的作用。矶头群对水流结构有一定程度的改变,虽没有丁坝强烈,但当大溜顶冲垛矶头时,也会在垛矶头头部或其附近偏下部位,产生较大的回流,冲成深坑,产生崩窝,使岸线凹进。单独的垛矶头产生水流冲刷现象有的也很严重。如图 2-9(b)所示。一般来说,护岸、顺坝等对近岸水流结构影响比较小。只是能够使河床横向摆动得到控制,岸坡不被冲刷,但却不能制止河床的淘深。河流凹岸受水流冲刷,在未修筑护岸工程前,顶冲点和着溜段迫使河岸向横向发展,如图 2-10(a)所示。河岸发生崩塌,而冲深可能较小。当修筑了护岸工程之后,横向冲刷力受阻,转向纵向发展,因而在护岸、护坡(坦)的前沿,常冲成深槽,如图 2-10(b)所示。

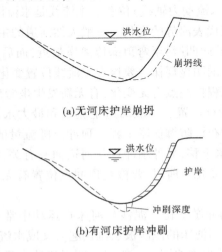

(a)无河床护岸崩坍

(b)有河床护岸冲刷

图 2-10 河床变化示意图

河道防护建筑物前沿淘刷深度,一般根据水流与建筑物交角、流量、流速、含沙量、水深、河岸坡度、土质等情况而定,各河不一。黄河上有句谚语叫"够不够三丈六",就是说一般冲深10~12 m。但若遇横河顶冲,局部最大冲深可达20余m。永定河老河工也有一句谚语:"刷不刷,一丈八"。就是说每当大洪水来临,冲刷深度可达5.4 m左右。永定河支流洋河堤坝工程局部冲刷深度,经过几年的观测与钻探,得出的成果是:平顺段堤防堤脚局部冲深2.3~2.6 m;平顺段丁坝与顶冲段堤防堤脚,局部冲深为4.59~4.63 m;顶冲段丁坝最大局部冲深6.65~6.92 m。

有的护坡,受风浪和船行波冲击,水位往复上壅下落,也容易遭受破坏。当水位突然下降或地下水向河道补给。护岸工程失去平衡,发生不稳定状态时,也会出险,发生滑动或坍塌。

北方河流上的防护工程,还因受冰凌的撞击和冰压力作用而遭到破坏。

为了使险工的防护部位稳固,有的虽在设计时针对可能发生的冲刷情况,采取了预防措施,如深做基础,采用沉井、灌注桩把基础修筑到可能冲刷深度以下,或用沉排、预堆护根石料,随着水流冲刷而下沉,以起保护作用等。但因施工时,往往由于基础开挖困难,做不到可能冲刷的深度,汛期由于流量、水位和河势的变化,险工上的顶冲点也时常上提下挫等,防护工程出险的机会很多。特别是新建的防护工程,未经大水考验更容易出险。因此,防护工程建成后并不等于竣工,还要储备料物,针对各种险情进行抢护。为了使河道险工上的各种防护工程保持稳定,发挥预期的作用,从思想上和措施上要做好抢险准备。

(五)河道整治工程检查的主要内容

1.河势检查

河势是河道内水流平面形态变化的表现,它的变化规律反映河道的稳定与不稳定。预测河势发展,掌握防守重点,对指导防汛是非常必要的。汛前河势检查,一般是对照本河段不同时期的观测结果,进行分析,找出趋势。代表河势变化的特征主要有以下几点:

(1)检查主流线(又称水流动力轴线)位置。主流线是水流沿程各断面最大垂直流速的连线,它的位置变动最能代表河势的变化。一般天然河道的主流线,在弯道进口段偏靠凸岸,进入弯道后,即逐渐转向凹岸,至弯顶部位离岸最近,而后再转移出去,多数河道主流线有大水趋中、低水傍岸的明显规律。要检查主流线位置变化是否正常,是否与河道险工护岸相吻合,河道整治工程控制点有无变化,有无新发生坐弯出险趋势。

(2)检查河弯段的顶冲点位置。一般河道主流线和最大水深线均靠近弯顶附近,此点即所谓的顶冲点,附近常布设防御护岸工程。顶冲点随流量的变化常具有上提下挫的规律,一般是低水上提,高水下移,另外顶冲点与河道曲率有关,如形成急弯,低水位时也将出现下移,可能发生河势变化。所以,要检查顶冲点位置有无变动,水流出流方向是否与弯道保持吻合。

(3)检查河道各部位的冲淤变化。泥沙与河床在运动中常互相转换,水流中的泥沙沉积后形成河床的一部分,当河床的泥沙被水流挟起后又成水流的一部分,这种水流输沙的不平衡是促使河道演变的根本原因。一般河道凹岸流速大易冲刷,凸岸底层流速小易落淤,有的是大水冲、小水淤,有的则是汛期洪水淤、汛后枯水冲。对各个河段应根据以往的冲淤变化规律,检查有无异常变化。

（4）检查串沟、河汊、洲滩的变化。河道自然形成的串沟、河汊、洲滩等分布是河道形态的组成部分，其位置的变化、范围的大小以及分流比例的改变，对河势变化会有较大影响，汛前要逐个进行检查。

2.河工建筑物检查

河道水流和河床在相互作用中，常发生崩塌坐弯冲刷现象，汛前应对河工建筑物进行检查，应着重检查以下方面：

（1）检查砌石、抛石护岸、坝垛、裹头有无开裂、蛰陷、松动、架空等现象。顶部高程有无下沉，潜水部分的坝顶防护是否完整。铅丝笼有无锈蚀断筋，柴排柳捆有无霉腐等。

（2）检查坝岸工程的根石、基础有无淘刷、走失、下沉等。凡修建坝岸防护后，水流不能直接冲蚀河岸，反而从近岸河底取得泥沙补给，将河床刷深，岸坡变陡，这是形成根基破坏的起因，检查时要用探水杆、铅鱼、超声波测深仪等进行水下探测，切实摸清情况。

（3）检查抛石护岸的稳定。抛石护岸的稳定对汛期保护堤岸安全很重要，一般控制稳定的标准主要是抛石坡度、厚度、河槽深度和石料尺寸等。由于各条河的具体条件不同，各项要求尚难进行理论计算，多采用经验数值。例如黄河下游根石平均坡度为 $1:1.1\sim1:1.5$，局部埋深 $15\sim19$ m，采用块石重 $50\sim150$ kg。又如长江下游近岸河床相对稳定的抛石坡度为，矶头迎溜顶冲砂卵石河床 $1:1.5$，矶头迎溜顶冲细砂河床 $1:2.0$，平顺护岸中细砂河床 $1:3.0$ 左右，抛石厚度为块石直径的 $3\sim4$ 倍。

（4）检查坝岸工程附近的水流流态。坝岸工程建成后，不同程度地改变了近岸河床的边界条件，引起近岸流态的相应变化，这些变化规律应当符合兴建时的设计要求。如平顺护岸对流态无显著变化，只是凹岸深槽加深，流量和平均流速随之加大。丁坝护岸附近水流一般有三个回流区，即在坝头形成集中绕流的主流区、坝上游形成回流及泡漩区、坝下游形成较长回流及泡漩区。矶头护岸附近的水流流态与丁坝类似，只是上游面具有良好的导流作用，上回流区范围较小，汛前应检查坝岸防护工程所产生的流态有无异常变化，如有变化要分析其原因，找出规律。

3.检查河道阻水障碍

河道内的阻水障碍物是降低河道泄洪能力的主要原因，要通过清障检查，查找阻水障碍，核算阻水程度，制订清障标准和清障实施计划，按照谁设障、谁清除的原则进行清除。清障检查的主要内容如下：

（1）检查河道滩地上有无片林，影响过洪能力计算应从过水断面中扣除片林所占的面积，对于不连续分散片林，可求出影响过水的平均树障宽度。

（2）检查河道内有无打埝圈围、建房和堆积垃圾、废渣、废料，造成束窄河道，减小行洪断面，抬高洪水位。

（3）计算障碍物对行洪断面的影响程度，将设障的水面线与原水面线进行比较。

（4）检查河道内的水陂、引水堰、路基、渠堤、浸水桥等有无阻水现象，这种横拦阻水不仅壅高水位，降低泄洪能力，而且促使泥沙沉积抬高河床。

（5）检查河道上的桥梁墩台、码头、排架等有无阻水现象，有些河道上桥梁与码头的阻水壅水现象很突出，由于壅高水位，不仅降低河道的防洪标准，而且过洪时也威胁桥梁、码头的安全。

（6）检查河道糙率有无变化，一般平原河道如系复式河床，滩地常有茂密的植物生长，使糙率加大，影响过洪流量。有的河道由于上游修建水库，平时河道流量很小，甚至出现长期断流，河道形成沙浪荒丘、芦苇、杂草丛生，较原设计糙率加大，河道的行洪能力降低。如北方有的在河道滩地种植高秆作物，经调查测算，糙率较原设计加大了 1.5 倍，而河道泄量减少了 30% 多。

另外，河口淤积使河道比降变缓，山洪泥石流堆积堵塞河道，以及码头、栈桥、引水口附近的河势变化等，都是影响泄洪的因素，在检查中应予以注意。

五、蓄滞洪区检查

蓄滞洪区是防洪体系的重要组成部分，是牺牲局部、保护全局、减轻洪水灾害的有效措施。为了保障蓄滞洪区内群众安全，顺利运用蓄滞洪区，除按规划逐步进行安全建设和加强管理外，汛前要着重检查落实各项安全措施准备情况。检查的主要内容如下。

（一）蓄滞洪区管理

检查蓄滞洪区管理系统是否健全，蓄滞洪区的运用方案和避洪方案是否确立，分蓄洪水位、蓄水量、受淹面积、水深以及持续时间等有无变化，受淹人口的分布是否查实，蓄洪安全宣传是否做到家喻户晓，有无洪水演进数值模拟显示图表；检查蓄滞洪区的农业生产结构和作物种植是否适应蓄洪要求，有无经营农副业生产；检查蓄滞洪区内的机关、学校、商店、医院等单位有无避洪措施，蓄滞洪后的粮食、商品供应和医疗组织是否做好安排，工厂、油田、粮站、仓库等单位有无防洪安全设施，蓄滞洪区内有无存放有毒和严重污染的物资，如有是否已做了妥善处理。

（二）就地避洪设施

检查围村埝、村台、安全楼、安全房等避洪设施的高程是否符合蓄洪水位的要求，是否留有足够的防风浪高度和超高，围村埝有无隐患，路口、雨淋沟等是否破坏，临水坡有无防风浪设施，埝内有无排水设备，管理养护、防守组织是否建立；村台、避水台周边护坡及排水设施（水簸箕）是否完整，有无冲刷坍塌，台边的挡水埝、防浪墙有无断裂、倒塌现象；对安全楼、平顶房、框架避水台等要检查安全层高程是否符合要求，混凝土基础、框架、墙体等结构有无裂缝、下沉、倾斜等现象，建筑物墙体、楼板的预垮部位是否符合要求，有无验收登记使用手续。

（三）撤离转移措施

检查撤离道路是否连通，转移方向、路径是否安排合理，撤离所经的桥梁是否满足要求；检查撤离转移所需车辆、船只有无准备，撤离的时程是否满足洪水演进的时间要求；检查撤离人员的安置准备工作，安置对口村庄住户是否落实，有关生活、医疗、供应等是否做好准备。

（四）通信和报警设施

检查蓄滞洪区各级通信系统是否开通，无线通信频道是否落实，蓄滞洪的预报方案是否制订，测报分洪水位、流量、水量和控制分洪时间的部署是否明确。是否建立警报系统，各种警报信号的管理、发布是否有明确规定。

(五)群众紧急救生措施

蓄滞洪区内除按规划建设的各项安全设施外,每户居民还应有自身的紧急救生准备,如临时扎排、搭架、上树等。要检查紧急救生措施是否落实到户、到人,是否已逐户登记造册,搭架的木料、绑扎材料等是否齐备;检查防汛部门为紧急救生储备的各种救生设备是否完好,使用时是否安全可靠,有无运输、投放准备。

(六)运用准备工作

检查是否做好蓄滞洪的运用方案和实施调度程序,有无进行各类洪水演进数值模拟演算,有无风险分析的成果和组织指导撤离程序;检查分洪口门和进洪闸的开启准备,有闸门控制的要检查闸门的启闭是否灵活,无闸门控制的要落实口门爆破方案和过水后的控制措施;检查蓄滞洪后的巡回救援准备工作,蓄滞洪后有无与区内留守指挥人员的通信联系设备,有无蓄洪后巡回检查所需的船只交通工具,有无灾情核实与反馈制度等;检查有无治安保卫工作的安排。

第三节　查险方法

一、巡堤查险

江河防汛除工程和防汛料物等物质基础外,还必须有坚强的指挥机构和精干的防汛队伍。巡堤查险是防汛队伍上堤防守的主要任务。

(一)巡查任务

要战胜洪水,保证堤防坝埝安全,首先必须做好巡堤查险工作,组织精干队伍,认真进行巡查,及时发现险情,迅速处理,防微杜渐。

(1)堤防上,一般 500~1 000 m 设有一座防汛屋(连、队)。以村为基层防守单位,设立防守点。每个点根据设防堤段具体情况组织适当数量的基干班(组),每班(组)12 人,设正、副班长各 1 人。基干班(组)一般以防汛屋(或临时搭建的棚屋)为巡查联络地点。作为防守的主力,防汛基干队成员在自己的责任段内,要切实了解堤防、险工现状,并随时掌握工情、水情、河势的变化情况,做到心中有数,以便预筹抢护措施。

(2)防汛队伍上堤防守期间,要严格按照巡堤查水和抢险技术各项规定进行巡堤查险,发现问题,及时判明情况,采取恰当处理措施,遇有较大险情,应及时向上级报告。

(3)防汛队伍上堤防守期间,要及时平整堤顶,填垫水沟浪窝,捕捉害堤动物,检查处理堤防隐患。清除高秆杂草。在背河堤脚、临背河堤坡及临河水位以上 0.5 m 处,整修查水小道,临河查水小道应随着水位的上升不断整修。要维护工程设施的完整,如护树草、护电线、护料物、护测量标志等。

(4)发现可疑险象,应专人专职做好险象观测工作。

(5)提高警惕,防止一切破坏活动,保卫工程安全。

(二)巡查方法

洪水偎堤后,各防守点按基干班(组)分头巡查,昼夜不息。根据不同情况,其巡查范围主要分临河、背河堤坡及背河堤脚外 50~100 m 范围内的地面,对有积水坑塘或堤基情

况复杂的堤段,还需扩大巡查范围。巡查人员还要随身携带探水杆、草捆、土工布、铁锹、手灯等工具。具体巡查方法是:

(1)各防汛指挥机构汛前要对所辖河段内防洪工程进行全面检查,掌握工程情况,划分防守责任堤段,并实地标立界桩,根据洪水预报情况,组织基干班巡堤查险。

(2)基干班上堤后,先清除责任段内妨碍巡堤查险的障碍物,以免妨碍视线和影响巡查,并在临河堤坡及背河堤脚平整出查水小道,随着水位的上涨,及时平整出新的查水小道。

(3)巡查临河时,一人背草捆在临河堤肩走,一人(或数人)拿铁锹走堤坡,一人手持探水杆顺水边走。沿水边走的人要不断用探水杆探摸和观察水面起伏情况,分析有无险情,另外2人注意察看水面有无漩涡等异常现象,并观察堤坡有无裂缝、塌陷、滑坡、洞穴等险情发生。在风大溜急、顺堤行洪或水位骤降时,要特别注意堤坡有无坍塌现象。

(4)巡查背河时,一人走背河堤肩,一人(或数人)走堤坡,一人走堤脚。观察堤坡及堤脚附近有无渗水、管涌、裂缝、滑坡、漏洞等险情。

(5)对背河堤脚外50~100 m范围以内的地面及坑塘、沟渠,应组织专门小组进行巡查。检查有无管涌、翻沙、渗水等现象,并注意观测其发展变化情况。对淤背或修后戗的堤段,也要组织一定力量进行巡查。

(6)发现堤防险情后,应指定专人定点观测或适当增加巡查次数,及时采取处理措施,并向上级报告。

(7)每班(组)巡查堤段长一般不超过1 km,可以去时巡查临河面,返回时巡查背河面。相邻责任段的巡查小组巡查到交界处接头的地方,必须互越10~20 m,以免疏漏。

(8)巡查间隔时间,根据不同情况定为10~60 min。巡查组次,一般有如下规定:当水情不太严重时,可由一个小组临背河巡回检查,以免漏查;水情紧张或严重时,两组同时一临一背交互巡查,并适当增加巡查次数,必要时应固定人员进行观察;水情特别严重或降暴雨时,应缩短巡堤查水间隔时间,酌情增加组次及每小组巡查人数。各小组巡查时间的间隔应基本相等,特殊情况下,要固定专人不间断巡查。这时责任段的各级干部也要安排轮流值班参加查险。

(9)巡查时要成横排走,不要成单线走,走堤肩、堤坡和走水边堤脚的人齐头并进拉网式检查,以便彼此联系。

(三)巡查工作要求、范围及内容

汛期堤坝险情的发生和发展,都有一个从无到有、由小到大的变化过程,只要发现及时,抢护措施得当,即可将其消灭在初期,及时地化险为夷。巡视检查则是防汛抢险中一项极为重要的工作,切不可掉以轻心,疏忽大意。具体要求是:①巡视检查人员必须挑选熟悉堤坝情况、责任心强、有防汛抢险经验的人担任,编好班组,力求固定,全汛期不变。②巡视检查工作要做到统一领导,分段分项负责。要确定检查内容、路线及检查时间(或次数),把任务分解到班组,落实到人。③汛期当发生暴雨、台风、地震、水位骤升骤降及持续高水位或发现堤坝有异常现象时,应增加巡视检查次数,必要时应对可能出现重大险情的部位实行昼夜连续监视。④巡视检查人员要按照要求填写检查记录(表格应统一规定)。发现异常情况时,应详细记述时间、部位、险情和绘出草图,同时记录水位和气象等有关资料,必要时应测图、摄影或录像,并及时采取应急措施,上报主管部门。

检查范围及内容为:①检查堤顶、堤坡、堤脚有无裂缝、坍塌、滑坡、陷坑、浪坎等险情发生;②堤坝背水坡脚附近或较远处积水潭坑、洼地渊塘、排灌渠道、房屋建筑物内外容易出险又容易被人忽视的地方有无管涌(泡泉、翻沙鼓水)现象;③迎水坡砌护工程有无裂缝损坏和崩塌,退水时临水边坡有无裂缝、滑塌。特别是沿堤闸涵有无裂缝、位移、滑动、闸孔或基础漏水现象,运用是否正常等。巡视力量按堤段闸涵险夷情况配备;对重点险工险段,包括原有和近期发现并已处理的,尤应加强巡视。要求做到全线巡视,重点加强。

二、漏洞探测方法

巡堤查险时一旦发现背河堤坡或堤脚出现漏洞流水,首先要在临河找出漏洞进水口,主要有如下方法。

(一)撒糠皮法

漏洞进水口附近的水流易发生漩涡,撒糠皮、锯末、泡沫塑料、碎草等漂浮物于水面,观察漂浮物是否在水上打漩或集中于一处,可判断水面漩涡位置,并藉以找到水下进水口。此法适用于漏洞处水不深,而出水量较大的情况。

(二)竹竿吊球法

在水较深,且堤坡无树枝杂草阻碍时,可用竹竿吊球法探测洞口,其方法是:在一长竹竿上(视水深大小定长短)每间隔0.5 m用细绳拴一网袋,袋内装一小球(皮球、木球、乒乓球等),再在网袋下端用一细绳系一薄铁片(或螺丝帽)以配重,铁片上系一布条。持竹竿探测时,如遇洞口布条被水流吸到洞口附近,则小球将会被拉到水面以下。

(三)竹竿探测法

一人手持竹竿,一头插入水中探摸,遇到洞口竿头被吸至洞口附近,通过竹竿移动和手感来确定洞口。此法较适用于水深不大的险情。如果水深过大,竹竿受水阻力增大,移动度过小,手感失灵,难以准确判断洞口位置。

(四)数人并排摸探

由熟悉水性的几个人排成横列(较高的人站在下边),立在水中堤坡上,手臂相挽,顺堤方向前进,用脚踩探,凭感觉找洞口。采用此法,事先要备好长竿或梯子、绳及救生设备等,必要时供下水人把扶,以保安全。此法适用于浅水、风浪小且洞口直径不大的险情。

(五)潜水摸探

漏洞进水口处如水深溜急,在水面往往看不到漩涡,需人下水摸探。当前比较切实可行的方法是:一人站在临堤坡水边或水内,持5~6 m长竹竿斜插入深水堤脚估计有进水口的部位,要用力插牢、持稳;另有熟悉水性的1人或2人沿竿探摸,一处不行,再移换竹竿位置另摸。因有竹竿凭借,潜、浮、摸比较得手,能较快地摸到进水口并堵准进水口,但下水人必须腰系安全绳,以策安全。有条件时由潜水员摸探更好。但这种方法危险性大,一般不可采取。

(六)布幕、编织布、席片查河

将布幕或编织布等用绳拴好,并适当坠以重物,使其易于沉没水中,贴紧堤坡移动,如感到拉拖突然费劲,并辨明不是有石块、木桩或树根等物阻挡,并且出水口水流减弱,就说明这里有漏洞。

(七)浮漂探漏自动报警法

浮漂探漏自动报警器是利用水流在漏洞进口附近存在流速场,靠近洞口的物体能被吸引的原理设计的。浮漂报警器分为探测系统与报警系统两部分。探测系统由探杆、细绳、浮漂、吸片及配重组成,是装置的核心。报警系统属于辅助装置,其作用是探测系统发现漏洞后,发出警报,提醒观测者,夜间也能发挥正常效用。探杆选用直径40 mm的铝合金多节杆,长3~5 m,杆芯安装警报装置。浮漂、吸片、配重及触片通过无弹性细绳连接,绳上系浮漂,浮漂下面系透水性小的纱巾布作吸片,配重置于吸片中下部(见图2-11)。

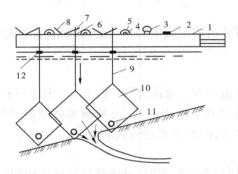

1—探杆;2—总开关;3—蜂鸣器;4—灯泡;5—灯罩;6—触头;
7—触片;8—绕绳架;9—细绳;10—吸片;11—配重;12—浮漂。

图 2-11　浮漂探漏自动报警器示意图

操作运用时,一根探杆可根据需要安装6~8个吸片。探测人员平持探杆手柄在漏洞可能出现的范围从上游将吸片放入水中,然后向下游缓慢行走。在行走过程中应注意观察浮漂沉浮和报警显示装置,一旦发现某块浮漂下沉拉动触片与触头相接,该处灯泡立即发光,蜂鸣器同时鸣叫,即可初步判断在浮漂下方有漏洞存在。

浮漂探漏自动报警器结构简单,操作方便,覆盖面大,且查洞速度快、灵敏度高。该仪器大小漏洞都能显示,并且漏洞口直径越大探测速度越快,效果也越明显。因其易受堤坡植被影响,适于在堤坡植被薄、无高秆杂草、漫滩静水、水流速度较小或风浪较小等条件下操作。

三、河势及河道整治工程工情观测

(一)河势查勘

河势查勘是在以往查勘河势的基础上,进一步了解河势变化过程,结合其他现象的观测,积累资料,分析研究,从而预测不同时期的河势变化规律,预估河势发展趋势,为防汛抢险、河道整治及航运、引水等工作服务。

1.查勘项目与要求

结合目前实际情况,要求每年汛前、汛后各进行一次全面河势查勘。汛前一次作为一年河势的基本图,汛前有变化由各市、县河务局指定专人负责,进行观测比较。汛后查勘可为次年防洪工程建设安排提供依据。具体观测项目为:

（1）河流水边线与河岸线。根据滩岸上固定标志桩,准确地进行测量。

（2）主溜的方位。可利用望远镜、测距仪或凭经验估出。在河面宽阔、摆幅大的河段,有沙滩汊流时,需估出各股流量占总流量的百分数及其平面形状。

（3）大溜对河道工程和自然弯道顶冲的位置、变化的范围及与流量的关系。

（4）滩岸的坍塌与河心滩的位置、大小及其出没水中情况,对河势变化影响很大。因此,对滩岸坍塌尺度与速度,河心滩出没水中过程,均需进行观测,必要时可通过钻探取土了解滩岸的土质分布。

（5）串沟的大小、位置、过流情况(起始过水水位、过水流量、流速、水深),滚河的可能性以及对堤防的威胁,均需进行观测。

2. 查勘方法及成果

（1）汛前查勘由省级河务局主持,组织有关市、县河务局参加,乘船顺流而下统一进行,查勘过程中需利用野外踏勘专用手持机定位,激光测距仪测距,在1/50 000河道地形图上绘出查勘时河势流路,标明主流位置和流向、流量分配百分数、沙洲分布情况等,并标注查勘日期及相应水文站的流量与水位。查勘结束后写出包含河弯变化、滩岸坍塌、串沟口门位置、滩面淤积、坝垛、溜势顶冲坝垛位置及变化范围等内容的文字说明。

（2）汛期查勘由市、县河务局分别进行,具体查勘时间由省河务局视水情和洪水演进情况统一部署。

（3）汛后查勘由流域机构主持,并组织省、市、县河务局参加,乘船查勘。查勘过程中除绘制河势变化图外,沿途要分河段组织座谈,研究突出的河势变化,分析其产生原因,讨论相应措施,为次年防洪工程建设提供参考意见。查勘后套绘河势图,写出河势查勘报告,并结合汛期河势观测情况编制年度河势总结,其内容包括:河势查勘经过,年内河势基本情况,河势演变的规律及其分析,次年初防洪工程建设初步意见。

（二）河道工程河势及工情观测

河势及工情观测的目的是及时掌握河势变化情况,了解河道工程(包括临堤险工及控导护滩工程)日常运行状况,随时发现并及时处理堤防和河道工程险情,保证工程安全。

1. 河势及工情观测

对河道工程中每处靠河行溜工程,都要常年固定人员负责巡查河势及工程运行状况,观测河势、水位、工情、险情,填写工程靠河形势及工情日志。随时记载平日观测到的河势变化情况、河中主溜与河道工程相互作用的现象。因此,各县河务局须建立河道工程河势及工情记载簿,在观测中,除应对河道工程河势的变化进行观测外,对工程上下有控制性作用的滩岸或河道工程与河势变化的关系,须连续起来进行观测。

河势及工情观测,汛期一般每5 d观测一次,当发生较大洪峰,或该工程河势变化较大时,可每天观测一次或两次(或更多);非汛期一般10 d观测一次,如遇重大河势变化必须随时观测。河势工情记载表见表2-1。观测时间均自月初开始,遇有变化比较大的河段、滩岸陡弯及工程,应根据具体情况进行专门的观测记载。

表 2-1　河势工情记载表

工程名称：　　　　　　　　　　起讫桩号：　　　　　工程长度：　　　　坝垛数：

观测日期			水尺读数/m			零点高度/m	水位/m	风向	向力	波浪高度/m	河势平面图	造河形势		
月	日	时	开始	终了	平均							靠河	大溜	边溜
河势变化简要说明			1.（参阅查勘项目及要求） 2. 3. ⋮											

观测：　　　　　　　　　　　记录：　　　　　校核：

2. 险情观测

险情观测主要包括堤防的散浸、管涌、漏洞，裂缝、跌窝、脱坡、坍塌等险情和河道工程根石走失、根石蛰陷、坝体坍塌、坝身蛰裂和洪水漫顶等险情的观测。

在观测险情时，应详尽记载发生时间、分布范围、具体尺度与位置，并随时观察其发展过程，叙述发生险情情况，并附以简图。险情记载表见表 2-2。

表 2-2　险情记载表

市县局(名称)	出险工程名称或桩号及坝号	出险时间	××水位/m	险情类别	出险部位及尺度/m	出险原因	险情概况	简图

观测记录：　　　　　　　　　校核：　　　　　　　抢险单位负责人：

3. 河工出险后的探测方法

勘查分析河势变化和探测防护工程前沿或基础被冲深度，是判断险情轻重和决定抢护方法的首要工作，必须认真进行。

勘查分析河势变化，一般应注意下列几点：根据以往上下游河道险工水流顶冲点的相关关系，以及上下游河势有无新的变化，分析险工发展趋势；根据水文预报的流量变化和水位的涨落，估计河势在本险工段可能上提或下挫位置。参考以上两点，综合分析研究，判定出险重点部位及其原因，做好抢险准备。

探测防护工程前沿或基础冲刷深度的方法主要有：

（1）探水杆法。探水杆多用粗竹竿或木杆制作，杆长 5~6 m，上面刻画尺度，在防护工程的岸边或船上，人工将探水杆垂直插入水中，量出水深并凭感觉判断河底土质和工程基础大致被冲情况。此法适用于水深小于 4 m、出险位置距岸边较近的情况。

（2）铅鱼法。用尼龙绳拴一个较重的铅鱼，从测船支架放入防护工程前面水中，测量水深并判断河底的土石情况。在一个断面上,如进行多点测量后,根据测点深度和距防护工程的水平距离,即可绘出防护工程的水下断面图,并可大体得到护根石的分布状况,此法适用于水深溜急处。

(3)超声波测深仪法。将超声波测深仪安装在测船的悬臂上,船在测区行驶,在一个断面上用仪器连续测量水深,可绘出水下断面和地形图,以判断冲刷深度和冲刷范围,此法适用于含沙量小于 60 kg/m³、水深在 20 m 以内的水域。

(三)河道整治工程根石探测

1.探测任务

探摸根石一般在每年汛前、汛期、汛后各进行一次。

(1)汛前探测在每年 4 月底前完成。对上年汛后探测以来河势发生变化后靠大溜的坝垛进行探测,探测坝垛数量不少于靠大溜坝垛的 50%。

(2)汛期对靠溜时间较长或有出险迹象的坝垛应及时进行探测,并提出适当加固措施。

(3)汛后探测一般在 10 月或 11 月进行,对当年靠过溜的坝垛普遍探摸,了解并分析根石变化情况,研究防止根石走失的措施,作为整险计划的依据。凡过去多年来未探摸过根石的坝垛,应在根石普查时探摸查清,并填入坝垛鉴定表;坝垛整险、加固根石后,应再探摸一次根石,以检验整修后的根石坡度是否达到要求,并作为竣工验收的资料依据;对经过严重抢险的坝垛。抢险结束后进行一次探摸,能藉以了解其在抢险后水下根石坡的变化情况。

2.根石探测要求

绘出 1:300～1:500 的坝垛平面图。将根石探摸断面位置标绘于图上,以便于探摸资料的整理分析。

(1)设置固定探摸断面。在探摸根石的坝面上,以小石桩或小混凝土桩设立固定断面桩。每个断面需有前后两个桩确定断面的方向。探测断面方向应与坝垛裹护面垂直。

(2)断面的间距。应在坝头、上下跨角设 3～5 个断面,其他部位 10～20 m 设一个断面。垛的断面应不少于前头和上、下跨角 3 个断面。

(3)断面编号:每个坝垛上的断面桩要自上坝根(迎水面后尾)经坝头至下坝根(背水面后尾)依次排序,统一编号,固定位置,标绘于断面图上,以便观测对比。

(4)断面测点间距,水上部分沿断面水平方向对各变化点进行测量,水下部分沿断面水平方向每隔 2 m 探测一个点。遇根石深度突变或情况特殊时,应酌情增加测点。滩面或水面以下的探测深度应不少于 8 m,当探测不到根石时,应再向外 2 m、向内 1 m 各测一点,确定根石的深度。

(5)探摸根石时要记录滩面高程、锥点的水深与河床土质,并标绘在断面图上。

3.探测方法

一般采用人工锥杆或导杆探测。对采用新材料、新结构修建的坝垛,可视具体情况,采用相应的探测方法。

(1)根石探测必须明确技术负责人,并有不少于两名熟悉业务的技术人员参加。

(2)锥探用的锥杆在探测深度 10 m 以内时可用钢筋锥;探测深度超过 10 m 时,为防止锥杆弯曲,采用钢管锥。

（3）根石探测断面,以坦石顶部内沿为起点。

（4）探测时,测点要保持在施测断面上,其位置要求和坝顶上的断面桩连成一条直线。量距要水平,下锥要垂直。测量数据精确到米。

（5）探测时,要测出坝顶高程、根石台高程、水面高程、测点根石深度。根石探测数据要分断面认真填入记录表。高程系统应与所在工程的高程系统一致。

（6）水中探测根石。可在锥杆外设套管利用冲沙技术清除根石上方泥沙覆盖层,减轻探测难度。水上作业时要注意安全,作业人员均应配戴救生衣等救生器材。

4.探测抢险水深

如在抢险时需要准确探测抢险水深,可利用水深探测仪探测,若精度要求不高,可直接采用探水杆探测。

四、水工建筑物险情探查

（一）渗漏进水口探查

水工建筑物的混凝土或砌石体与土体结合处发生渗漏时,在抢护前,要尽快查明进水口位置,其探查方法与漏洞探测方法相同。

（二）渗流险情探查

1.表面检查

对涵闸等建筑物,详细检查沉陷缝、止水有无破坏,主闸室结构本身有无裂缝,是否出现集中渗流,岸墙、翼墙、护坡与堤坝结合部位以及闸下游有无冒水冒沙情况。如险情处于隐蔽部位,需要现场探测时,一般采用电位剖面法,先在远离探测地点选一相对电位零点,设置固定电极,另一活动电极沿剖面线,一般每隔 $5\sim10\ m$ 设一测点,测读各点与相对电位零点的电位差,绘出整个剖面的电位曲线。根据电位曲线出现异常情况,分析确定隐患的位置。

2.分析测压管水位变化

当汛期或高水位时,要密切监视测压管水位变化情况,分析上下游水位与各测压管间的水位变化规律是否正常。如出现异常现象,水位明显降低的测压管周围,可能有短路通道,出现集中渗漏。对重要部位的渗漏,要密切监视,特别是长期处于高水位运行或当水位超过历史最高水位时,更要密切注视测压管水位变化。

（三）冲刷险情探查

1.表面检查

观察输、泄水建筑物进口水流状态有无明显回流、折冲水流等异常现象;观察上下游裹头、护坡、岸墙及海漫有无沉陷、脱坡,与堤坝结合面有无裂缝等。

2.冲刷坑探测

按照预先布置好的平面网格坐标,在船上用探水杆或尼龙绳拴铅鱼或铁砣探测基础面的深度,与原来工程高程对比,确定冲刷坑的范围、深度,计算冲刷坑的容积。

使用超声波测深仪对水下冲刷坑进行探测,绘制冲刷坑水下地形图,与原工程基础高程对比,算出冲刷坑的深度、范围,并确定冲失体积。

(四) 滑动险情监测

建筑物滑动险情监测,主要依据是变位观测结果。在原工程主体部位安设固定标点,观测其垂直位移量和水平位移量。与原观测位移资料比较,分析工程各部位在外荷载作用下的变位规律和发展趋势,从而判断有无滑动、倾斜等险情出现。

五、仪器监测

(一) 堤防隐患探测技术

1. 电探法

应用电探法探测堤防内部隐患是近年研究发展起来的新方法,已经取得了一定的应用价值。利用电探方法,对堤内裂缝、蚁穴、空隙、管道等隐患进行探测,效果较好的有电阻率法(又称中间梯度法)。该方法电场稳定,旁侧影响小,布极方便,施测效率较高。探测时先用仪器进行野外测量,再进行资料成果分析,找出异常形态,判断隐患的部位。

2. 恒定电场法

恒定电场法是在电法探测堤坝隐患的基础上发展的一种新的探测方法。山东黄河河务局为此种方法研制出 ZDT-I 型智能堤坝隐患探测仪,利用其所具有的独特功能,如连续测深、现场观测二次场衰变曲线、扫描测量电位配合恒定电场快速探测坝体漏水以及隐患"成像"等,保留并提高了常规电法仪器的性能和功用。可广泛应用于江河水库等堤坝工程隐患探测与地质勘探。

(二) 堤坝裂缝探测技术

堤防主要由砂壤土或粉质黏土构成,可视为均质体。但由于历史遗留原因,坝身质量参差不齐,基础不好,在重力作用下产生不均匀沉陷形成纵、横裂缝以后,均质体遭到破坏,裂缝部位电阻率发生变化;潜水面以上因裂缝充填空气,电阻率增高;潜水面以下因裂缝充填水,电阻率减小。因此,裂缝部位与无裂缝的堤段之间存在明显电性差异,为直流电阻率法和地质雷达探测提供了良好的物理前提。由于地质雷达探测裂缝需具一定规模,特别是裂缝发育带才有反应,对宽度较小的单一裂缝探测效果不佳。直流电阻率法对解决高阻裂缝最有效,它可以了解沿测线左右一定范围及向下某一深度内,在水平方向上的电性变化情况。若遇到隐患,所测参数就发生畸变。根据参数的相对变化,结合工程情况,可推断出堤坝裂缝部位和埋深。

直流电阻率法是以电阻率作为主要参数来分析堤坝隐患的,它是利用电场理论,通过两个供电电极向地下供电形成人工电场,然后利用测量电极测出物体的一系列电阻率,按照数值的大小判断隐患是否存在。黄河勘测规划设计研究院有限公司确定堤防裂缝探测采用的方法有中间梯度法和高密度电阻率法,两者综合分析确定裂缝位置、产状、顶部埋深及下延深度。

第四节　查险制度

一、巡堤查险工作制度

防汛责任堤段内承担防汛指挥的各级干部、基干队员、工程管护人员,都要根据水情、工情和上堤人数进行轮流值班,坚守岗位,认真进行巡堤查险并做好巡查记录。

(一)巡查制度

江河流域各级防汛部门,要对上堤人员明确责任,介绍本堤段历史情况和注意重点,并制定巡堤查险细则、办法,经常检查指导工作。巡查人员必须听从指挥,坚守阵地,严格按照巡查方法及注意事项进行巡查,发现险情及时报告。

(二)交接班制度

巡视检查必须进行昼夜轮班,并实行严格交接班制度,上下班要紧密衔接。接班人要提前上班,与交班人共同巡查一遍。上一班必须在巡查的堤线上就地向下一班全面交待本班巡查情况(包括工情、险情、水情、河势、工具料物和需要注意的事项等)。对尚未查清的可疑险情,要共同巡查一次,详细介绍其发生、发展变化情况。相邻队(组)应商定碰头时间,碰头时要互通情报。

(三)值班制度

凡负责带领防守的各级负责人以及带领防守的干部必须轮流值班、坚守岗位,掌握换班和巡查组次出发的时间,了解巡查情况,做好巡查记录,向上级汇报及指挥抢护险情等。

(四)汇报制度

交班时,班(组)长向带领防守的值班干部汇报巡查情况,值班干部要按规定的汇报制度向上级汇报。平时一日一报巡查情况,发现险情迅速上报并进行处理。

(五)请假制度

加强对巡查人员的纪律教育,休息时就地或在指定地点休息,严格请假制度,不经批准不得随意下堤。

(六)奖惩制度

要加强政治思想工作,工作结束时进行检查评比。对工作认真、完成任务好的表扬,做出显著贡献的给予奖励;对不负责任的要批评教育,对玩忽职守造成损失的要追究责任;情节、后果严重的要依据法律追究刑事责任,严肃处理。

(七)防洪工程查险责任制

堤防工程查险由所在堤段县、乡人民政府防汛责任人负责组织,群众防汛基干班承担,当地河务或水利部门岗位责任人负责技术指导。

险工、控导(护滩)工程和涵闸虹吸工程的查险在大河水位低于警戒水位时,由当地河务或水利部门负责人组织,河务或水利部门岗位责任人承担;达到或超过警戒水位后,由县、乡人民政府防汛责任人负责组织,由群众防汛基干班承担,河务或水利部门岗位责任人负责技术指导。

各级防汛指挥部应根据工程情况,按照组建防汛队伍的有关规定,在每年6月15日前落实各堤段、险工、控导(护滩)工程和涵闸虹吸工程的防汛责任人和群众查险队伍。县、乡人民政府防汛指挥部应在6月30日前集中组织防汛队伍进行查险技术培训,河务或水利部门负责查险培训的技术指导。

进入汛期后,河务或水利部门的工程班及涵闸管理人员应坚守岗位,严格执行班坝责任制和涵闸检查观测制度,按规定完成工程检查、河势和水位观测等各项工作任务。

根据洪水预报,河务或水利部门岗位责任人应在洪水偎堤前8h驻防大堤。县、乡人民政府防汛责任人应根据分工情况,在洪水偎堤前 6 h 驻防大堤,群众防汛队伍应在洪水偎堤前 4 h 到达所承担的查险堤段(工程)。各责任人应按规定完成查险的各项准备工作,并对工程进行普查,发现问题及时处理。

群众防汛队伍上堤后,县、乡防汛指挥部应组建防汛督察组,对所辖区域内工程查险情况进行巡回督察。河务或水利部门组成技术指导组巡回指导群众查险。

巡堤查险人员必须严格执行各项查险制度,按要求填写查险记录。查险记录由带班责任人和堤段责任人签字。

堤段责任人应将查险情况以书面或电话形式当日报县级防汛抗旱办公室。

(八)防汛报险制度

防洪工程报险应遵循"及时、全面、准确、负责"的原则。

险情依据严重程度、规模大小、抢护难易等分为一般险情、较大险情、重大险情三级(划分标准见表 2-3)。险情报告除执行正常的统计上报规定外,一般险情报至地(市)防汛抗旱指挥部办公室,较大险情报至省级防汛抗旱指挥部办公室,重大险情报至流域机构或省防汛抗旱总指挥部办公室。

表 2-3 防洪工程主要险情分类分级

工程类别	险情类别	险情级别与特征		
		重大险情	较大险情	一般险情
堤防工程	浸溢	各种情况		
	漏洞	各种情况		
	渗水	渗浑水	渗清水,有砂粒流动	渗清水,无砂粒流动
	管涌	出浑水	出清水,直径大于 10 cm	出清水,直径小于 10 cm
	风浪淘刷	堤坡坍塌 2/3 以上	堤坡坍塌 1/3~2/3	堤坡坍塌 1/3 以下
	坍塌	大溜顶冲	边溜淘刷	浸泡坍塌
	滑坡	各种情况		
	裂缝	贯穿横缝、滑动性纵缝	其他横缝	非滑动性纵缝
	陷坑	经鉴定与渗水、管涌有直接关系	背河有渗水、管涌	背河无渗水、管涌
险工工程	根石坍塌	根石台墩蛰入水 1/2 以上	根石台局部墩蛰	其他情况
	坦石坍塌	坦石入水大于 1/3	坦石入水小于 1/3	坦石局部坍塌
	坝基坍塌	根坦石与坝基同时墩蛰	非裹护部位坍塌 1/2 以上	非裹护部位坍塌小于 1/2
	坝基冲断	断坝		
	坝裆后溃	堤脚淘刷坍塌大于 1/3	堤脚淘刷坍塌小于 1/3	堤脚局部坍塌
	漫溢	坝基原形全部破坏	坝顶有冲沟	坝顶局部变形

续表 2-3

工程类别	险情类别	险情级别与特征		
		重大险情	较大险情	一般险情
控导工程	根石坍塌			各种情况
	坦石坍塌	坦石入水 2/3 以上	坦石入水 1/3～2/3	坦石入水小于 1/3
	坝基坍塌	根坦石与坝基同时墩蛰	非裹护部位坍塌 1/2 以上	非裹护部位坍塌小于 1/2
	坝基冲断	断坝		
	坝裆后溃	联坝坡冲塌 2/3 以上	联坝坡冲塌 1/3～2/3	联坝坡冲塌小于 1/3
	漫溢	裹护段坝基冲失	坝基原形全部破坏	坝基原形尚存
涵闸虹吸工程	闸体滑动	各种情况		
	漏洞	各种情况		
	管涌	出浑水	出清水	
	渗水	渗浑水,土于混凝土结合部出水	渗清水,有砂粒流动	渗清水,无砂粒流动
	裂缝	因基础渗透破坏等原因产生		非基础破坏原因产生

　　查险人员发现险情或异常情况时,乡(镇)人民政府带班责任人与河务或水利部门岗位责任人应立即对险情进行初步鉴别,较大险情、重大险情在 10 min 内电话报至县级防汛抗旱指挥部办公室。

　　县级防汛抗旱指挥部办公室在接到较大险情、重大险情报告后,应立即进行核实,在研究抢护措施、及时组织抢护的同时,在 30 min 内电话报至地(市)级防汛抗旱指挥部办公室,1 h 内将险情书面报告报至地(市)级防汛抗旱指挥部办公室。地(市)级及其以上防汛抗旱指挥部办公室在接到险情书面报告后,应尽快报上一级防汛抗旱指挥部办公室。

　　一般险情和较大险情的报告,由防汛抗旱指挥部办公室负责人或河务部门负责人签发,重大险情由本级政府防汛抗旱指挥部负责人签发。

　　县级防汛抗旱指挥部办公室险情报告的基本内容为:险情类别,出险时间、地点、位置,各种代表尺寸,出险原因,险情发展经过与趋势,河势分析及预估,危害程度,拟采取的抢护措施及工料和投资估算等。有些险情应有特殊说明,如渗水、管涌、漏洞等的出水量及清浑状况等。较大险情与重大险情应附平面和断面示意图。

　　各级防汛抗旱指挥部办公室在接到较大险情、重大险情报告并核准后,应在 10 min 之内向同级防汛抗旱指挥部指挥长报告。对重大险情,流域机构防总或省防汛抗旱指挥部办公室应在 10 min 内报告常务副总指挥。

(九)湖北省枝江市巡堤查险工作十法

　　地处荆江之首的湖北省枝江市在抗御 1998 年特大洪水过程中,充分发挥基层干部和人民群众的首创精神,大力总结推广科学规范的巡堤查险工作方法,使全市 387 处险情(其中重大险情 14 处)得以及早发现,为险情的控制和排除赢得了宝贵时间,保证了 200 km 长江大堤的安全。枝江市巡堤查险的 10 条措施是:

（1）分段包干。以村、组为单位分段包干，各村设立指挥分所，负责所在堤段巡堤查险及抢险除险工作的组织指挥和检查督办。

（2）分组编班。以村民小组为单位分组编班，每组6人，每班2h，滚动更换，实行24h拉网式不间断巡查。

（3）登记造册。各村将各村民小组班次安排、带班班长、各班人员登记造册，一式3份，报乡镇指挥部、管理区指挥所并留存备查。

（4）领导带班。每班由村组干部、党员担任班长，负责把三项工作抓到位，即班次接到位、人员督到位、任务抓到位。

（5）巡查培训。对上岗巡查人员进行查险抢险知识培训，使其对不同险情的特点及抢护处理方法做到心中有数，判断准确，处理得当。

（6）挂牌佩标。各村民小组将当班班长及成员名单挂于哨棚，巡查人员佩戴"巡查"袖标，强化责任，接受监督。

（7）精心查险。巡堤查险做到"四个三"，即"三有"（有照明用具、有联络工具、有巡查记录）、"三到"（眼到、脚到、手到）、"三清"（险情查清、标志做清、报告说清）、"三快"（发现险情要快、报告要快、处理要快）。巡查中人员横排定位，即堤顶1人，迎水面1人，背水面1人，堤脚2人，堤脚外1人。重点加强对闸、泵站等建筑物以及堤身附近的坑塘、沼泽地等部位的巡查。对重点险情险段设立坐哨，5人一班，6h一轮换。

（8）交接签字。交班人要向接班人详细交代巡查情况及需要注意事项，并在巡查登记簿上做好详细记载，班长签字。

（9）三级督查。建立三级不间断督查责任制，即市级领导抽查、乡镇领导督查、村组干部检查。督查人员对照登记名册和挂牌名单督查到人。市级督查重点是查各级干部是否坚守岗位、组织指挥群众查险抢险；巡查的领导、劳力是否到位；是否按照规定的要求开展巡查；各项制度措施是否落实到位等。以后半夜、吃饭时、交班时、刮风下雨时作为重点督查时段。

（10）奖罚分明。对及时发现、报告和抢护险情的巡查人员实行奖励。对发现一般险情者，奖励30~50元，对发现重大险情的奖励1 000~6 000元。对组织不力、玩忽职守、贻误战机的党员干部和消极怠工、寻衅滋事的人，要视其情节轻重按照党纪国法及防汛纪律给予批评教育、通报警告、经济处罚，直至开除党籍、撤销职务的处分，触犯刑律的则送交司法部门从重从快处理。

二、堤防工程隐患电法探测管理制度

堤防工程隐患探测是工程管理的一项重要内容，探测的结果将为汛期防守、堤防除险加固及维护管理提供科学依据。

（一）管理组织

堤防工程隐患探测实行项目管理制度，河道主管单位（甲方）与承担探测任务的队伍（乙方）采用合同管理制度。

省河务或水利部门要明确专门的处室负责辖区内堤防工程隐患探测规划制定、组织安排，监督指导探测工作的实施。

探测任务必须由有资质的队伍承担,探测队伍由地(市)河务局选定。

探测人员要持证上岗,由省河务局统一组织技术培训。

各地(市)河务或水利局要积极培训人员,参与堤防隐患探测工作,提高堤防探测的技术水平。

(二)探测计划

堤防工程隐患探测分为探测普查和探测专项检查两种。探测普查是日常工作中掌握堤防工程动态的重要手段,对于及时发现和处理堤防隐患有着重要作用,对安排除险加固和工程维修具有一定的指导意义。

探测专项检查是在工程除险加固前通过探测确定堤防隐患性质、特征,以利于制订堤防工程除险加固方案,达到提高投资效益的目的。探测普查和探测专项检查应避免近堤高压线、大地强电场等因素干扰,探测过程中要有消除干扰的技术手段。

探测普查要有规划、有计划进行,原则上每10年须对全部设防大堤普查一次。年度计划由流域机构或省级水利部门下达,省河务或水利部门根据下达的计划组织各单位实施。

探测普查结束后须提交探测堤段隐患的定性分析报告,包括隐患性质、数量、大小、分布等技术指标。

探测专项检查的年度计划应根据堤防除险加固和工程维修的需要,由省河务或水利主管部门在上年末提出堤防探测专项检查建议计划书,报流域机构水利委员会审查立项后实施。

探测专项检查建议计划书包括的主要内容:①任务、目的和措施;②探测堤段工程地质、历史隐患、险情、加固情况等;③野外施测的工作方法与技术要求,质量与安全保证;④计划工作量及生产进度安排;⑤提交探测成果报告的时间。

探测专项检查结束后须提交探测堤段定性和定量分析意见,除满足探测普查结论外,还应提供堤防隐患位置、埋深、尺寸、走向等定量分析结论。

年度计划下达后,各单位要根据计划安排,积极组织完成野外探测工作,及时进行资料分析,编制报告,提交成果。

(三)外业探测

堤防隐患普查,应从上界桩号自上而下顺堤布设测线。测线间距一般采用3~4 m,险工和薄弱堤段须不少于3条,点距以2 m为宜。堤防隐患详查时,测线布置要与隐患走向垂直,可适当加密测线。

为保证探测记录桩号与大堤桩号一致,避免造成位置分析误差,在探测过程中,每测试1 km要与大堤桩号校准一次。

为保证仪器探测精度,探测时仪器量测的性能指标要满足《水利水电工程堪探规程　第1部分:物探》(SL/T 291.1—2021)的技术要求,严格遵守各种仪器操作规程,并及时进行检验、检查和维护;保持仪器的良好工作状态。

探测人员要按要求认真做好现场测试记录,保证探测资料的准确与完整。

探测过程中,技术人员要做好探测数据的解释判断工作,随时检查和分析各种因素对观测结果的影响,必要时要做补充观测。避免和减少各种干扰因素对判断结果带来的误差和错误。

(四) 资料分析

(1) 资料验收。乙方分析人员对外业探测记录要及时检查验收,发现问题应通知测试人员补测。资料验收应满足下列要求:①使用的仪器设备符合规定的技术指标;②测线间距、极距、点距选择正确;③按合同要求进行了测试。

(2) 数据整理。对普测中所得到的数据,除用计算机处理成图外,还要在方格纸上绘制视电阻率剖面图,在电剖面曲线横坐标的下方应标明桩号,推断隐患的位置、性质、特征等;对于电测深法进行详测的数据,要绘制电测深曲线或视电阻率等值线剖面图(p_s 灰阶图),有条件的可绘制成彩色分级断面图,以便对典型异常进行定量分析。

(3) 资料分析。要结合堤防探测的历史沿革、洪水观测统计资料以及现场具体情况,对探测资料进行定性和定量分析。电剖面法的探测数据主要是为分析解释堤身质量提供定性资料,也就是从视电阻率剖面图中,根据视电阻率变化的幅度值来判断隐患异常点,一般情况下,幅度值大于正常允许值的 1.3 倍可视为异常。对于通过电剖面法测出的异常较突出的点,要用电测深法进行详测。电测深法是在定性分析的基础上判断普测中探明的异常点是否可靠,分析隐患的定量指标。根据视电阻率异常的分布、形态及异常幅值等,定量解释隐患的性质、形态、大小、深度等参数。定量分析隐患的埋深,可在视电阻率剖面图上用半悬长法估算。底部埋深可在电测深曲线上用拐点切线法估算,隐患性质可结合视电阻率剖面图、视电阻率等值线图和其他资料进行综合分析。对典型隐患异常点要进行综合分析。提交隐患的性质和特征值,在核对分析后,提出隐患处理意见并报上级主管部门。

在异常点分析的基础上,要从总体上对视电阻率剖面图进行分析,以掌握堤防总体质量状况,以 p_s 值相近的堤段作为一个电性段,用平均值代替该电性段的阻值,将探测堤段分为若干相对高阻段和低阻段,结合洪水观测和其他资料,对堤防总体质量做出综合评价。

(五) 报告编写

在完成野外探测和资料整理分析后,乙方须按要求编写探测技术总结报告。

探测技术总结报告应包括探测堤段概况、探测方法与技术要求、资料分析与解释、结论与建议、有关附图附表等内容。

探测堤段概况。介绍探测堤段的基本情况,包括地形、地质、历次大洪水中出现的主要质量问题,加固处理情况等。

探测方法与技术要求。主要说明探测分析工作情况,包括探测工作开展时间、探测起止桩号、探测方法、测线布置、布极方式、工作量等内容。

资料分析与解释。介绍资料分析选用的参数、对探测中发现的异常点的定性和定量分析。

结论与建议。提出本次探测工作中发现的隐患情况,对探测堤段评价意见,以及隐患处理方案和效益分析,并对探测过程中存在的问题提出意见。

报告附表要有各桩号对应异常点统计。包括异常点桩号(顺序排列)、位置、主要特征值和必要的文字说明。

报告须附有视电阻率剖面图,对较大堤防隐患须附电测深曲线或视电阻率等值线剖面图等。

报告编制完成后,须经乙方技术负责人审核签字后,报请甲方有关部门验收。

甲方要及时组织对探测任务的验收,验收通过后,双方要严格按照合同要求落实有关事宜。

隐患探测普查报告由河务主管单位逐级上报,省河务或水利部门汇总分析后,提出意见,于当年11月底前上报流域机构委员会;专项检查报告是堤防除险加固专项报告中的必备材料,随堤防除险加固专项报告一并上报有关部门。

三、堤防工程獾狐、洞穴普查处理和捕捉害堤动物的有关制度

(1)各地(市)县河务部门应有专人负责此项工作并逐级实行岗位责任制。主管人员和护堤专业人员职责是:组织对獾狐普查、捕捉,处理洞穴;研究捕獾和处理洞穴的技术,执行奖罚政策;进行统计、整理资料和总结经验等。经常检查、及时报告、捕捉獾狐、协助处理洞穴是护堤员的职责之一,要写入合同任务书,列为评比项目。

(2)各单位都应认真执行每年冬季和汛前两次普查、护堤员经常巡查和重点监视相结合的检查制度。冬季普查应于11月底前结束,汛前普查结合汛前工程检查一并进行。检查要认真仔细,特别注意草丛、料垛、坝头等隐蔽处和獾狐多发堤段,做到无遗漏。汛前普查发现有獾狐洞的堤坝应列为汛期重点监视堤段,每天检查1次。直至确认没有獾狐活动。

(3)认真处理洞穴。每年冬季普查出的洞穴,要在当年安排处理。汛前普查发现的洞穴必须于当年6月底前处理完毕。处理洞穴一般都应开挖翻筑,要保证回填质量,真正做到消除隐患。汛期发现的洞穴应及时处理,因度汛不能立即开挖翻筑的,要采取灌浆等临时措施,并制订防守方案,落实抢险措施。

(4)各单位应按有关规定采取坚决措施清除堤坝上的树丛、杂草,清理旧土牛、旧房台,整理料垛和备防石,消除便于獾狐生存、活动的环境条件。

(5)认真收集、整理资料,不断总结经验。对捕捉獾狐的时间、堤坝桩号、洞穴位置及尺寸、周围环境、处理情况等要有记录、有图表照片,及时整编归档。省河务局应有年度总结并于次年1月底上报。

(6)落实奖罚政策,调动捕捉害堤动物的积极性。

四、河势及河道整治工程工情观测工作制度

(一) 河势查勘工作制度

1. 资料的报送

(1)凡每年汛前、汛后流域机构统一组织的河势查勘,各省、市、县河务局在查勘过程中自行复制河势图带回本单位,进行对比分析研究。

(2)由各省、市、县河务局分别进行的汛期河势查勘,在统一部署进行河势查勘的同时,决定报送资料时间。一般情况在每月1~5日进行查勘,6~7日报送查勘资料,洪水期要求根据汛情加报。

2. 河势分析

每次查勘前要在 1/50 000 河道地形图上，套绘前一次查勘时绘制的河势图，或套绘近期发生重大变化的河势，以便查勘时分析研究河势变化突出河段或河弯，查找河势变化的原因。必要时可将近 3 年汛后河势套绘在一起研究，或写出文字说明。

3. 主溜线演变分析

为了解河道主溜位置、流向、各水力要素（包括弯道曲率半径、中心角、过渡段长度、河弯弯曲幅度和弯顶距等）的变化规律和发展趋势，每隔 3~5 年绘制一次河道主溜线套绘图进行分析研究。

（二）汛期河势报告制度

为了解汛期河势变化，须坚持汛期河道工程河势报告制度。

1. 报告办法

（1）一般汛期（7~10 月），每月上旬报告一次险工河势变化情况，其中 1~5 日为市、县河务局向省河务局报告时间，并由市河务局汇总整理，每月进行河势总结。6~10 日为各省河务局向上级主管单位报告时间。

（2）工程河势发生大的变化（如发生重新靠河或脱河现象）时，所属县河务局应立即逐级报告。

（3）当发生较大洪峰时，由省河务局临时通知，增报大水河道工程河势变化情况。

2. 报告内容

河势报告内容包括：河道工程靠河、脱河的时间及原因，来溜、出溜方向及地点，靠河（分靠河、边溜、主溜）工程坝号及长度，河面宽度（最大、最小、一般），河势发展趋势估计及工程存在的问题等。

（三）河道整治工程险情报告制度

1. 报险内容

（1）河道整治工程出险后，要及时记录出险河势、大河流量和水位、出险点情况以及出险长度、宽度、高度，探测坝前水深，立即拟订抢护方案，计算抢险所需工料，按照审批权限上报批准之后进行抢护。审批单位在行使其审批权限的同时，应将险情及所批抢护方案报上级主管单位备查。

（2）抢险过程中，险情发生变化，原定抢护方案不适应时，应修订抢护方案另行上报。

（3）对未能及时发现或不及时报告险情造成重大事故者；对不经请示擅自抢护，因抢护方法或采用结构不当造成严重浪费者；对虽经请示，不按批复抢护方案执行者；对扩大险情或隐报险情者，要查明原因追究责任。

（4）报险时：要报告河势情况，预估河势发展趋势。"报险人"应是工地固定专职人员。

2. 报险时间

若险情紧急或因通话受阻不能及时报告，可一面抢护，一面设法报告，但报告到审批单位时间不得迟于抢险开始后 4 h。

3. 关于抢险坝数（指单位工程，包括坝、垛、护岸）、次数的计算

（1）抢险坝次写法。一道坝出险一次者写作 1/1（分母表示坝、垛道数，分子表示出险

次数);同一道坝出险两次,写作2/1;两道坝出险三次时写作3/2。其余类推。

(2)抢护次数的计算法。原则上按出险的部位数计算,即在一道坝上,只有一个部位出险的,按出险一次计;若有两个(或三个)不相连接的部位(如迎水面和坝前头)同时出险的,则按出险两次(或三次)计;若一次出险的长度横贯于两个(或以上)部位者(如上跨角至坝前头),仍按出险一次计。

4. 抢险用石料批准权限及原则

一次抢险过程,单坝抢险累计300 m³以下的由水管单位批准,300~1 000 m³(含300 m³)、1 000~2 000 m³(含1 000 m³)、2 000 m³(含2 000 m³)以上的分别报市级河务局、省级河务局、黄河水利委员会批准。

报请省级河务局或黄河水利委员会审批的抢险用料,均以电话、电报、传真形式逐级上报。紧急险情应边报险情边组织力量抢护,不能听任险情发展,但是不论出现何种险情,均应按前述规定逐级上报。石料使用原则上应先动用坝面原有备石,再根据动用情况和备石补充计划足额补充到位。可以采取过磅的办法计量,要按照规范码方、整理、验收。

5. 险情总结

险情抢护结束后,要及时逐级上报实际用料、实用工日、实际投资、抢护负责人等。一次抢险过程凡一次单坝用石在300 m³以内,报险后限3 d内上报抢险结果;凡一次单坝用石为300~1 000 m³,报险后限5 d内上报抢险结果;凡一次单坝用石为1 000~2 000 m³,报险后限7 d内上报抢险结果。较大险情、重大险情和特大险情,按照抢险有关规定,逐日填报用工、用料及设备租赁等相关资料,抢险结束后,要写出专题总结报省河务局及上级主管部门。

(四)根石探摸工作制度

1. 根石探测资料整理与分析

每次探摸的资料都要绘制平面图和断面套绘图(为本次探摸资料与上次探摸资料套绘,断面套绘图纵横比例要统一)整理分析探测资料,绘制有关图表,编制探测报告。

根石探测报告内容包括探测组织、探测方法、工程缺石量及存在问题,并分析不同结构坝垛的水下坡度情况,根石易塌失的部位、数量、原因及预防措施。

2. 资料的报送

按照分级管理原则和工程管理正规化、规范化要求,省级主管单位须于每年2月底前将上年度汛后根石探测的成果报告一式三份报上级管理单位。

3. 根石断面图

根石断面图应根据现场记录,经校对无误后绘制。断面图纵横比例必须一致,一般取1:100或1:200。险工以根石台外口、控导护滩工程以坝顶坦石的外口作为断面的起讫点。根石坡度的计算,以根石顶的外口为起点,当根石顶宽超过1.5 m时,以1.5 m处为起点;当根石顶宽超过2 m时,以2 m处为起点。如无根石台,以坦石顶外口为起点。图上须标明坝号、探摸时间(日期)、断面编号、坝顶高程、根石台高程、根石底部高程、测量时的水位或滩面高程。

4. 坝垛缺石量计算

计算缺石量采用缺石坝垛两个相邻探测断面的断面算术平均缺石面积乘以两断面间

的裹护周长计算。以实测断面绘制的根石断面分别与坡度为 1:1.0、1:1.3、1:1.5 的标准断面(按设计要求考虑标准断面的根石台顶宽,但最宽不得超过 2 m)进行比较,即可计算出各个断面的缺石面积。断面之间裹护周长,险工坝垛及有台的控导护滩工程坝垛,其直线段断面之间裹护周长采用根石台外缘长度,根石的控导护滩工程段采用坝顶外缘长度。险工、控导工程坝头圆弧的周长采用根石或坝顶外缘长度乘以系数 2 确定。

河道整治工程根石探测情况统计见表 2-4。探测后分别按 1:1.0、1:1.3、1:1.5 的标准,测算当年各工程的缺石坝垛数和缺石量,以县(市、区)级主管单位汇总测算缺石总量并上报。根石探测资料要及时存档,并尽可能实行计算机储存、分析成果并汇总。

表 2-4　河道整治工程根石探测情况统计

单位	工程名称	坝号	根石深度/m			缺根石量/m³		
			最深	最浅	平均	1:1.0	1:1.3	1:1.5

审定:　　　　　校核:　　　　　填表:　　　　　　　　日期:

第五节　报　警

一、警号规定

(1)吹哨警号。凡发现渗水、陷坑、裂缝等险情,必须迅速进行抢护并吹哨报警。

(2)锣(鼓、钟)警号。在窄河段规定左岸备鼓、右岸备锣,以免混淆。凡发现漏洞或严重的裂缝、管涌、脱坡等较大险情,即敲锣(鼓)报警或鸣枪报警。

(3)对空鸣枪(放火)报警。在狂风暴雨交加时,堤坝出现重大险情,有可能溃决时,可以对空鸣枪(放火)报警。

(4)电话报警。若发现险情,派人去电话处向指挥部报警。

(5)其他报警。有条件的地方,也可用手机、对讲机、电台、报警器报警。

紧急抢险地点,白天悬挂红旗,夜间悬挂红灯(应能防风、防雨)或点火,作为抢险人员集合的目标。

二、报警守则

(一)报警办法

(1)吹哨报警,由巡堤查险人员掌握。

(2)敲锣(鼓、钟)报警,点火报警,手机、对讲机报警,由检查队(组)长掌握或指定专人负责,不得乱发。

(3)鸣枪报警,由责任段负责人掌握,指定专人执行,不得乱发。

（二）报警守则

（1）发出警号同时抢护。警号发出的同时，应立即组织抢护，并火速报告上级指挥部。

（2）上级部门接到报警信号后，应立即组织人力、料物赶赴现场，大力抢险，但检查工作不得停止和中断。

（3）继续巡查。基层防汛组织指挥部听到警报后，应立即组织人员增援，同时报告上一级指挥部，但原岗位必须留下足够的人员继续巡查工作，不得间断。上、下防汛屋基干班人员除坚持巡查的人员外，其余人员都要急驰增援。

（4）宣传警号。所有警号、标志，应对沿河乡、镇广泛宣传。在洪水期间严禁敲钟、击鼓、打锣及吹哨，以免发生混淆和误会。

第六节　信息传输

为防御洪水灾害和有效利用水资源，各大江大河建立有对气象、水文要素进行观测、传输、处理，发布预报、警报功能的信息系统。洪水警报系统与洪水预报系统有的互相联系，有的单独建立，它们都是防洪非工程措施的重要组成部分。目的是争取时间，及时掌握水情、堤防或工程险情及发展态势，以便研究对策，采取措施，减免洪水造成的损失。

一、信息系统组成

信息系统包括数据的观测、传输、处理与分析，以及发布预报、警报。

（1）观测。测报数据的水情站网是系统的基础，包括雨量站、水位站、水文站，按规定的项目和次数进行观测。

（2）传输。传输手段有电报、电话、传真、专用微波通信网及卫星遥感等。水情站有人工观测和自动遥测两种。及时将所取得的水文资料按统一规定向预报单位及有关单位传递。

（3）发布预报。预报单位接到雨情、水情后进行数据整理和分析计算，发布洪水预报。设立自动遥测站的流域或地区，遥测站与预报中心计算机联网，直接输入雨情、水情，计算机自动运行，输出水情报表和做出洪水预报，称为自动遥测联机实时预报系统。

洪水预报的内容主要是洪峰水位、流量、洪峰出现时间、洪水流量过程和洪水总量等。

（4）发布警报。有关部门根据预报流量大小做好防御准备。将要发生严重洪水时，即由防汛主管部门或地方政府用电报、电话、广播等向可能被淹没地区发布洪水警报，发布内容一般为水位、洪峰流量、预计到达时间、可能淹没范围等，使当地群众及时采取避洪措施或迁移。

二、信息传输

江河防洪信息主要通过电话、传真、微波通信网实现传输。沿江沿河市、县防汛主管部门均建有防洪指挥中心，能直接与堤防、河道工程管护人员联系，接收和发送信息。在接到洪水警报后各部门能及时布置防汛工作，监视并定时向上级主管单位报告洪水演进中实际表现、沿程水位、河势,堤防和河道工程工情、险情,相应防护措施等信息。此外,地方无线传呼通信系统必要时也可为防汛服务。

第七节 注意事项

一、巡堤查险应遵守事项

巡堤查险是一项艰苦细致、事关大局的工作,必须严肃认真,慎重对待。巡查人员执勤时,必须首先摸清责任段基本情况,做到心中有数。

(一)注意事项

(1)巡查工作要做到统一领导,分段分项负责。要确定检查内容、时间(或次数),把任务分解到班组,落实到人。

(2)巡查次数要根据水情及时调整,当遇到临河水位上升、水流冲刷堤防、大风、下雨等情况时,要增加巡查次数,对可能出现较大险情的部位,还要专人昼夜连续监视。

(3)检查是以人的观察或辅以简单工具,对险情进行检查分析判断。夜间检查要持照明工具。巡查时必须带铁锹、口哨、探水杆等工具。除随身背的草捆外,其他料物及运土工具可分放堤顶,以便随时取用。夜间巡查,一人持手电筒或应急电灯在前,一人拿探水杆探水,一人观测水的动静,聚精会神仔细查看。

(4)巡查人员要挑选责任心强、有防汛抢险经验的人担任,编好班组,力求固定,全汛期不变。

(5)检查、休息、交接班时间由带领检查的队(组)长统一掌握。检查进行中不得休息,规定当班时间内,不得离开岗位。

(6)各队(组)检查交界处必须搭接一段,一般重叠检查10~20 m。

(7)检查中发现可疑迹象,应派专人进一步详细检查,探明原因,采取处理措施,并及时向上级报告。

(8)检查人员必须精神集中,认真负责,不放松一刻,不忽视一点,必须注意"五时",做到"五到""四勤""三清""三快"。

"五时":①黎明时(人最疲乏);②吃饭及换班时(思想易松劲、检查容易间断);③黑夜时(看不清容易忽视);④狂风暴雨交加时(最容易出险,出险不容易判断);⑤落水时(人的思想最易松劲麻痹)。这些时候最容易疏忽忙乱,注意力不集中,容易遗漏险情。特别是对已处理的险情和隐患,还要注意检查,必须警惕险情变化。

"五到":①眼到(要看清堤面、堤脚有无崩坎、跌窝、裂缝、獾穴或漏洞、散浸、翻沙鼓水等现象,看清堤外水边有无浪坎、崩坎,近堤水面有无漩涡等现象);②手到(当临河堤身上有搂厢、柳枕、挂柳、防浪排等防护工程时,用手来探摸和检查堤边签桩是否松动,堤上绳缆、铅丝是否太松,风浪冲刷堤坡是否崩塌淘空,以及随时持探水杆探摸等);③耳到(用耳听水流有无异常声音,漏洞和堤岸崩垮落水都能发出特殊的声音,尤其在夜深人静时伏地静听,对发现险情是很有帮助的);④脚到(用脚检查,特别是黑夜雨天,水淌地区不易发现险情时,要以赤脚试探水温及土壤松软情况。水温低感觉浸骨,就要仔细检查,可能是从地层深处或堤内渗流出来的水;土壤松软,内层软如弹簧,亦非正常;跌窝崩塌现象,一般也可用脚在水下探摸发现);⑤工具、料物随人到(巡查人员在检查时,应随身携带铁锹、探水杆、草捆、土工编织布等,以便遇险情及时抢堵)。

"四勤":眼勤、手勤、耳勤、脚勤。

"三清":①出现险象要查清,即要仔细鉴别险情并查清原因;②报告险情要说清,即报告险情时要说清出险时间、地点(堤防桩号)、险象、位置(临河、背河、距堤根距离、水面以上或以下等)等;③报警信号要记清,即报警信号和规定要记清,以便出险时及时准确地报警。

"三快":①发现险情快,争取抢早、抢小,打主动仗;②报告险情要快,以便上级及时掌握出险情况,采取措施,防止失误;③抢护快,根据险情,迅速组织力量及时抢护,以减少抢险困难和危险程度。

这样才能做到及时发现险情,分析原因,小险及时报告迅速处理,防止发展扩大;重大险情,报告后集中力量及时处理,避免溃决失事,造成灾害。

(二)巡查要求

1.巡查、休息、接班要求

巡查、休息、接班时间,由负责人以组为单位加以掌握。执行巡查任务时带班领导途中不得休息,不到规定时间不得随意离开工作岗位。如是一个责任段一个负责干部,干部的休息时间可采取邻屋互助的办法,即一个干部临时兼管两段,轮流工作和休息,其他人就地休息不得远离。

2.巡查工具、料物

巡查时必须带铁锹、口哨、探水杆等工具。料物(草捆、麦秸、网兜、木桩、编织袋和土工反滤布等)及运土工具可分放堤顶,以便随时就地使用。夜间巡查,一人持灯具在前,中间两人携带工具、料物随后。缓步前进,聚精会神仔细查看。

3.注意详查

每到夜间或风雨天,要特别注意巡查,对可疑险段要加强巡查力量。涨水时要注意,退水时也不能疏忽。

巡查时要认真细致,如遇可疑迹象,应抽专人进一步详细检查,探明原因,迅速处理。

4.加强检查

各级领导还要加强检查工作,深入实地,亲自掌握,看巡查组织的分工是否明确具体;巡查人员对巡查方法和抢险技术是否了解;工具、料物准备是否齐全、管用;巡查工作是否按规定方法认真进行。另外,对每次洪水的水印都应该切实记下来。

二、河势及堤防、河道整治工程观测注意事项

(一)河势查勘应注意事项

河势查勘主要就是找主溜的溜势及其与坝垛、滩岸的相互作用,因此查勘时首先要看主溜的位置,一般河道主溜是大溜紧,颜色发红(含沙重大),但遇到风天,特别是逆流风向时,以及宽广河道,主溜不易找出,应慎重勘测。有汊流河段,首先找出每股水流的主溜位置,各股过水流量多凭各股水流过水断面比例估计,往往下水船所航行的河汊为主汊,

分流量最大,如结合大断面施测工作来判断每股水流量更为准确。

在研究河势变化时,除应重点研究险工坝垛或控导护滩工程及控制性滩岸的坍塌对溜势的影响外,局部的河势变化应与全河道河势变化特性的相互影响结合起来分析研究,才可根据历年河势变化,结合查勘具体情况,预测河势的变化发展,并探索河势变化的规律。

(二)根石探摸注意事项

为规范根石探测工作,提高工程管理正规化、规范化水平,掌握河道整治工程根石分布状况,争取防洪抢险主动,根石探测要严格执行根石探测管理办法,注意总结经验,发现问题及时向上级主管部门反馈。

(三)堤防工程隐患探测注意事项

要按照堤防隐患探测管理办法不断提高堤防隐患探测技术水平,研究和引进新技术,提高科学化管理水平。现阶段以电法探测为主,在分析历史资料的基础上,综合评价堤防质量。

第三章　防洪工程措施

第一节　概　述

　　我国是世界上洪水危害最严重的国家之一。人类在与洪水斗争中,为防止洪水泛滥,减轻洪水灾害而修建了挡御、拦蓄、疏导、分泄洪水等工程,统称防洪工程。对于一条河、一个流域的防洪任务,通常由多种防洪工程联合承担,构成防洪工程体系,以达到预期的防洪减灾目的。

　　我国的防洪从全局来说,主要以长江、黄河、淮河、海河、珠江、松花江、辽河的中下游和太湖流域及沿海诸河的防洪为重点。这些地区人口密集,经济发达,在政治、经济、文化等方面占有重要地位。

　　新中国成立以来,我国对主要江河的干支流进行了不同程度的规划治理,修建了各类防洪工程。截至 2005 年底,全国共修建堤防(含海堤)27 万多 km,大、中、小型水库 8.5 万余座,总库容 5 542 亿 m^3,其中大型水库 460 座;各类水闸 5 万多座。经过不断消除隐患、除险加固、加高培厚、改线延伸等措施,大大提高了工程的防洪标准,使洪水威胁大大减轻。

一、防洪工程的分类

　　防治洪水的工程措施,主要可分为两类。第一类是治本性措施,这类措施又包含两方面内容:一是在洪水形成之前,就地消除小量级洪水的水土保持工程;二是在洪水形成以后,将洪水拦蓄起来的蓄洪工程。第二类是治标性的措施,即将洪水安全地排往容泄区,属于这一类的措施可总称为以防洪为目的的河道治理工程,其中包括堤防工程、分滞洪工程和河道整治工程等。

二、各类防洪工程的作用

　　水土保持工程是有效改善下垫面条件,减缓降雨汇流速度,防止山区水土流失,从一定程度上消除水患的一种措施。

　　堤防是为防止洪水泛滥或海潮入侵,沿河岸、湖岸、海岸修筑的挡水建筑物,它是抵御洪水的重要屏障,对减轻洪水灾害起重要作用。堤防的主要作用是约束水流、控制河势、防止洪水在保护区泛滥成灾,或抗御风浪、海潮入侵等。

　　水库工程是在江河干、支流的中、上游地区兴建的拦蓄洪水的一种工程措施。这类措施不但能控制或缓解下游洪水的发生或蔓延,而且还可与水能利用、农田水灌溉、城乡供水、航运等水利工程相结合而综合开发水利资源。

　　分滞洪工程是在河流上适当地点修建分洪闸、分洪道等建筑物,通过分泄河道洪水,把超过河道安全泄量的洪水分流到湖泊、其他河流或入海。或者把超过河道安全泄量的洪水暂时分泄到河道两岸的蓄滞洪区或低洼区,待洪峰过后,再将滞水回归到原河道,以减轻河道洪水对下游河段的防洪压力。前者称为分(减)洪,后者称为蓄滞洪。

河道整治工程是以综合治理为目标的工程措施。从防洪的角度包括:稳定中水河槽,裁弯取直,改善卡口,清除河道中各种行洪障碍物等。河道整治工程措施主要有护岸工程、整治建筑物、疏浚或人工裁弯等。

第二节 堤防工程

堤防是修建在江河两侧、湖泊周围、海(岸)滩边缘、水库回水区外沿的挡水建筑物,主要用于挡水、输水、防洪、防潮、防浪。堤防是防御洪(潮)水的主要工程设施。

我国的堤防工程历史悠久,是劳动人民与洪水长期斗争的产物,在春秋中期已逐步形成,到汉代全国主要江河的堤防已达到相当规模。我国人民在与洪(潮)水的长期斗争中,在堤防工程的施工、管理、防守、堵口等方面积累了丰富的经验。

新中国成立以来,国家十分重视防洪工程建设,工程的标准和质量提高,堤防工程体系不断完善。先后战胜了黄河 1949 年、1958 年、1982 年大洪水,长江 1954 年、1998 年大洪水,淮河 1954 年、1991 年、2003 年、2007 年大洪水,海河 1963 年大洪水,松花江、辽河、嫩江 1957 年、1998 年大洪水,太湖 1991 年、1999 年大洪水,珠江 1985 年、1988 年、2005 年大洪水,以及多次风暴潮,取得了巨大的防洪效益,为我国社会经济的发展提供了有力保障。

一、堤防分类

我国堤防种类繁多,按抵御水体类别分为河(江)堤、湖堤、海堤、围堤;按筑堤材料分为土堤、砌石堤、土石混合堤、钢筋混凝土防洪墙等。

河(江)堤是修建在江河两侧的堤防,是典型的堤防工程。河(江)堤是江河主要的防洪工程。河(江)堤依所处位置不同又分为干堤和支堤,干堤是干流河道上的堤防,支堤是支流河道上的堤防。

湖堤是修建在湖泊周围的堤防。由于湖泊水位相对稳定,湖堤具有挡水时间较长、风浪淘刷严重的特点,需要做好防渗和防浪。水库回水边沿修建的堤防所临水的特性与湖堤相似。

海堤是修建在海边的用以防御潮水危害的堤防,又称海塘或防潮堤。海堤具有挡水频繁、风浪冲刷十分严重、地基软弱的特点。

围堤包括修建在蓄、滞、行洪区周围的堤防以及在滩区或湖区修建的圩堤或生产堤。

另外,为了减小临水堤防决口的淹没范围,在某些堤防的危险堤段的背水侧修建第二道堤防,称为月堤、备塘或备用堤。当临水堤防与第二道堤防之间面积较大时,也有在二者之间修建隔堤的。

土堤是我国江、河、湖、海防洪(潮)广泛采用的堤型,具有就地取材、便于施工、能适应堤基变形、便于加修改建、投资较少等特点,是堤防设计中的首选堤型。目前,我国多数堤防采用均质土堤,但是它体积大、占地多、易于受水流、风浪破坏,因而一些重要海堤和城市堤防采用了砌石堤、混凝土防洪墙等形式。

二、堤防规划设计

堤防工程的规划主要是根据江河、湖泊、海岸防洪(潮)规划,分析确定堤防的防洪标准、堤防等级、堤线布置、堤型、堤身断面的主要设计指标等。

(一)堤防工程的防洪标准及级别

堤防工程的防洪标准主要由其防护对象的防洪要求而定。现行国家标准《防洪标准》(GB 50201—2014)中对各类防护对象的防洪标准进行了规定,详见表3-1。当堤防工程的防护区内有多个防护对象时,其防洪标准应根据防洪标准较高的防护对象的防洪标准确定。

在确定堤防工程的防洪标准时,根据堤防失事后防护区灾害的严重性,可对根据以上原则确定的防洪标准适当予以提高或降低。

表 3-1　防护对象的等别和防洪标准

防护对象的等别		I	II	III	IV
城镇	重要性	特别重要的城市	重要城市	中等城市	一般城市
	非农业人口/万人	≥150	150~50	50~20	≤20
	防洪标准/(重现期,年)	≥200	200~100	100~50	50~20
乡村	防护区人口/万人	≥150	150~50	50~20	≤20
	防护区耕地/万亩❶	≥300	300~100	100~30	≤30
	防洪标准/(重现期,年)	100~50	50~30	30~20	20~10
城镇	工矿企业规模	特大型	大型	中型	小型
	防洪标准/(重现期,年)	200~100	100~50	50~20	20~10

---

❶　1 亩 = 1/15 hm², 全书同。

续表 3-1

防护对象的等别			I	II	III	IV
交通运输设施	铁路路基	重要程度	骨干铁路	次要骨干铁路	地区铁路	
		运输能力/ (10^4 t/年)	≥1 500	1 500~750	≤750	
		防洪标准/ (重现期,年)	100	100	50	
	汽车专用公路路基	等级	高速、I	II		
		防供标准/ (重现期,年)	100	50		
	一般公路路基	等级		II	III	IV
		防洪标准/ (重现期,年)		50	20	按具体情况定
	江河港口	重要性	重要城市港区	中等城市港区	一般城镇港区	
		防洪标准/ (重现期,年)	100~50	50~20	20~10	
	海港	重要性	重要城市港区	中等城市港区	一般城镇港区	
		防洪标准/ (重现期,年)	200~100	100~50	50~20	
	民用机场	重要程度	重要国际机场	重要国内机场	一般国内机场	
		防洪标准/ (重现期,年)	200~100	100~50	50~20	
	油气管道	工程规模	大型	中型	小型	
		防洪标准/ (重现期,年)	100	50	20	
动力设施	火电厂	电厂规模	特大型	大型	中型	小型
		装机容量/ (10^4 kW)	≥300	300~120	120~25	≤25
		防洪标准/ (重现期,年)	≥100	100	100~50	50
	高压超高压输配电设施	电压/kV	≥500	500~110	110~35	≤35
		防洪标准/ (重现期,年)	≥100	100	100~50	50

续表 3-1

防护对象的等别		I	II	III	IV
通信设施	重要程度	国际、省际重要线路	省际、省地间	地县间	
	防洪标准/（重现期,年）	100	50	30	
文物古迹	保护等级	国家级	省级	县级	
	防洪标准/（重现期,年）	≥100	100~50	50~20	

蓄滞洪区堤防工程的防洪标准及等级,根据批准的流域防洪规划或区域防洪规划进行专门确定。

堤防工程上的闸、涵、泵站等建筑物的设计防洪标准不应低于堤防工程的防洪标准。

对于由水库、滞（蓄、分）洪工程、堤防等组成的防洪工程体系的江河、湖泊的防洪标准,是由防指防洪工程体系整体发挥防洪作用而达到的防洪标准。

堤防工程的级别根据其防洪标准按表 3-2 确定。

表 3-2　堤防工程级别划分

防洪标准/（重现期,年）	≥100	<100 且≥50	<50 且≥30	<30 且≥20	<20 且≥10
堤防工程级别	1	2	3	4	5

由于我国防洪（潮）任务繁重,加上河道、湖泊淤积和围垦,虽然新中国成立以来 50 多年的建设,目前主要江河、湖泊、海岸的堤防工程的防洪标准普遍偏低。目前,我国多数江河、湖泊的堤防工程是以防御新中国成立以来实际发生的最大洪水为设计标准的。

（二）堤线布置及堤型选择的原则

堤线布置一般应根据防洪（潮）规划,地形、地质条件,河流或海岸线的变迁,现有及拟建建筑物的位置、施工条件、已有工程状况及征地拆迁、文物保护、行政区划等因素,经过技术经济比较后综合分析确定。堤线布置应遵循下列原则:

（1）河堤堤线应与河势流向相适应,并与大洪水的主流线大致平行,一个河段的应大致相等。

（2）堤线应力求平顺,尽量避免折线或急弯。

（3）尽量利用现有堤防和有利地形,在土质较好、比较稳定的滩岸上修筑堤防,尽量避开软弱堤基、深水地带、古河道、强透水堤基。

（4）湖堤、海堤应尽量避开强风或暴潮正面袭击,强化正面袭击堤段的强度。

江河堤防的堤线布置主要是避免主流冲刷,两岸堤防之间要保持合理的堤距,不过多缩窄河道,并选择较好的地质和地形条件,以利于保持堤防的抗滑和抗渗能力,并减少工程量。对于冲淤变化剧烈的河流,更应在充分分析河道河势演变规律的基础上,合理确定两岸堤防的堤距,尽量减少因河势变化造成主流冲刷堤防,避免因河道过窄而淤积过快使堤防的防洪能力迅速降低。确定河流堤防堤距的步骤一般包括:假设若干个堤距,并根据堤线布置原则,进行堤线布置;计算各控制断面在设计条件下的水位、流速等要素,分别绘制不同堤距的沿程设计水面线(对于多泥沙河流需要考虑河道淤积及设计水平年的淤积程度);根据规定的堤顶超高及计算的水面线,确定设计堤顶高程线;根据地形和设计的堤防断面,计算工程量;比较不同堤距的堤防工程技术经济指标,结合防汛抢险条件,选定堤高及堤距。

我国堤防形成时间较长,河势演变和河床冲淤变化,使有些堤段的布局已不合理,在规划设计中,往往需对堤防进行改建,调整堤线布置。当堤距过窄,影响过洪的,退建新堤;当存在明显凸凹时,进行裁弯取直。

(三)堤身断面结构

1. 堤顶高程

堤顶高程按设计洪水位或设计高潮位加堤顶超高确定。堤顶超高(y)为设计波浪爬高(R)、设计风壅增水高度(e)、安全加高(A)之和,见图 3-1。设计洪水位、设计高潮位、设计波浪爬高(R)、设计风壅增水高度(e)均应根据《堤防工程设计规范》(GB 50286—2013)等国家标准分析计算确定。安全加高(A)根据堤防级别按表 3-3 确定。

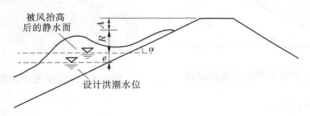

图 3-1 堤顶超高组成示意图

表 3-3 堤防安全加高值

堤防工程级别		1	2	3	4	5
安全加高/m	不允许越浪的堤防	1.0	0.8	0.7	0.6	0.5
	允许越浪的堤防	0.5	0.4	0.4	0.3	0.3

因堤防工程堤线较长,自然条件、堤的走向变化复杂,计算得出的堤顶超高值变幅较大。在堤防设计中一般根据计算成果,考虑河段特性和堤防级别,经综合分析,分段确定一个堤顶超高值,作为设计堤顶超高值。1级、2级重要堤防的堤顶超高不应小于 2.0 m。

北方一些易发生凌汛的河流,在每年开河流冰期,时常在河道卡口段或急弯处冰凌堆积形成冰塞、冰坝,使上游河段河道水位急剧壅高,甚至超过设计洪水位,对两岸堤防造成严重威胁,甚至造成堤防漫顶决口。对这些地方的堤防,其堤顶高程应在综合计算分析洪水和凌汛情况后确定。

因土堤竣工后将发生固结沉降,为保持堤防的设计高程,在设计时需预留沉降量。预留沉降量即为竣工时的堤顶高程超过设计堤顶高程的值。一般堤防的预留沉降量可为堤高的 3%~8%,可根据堤基地质、堤身土质及压实度分析确定。当堤防为高度大于 10 m,堤基为软弱土层,或非压实土堤,或压实度较低的土堤时,预留沉降量应按《堤防工程设计规范》(GB 50286—2013)的规定计算确定。

2.土堤堤顶宽度

为满足防汛、抢险、管理、施工、构造等要求,堤顶应具有一定的宽度。《堤防工程设计规范》(GB 50286—2013)规定:1 级堤防堤顶宽度不宜小于 8 m,2 级堤防不宜小于 6 m,3 级堤防不宜小于 3 m。当堤顶宽度小于 6 m 不能满足双向通车要求时,应在堤顶宽以外设置储料场、回车场、避车道,以满足防汛抢险的要求。

堤顶路面应根据防汛、管理的要求进行适当硬化,一般选择现浇混凝土、沥青、碎石。为有利于排水,堤顶路面应向一侧或两侧倾斜,坡度 2%~3%。

当取土困难或场地狭窄时,一般可在土堤顶修建防浪墙,其净高度一般小于 1.2 m,埋深应满足稳定和抗冻要求。为降低防浪墙的高度,风浪较大的海堤、湖堤的防浪墙的临水侧常修筑成反浪曲面,见图 3-2 和图 3-3。

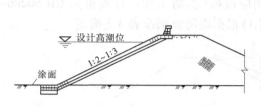
图 3-2　建有防浪墙和干砌护坡的湖堤

图 3-3　建有反浪墙和浆砌石护坡的海堤

3.堤防边坡与戗台

目前国内外堤防的边坡一般为 1:2~1:3,有些堤防采用上陡下缓的复合边坡。《堤防工程设计规范》(GB 50286—2013)规定:1 级、2 级土堤的边坡不宜陡于 1:3。对于需要设置硬护坡的堤段,堤的边坡是根据护坡的形式确定的。为满足稳定的要求,对于堤高超过 6 m 的堤防,可在背水侧或临水侧设置戗台。风浪较大的海堤、湖堤的临水侧宜设置消浪平台,其高程常与设计高潮(洪水)位平或略低,其宽度为波高的 1~2 倍,且不小于 3 m,一般用大块石、混凝土预制体防护,见图 3-4~图 3-6。

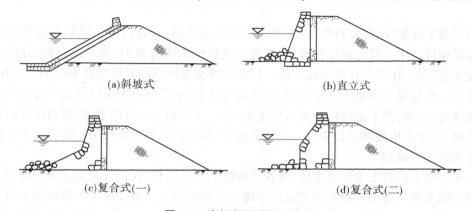
(a)斜坡式　　　(b)直立式　　　(c)复合式(一)　　　(d)复合式(二)

图 3-4　海堤断面结构示意图

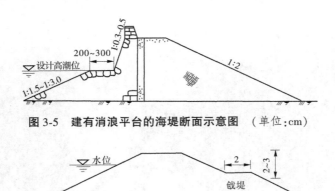

图 3-5 建有消浪平台的海堤断面示意图 （单位：cm）

图 3-6 建有背水戗台的堤防断面示意图 （单位：cm）

堤防边坡陡缓主要影响抗滑、抗渗稳定，需要根据堤基、堤身土质、堤高、施工及运用条件，经抗滑、抗渗稳定计算后确定。抗滑、抗渗稳定计算应选择具有代表性的断面按《堤防工程设计规范》（GB 50286—2013）的规定进行。计算的背水堤坡和地面出逸坡降应小于允许坡降；否则，应采取防渗或反滤措施。无黏性土的允许坡降为临界坡降除以安全系数，安全系数取 1.5~2.0。土堤的抗滑稳定安全系数应不小于表 3-4 规定的数值。

表 3-4 土堤抗滑稳定安全系数

堤防工程级别		1	2	3	4	5
安全系数	正常运用条件	1.30	1.25	1.20	1.15	1.10
	非正常运用条件	1.20	1.15	1.10	1.05	1.05

4. 护坡与坡面排水

堤防临水坡主要防水流冲刷、波浪淘刷、冰或漂浮物的撞击破坏；背水坡主要防雨水冲刷等。一般情况下，堤背水坡采用植草进行防护，只有允许越浪的海堤的背水坡需要特殊的防护。堤防临水坡采用草皮护坡一般可以抗御 4 级风以下的风浪和流速为 2 m/s 以下水流的冲刷。对于水流冲刷、风浪或通航河流船行波的作用强烈堤段的临水坡需要采用砌石、混凝土等硬性护坡，其结构尺寸经稳定计算确定，护坡下设垫层。海堤防风浪、潮汐冲刷是十分关键的，所以风浪强烈的海堤在临水坡面上堆放混凝土或钢筋混凝土预制体进行防护，多采用斜坡式、陡墙式和混合式三种，见图 3-7。

当土堤堤高大于 6 m 时，堤身易受雨水冲刷，需要在堤顶、堤坡、堤坡与山坡或建筑物结合部设置排水沟，堤坡横向排水沟每 50~100 m 设置一条。

5. 防渗措施

土堤一般尽可能选择均质断面，只有当筑堤土料和堤基的渗透性较强，不能满足渗流稳定要求时，才考虑设置防渗减排水设施。目前，堤防采用的防渗和排水措施包括：临水坡防渗护面、防渗墙、将背水坡变缓、用透水材料作堤背压重、背水堤脚加排水设施等。在工程材料方面，近年来混凝土、土工膜等在重要堤防防渗加固中得到较多运用。

图 3-7　海堤异型块体护坡

（四）堤岸防护工程

堤岸是指堤防和滩岸，在洪（潮）水流冲刷或风浪淘刷下，易于造成破坏，威胁堤防安全。洪（潮）水流冲刷或风浪淘刷作用强烈的堤防或滩岸，需要采取防护措施。海堤、湖堤主要是防风浪淘刷，应修建牢固的堤身护坡。江河堤防主要是防水流冲刷，堤脚防护应力求牢固。江河入海口段的堤防易受河水、潮水的双向冲刷和风浪的淘刷，需要加强防护。江河入湖口段的堤防受河水冲刷和风浪淘刷，需同时加强堤脚和堤身防护。

堤岸防护工程包括堤身防护工程和滩岸防护工程两类，前者直接保护堤防，一般称为险工；后者通过保护滩岸而保护堤防，称为护滩或控导工程。

堤岸防护工程的平面布置应因势利导，符合水流演变规律，统筹兼顾上下游、左右岸的防洪、航运、港埠、取水等方面的要求。修建防护工程不要过多缩窄过洪断面。

常用的堤岸防护工程主要有坡式、坝式、墙式、桩式和植树等形式。河床稳定、河势变化不大的江河堤防、海堤、湖堤、蓄滞洪区围堤多采用坡式护岸；北方淤积性河流，河床宽、浅，主流游荡多变，其堤防多采用坝式护岸，以利于防守；江河入海口段修建坝式护岸，以减轻潮水对堤防的冲刷；墙式、桩式护岸具有占地少的优点，多用于城市内的堤防和少部分海堤的防护；在堤防临水侧滩地或平台上密植一定宽度的耐水性好的树木，是较好的防风浪措施。

堤岸防护工程多采用土石结构，水流、风浪作用强烈的堤岸采用混凝土预制大块体、现浇混凝土、模袋混凝土等进行防护。堤岸防护工程的结构尺度经抗滑、抗冲、抗风浪稳定计算确定。

三、堤防加高加固

我国现有堤防多是历经多年不断培修而成的，限于当时的经济社会状况和技术条件，加上长期的人类活动和自然的破坏，堤防标准偏低，且存在裂缝、洞穴、虚土层等隐患，其抗滑、抗渗安全度不足，不能满足当前的防洪要求。因此，堤防的加高加固就成为堤防建设的重要内容。

在发生以下情况，使堤防高度不能满足防洪要求时，需要对堤防进行加高，也称为堤防扩建；堤防等级或防洪标准提高；河床淤高，河道过洪能力降低，堤防防洪能力达不到既定防洪标准;近年多次发生大洪水、高潮位或强台风,防洪标准计算成果有较大提高。堤防加高时,应进行其抗滑、抗渗、抗倾覆等稳定性验算,不能满足要求时,应同时采取加固措施。

土堤加高一般采用在临水侧填土帮宽加高,当土料不足或场地受到限制时,可采用在堤顶修建防浪墙或对防洪墙进行加高。堤防加高帮宽,应注意新老堤结合部位以及穿堤建筑物与堤防连接部位的紧密结合或防渗处理。

由于多数堤防历经不断培修而成,堤身、堤基组成都比较复杂,堤身往往存在裂缝、洞穴、虚土层等隐患,有些堤段堤基存在强透水层等。而目前进行堤防抗滑、抗渗稳定计算,只是选择有限的断面进行勘探、试验确定堤身、堤基土壤的特性,不可能完全真实反映堤防渗流的实际状况。所以,有时虽然抗滑、抗渗稳定计算结果达到要求,但实际的防洪过程中,有些堤段仍会发生较严重的险情。

常用的堤防加固措施包括:对裂缝、洞穴等隐患开挖回填,帮宽堤身,修筑前后戗台,临水堤坡增建截渗斜墙或在临水侧堤肩修筑垂直截渗墙,堤身或堤基灌浆,在背水堤脚外打减压井等。采用透水性较大的砂性土在堤的背水侧修筑较宽的盖重(戗台),可提高堤身和堤基的抗滑、抗渗稳定性,并减少因隐患发生险情的概率。盖重的宽度根据历史上在背水地带出险的范围而定:如长江荆江大堤为 200 m,黄河下游大堤 100 m,长江安徽同马大堤 100 m。随着截渗墙施工技术的发展,近年来采用修筑截渗墙对堤基存在埋深较浅的严重透水层的堤防进行加固处理。

四、堤防施工

(一)施工准备

在堤防工程施工前,施工单位在深入研究设计文件和施工合同后,进行"四通一平"、测量放样、料场核查、击实和碾压试验,落实材料采集方式、材料质量检测措施,编制施工计划,编制导流、度汛方案,落实导流、度汛措施,做好人员、设备、料物等准备。

料场核查主要是了解料场的水文地质条件,可开采土料的厚度、储量及开采条件,普查土质及其天然含水量。通过室内击实和现场碾压试验,确定压实干密度和碾压参数。

土料开采有平面开挖和立面开挖两种方式,土料含水量小时,采用立面开挖;含水量大时,采用平面开挖;当有不合格土层需要挖除时,采用平面开挖。在土料开采前,先清除表层杂质、耕作土、植物根系或稀软淤土等,并做好料场的排水措施。

堤防工程施工常遇到度汛问题,当进行河流局部改道、堵口复堤、跨河枢纽工程施工时,常需要采取导流措施。为了保证防洪安全,在需要破堤施工时,一般要求不能跨汛期施工。当确需跨汛期施工时,也必须采用较高的度汛标准,落实应急措施,编制度汛方案,并报防汛主管部门批准。《堤防工程设计规范》(GB 50286—2013)规定的度汛标准为:1级、2级堤防工程,挡水堤防为 10~20 年一遇,挡水围堰为 5~10 年一遇;3 级及以下堤防工程,挡水堤防为 5~10 年一遇,挡水围堰为 3~5 年一遇。

(二)堤身施工

堤基清理应达到设计基面线以外 0.3~0.5 m,在清除表层杂质、耕作土、植物根系后,应将堤基范围内的坑、槽、沟等分层回填压实,最后整平压实。

土堤填筑压实是最重要的施工质量控制指标,应达到设计标准,黏性土土堤的填筑标准按压实度确定,无黏性土土堤的填筑标准按压实相对密度确定,规定见表3-5。

表 3-5　土堤压实标准

黏性土土堤级别	压实度	无黏性土土堤的级别	压实相对密度
1 级堤防	≥0.95	1 级、2 级及堤高超过 6 m 的 3 级堤防	≥0.65
2 级及堤高超过 6 m 的 3 级堤防	≥0.93	低于 6 m 的 3 级及 3 级以下堤防	≥0.60
低于 6 m 的 3 级及 3 级以下堤防	≥0.91		

注:压实度等于设计干密度除以标准击实试验最大干密度;压实相对密度等于标准击实试验最大孔隙比与设计压实孔隙比之差除以标准击实试验最大孔隙比与标准击实试验最小孔隙比之差。击实试验按国标《土工试验方法标准》(GB/T 50123—2019)的规定进行。

堤身填筑应分段分层进行。采用机械施工时,每作业段长度应不小于 100 m。每层铺土厚度与采用压实机具的种类有关,并根据碾压试验确定:采用重型压实机具时,铺土厚度可为 30~50 cm;采用中型压实机具时,厚度可为 25~30 cm;采用 5~10 t 平碾等轻型压实机具时,铺土厚度可为 20~25 cm;采用人工夯、机械夯夯实时,铺土厚度可为 15~20 cm。铺土料应在设计边线外超填 10~30 cm 的余量。每个作业面应分层统一铺土、统一碾压。在压实前干质土料应洒水湿润。采用光面碾碾压时,在新层铺料前,应对压光面做刨毛处理。在负温天气下施工时,土料压实时的气温必须在-1 ℃以上。

堤身填筑过程中,相邻施工段的作业面宜均衡上升,当出现高差时,应以不陡于 1:3 的斜坡相接。土堤与岩石岸坡相连接时,岩坡应不陡于 1:0.75。土堤与涵闸等刚性建筑物相连接时,要先清除建筑物表面的粉尘、油污、外露铁件等,并在将其表面湿润后,边涂泥浆、边铺土、边夯实。在进行老堤帮宽加高施工时,应按压实后的土层厚度将老堤坡削成台阶状。

(三)海堤堵口

新建海堤进行围垦,在堤防设计时,要预留一个或多个口门,以使潮水进出围垦区,到最后进行堵复。所以堵口是海堤建设的重要一环,是否能按计划堵口成功,关系到整个工程能否按预期发挥效益。

由于海堤堵口受潮流的影响,加上基础软弱、场地狭小、交通不便,海堤堵口比较困难。所以,需要科学编制堵口设计,周密制订施工计划,充分做好各项准备。

堵口合龙一般应避免在台风、大潮、多雨、酷暑、严寒的时间进行。进行堵口合龙前,其他堤段应达到安全度汛的挡潮标准,口门段水下截流堤、压载、护底工程达到设计要求,并充分做好合龙的组织、技术、物料、机械等准备。

一条围垦区堤防上可以预留一个口门或多个小口门,当水深较小时,多口门较好。口门宜预留在地基较好且水深适当的位置。口门宽度应根据需要的吞吐潮水量经水力计算确定。

海堤堵口一般采用平堵法、立堵法混合进行。首先用船平抛块石护底、堆筑水下截流堤和压载,然后在截流堤上抛石修筑子堤立堵合龙,紧接着在背海侧填土闭气,最后进行堤身加高培厚。

五、与堤防交叉、连接的各类建筑物、构筑物的规定

穿过堤身的涵闸、管道等与堤防接合部易产生接触冲刷,形成渗水通道,跨越堤防的桥梁、管道的支撑建筑物建于堤身附近,会损害堤基的防渗结构,影响堤防安全,所以应尽量减少与堤防交叉的建筑物、构筑物的数量,并尽可能采取跨越的方式。

穿堤建筑物应选择在水流流态平顺、岸坡稳定、基础密实的位置,并采用整体性强、刚性大的轻型结构,尽量使荷载、结构布置均匀,以减少沉降和不均匀沉降量。穿堤建筑物与土堤接合部应能满足渗透稳定要求。穿堤建筑物分缝处应做好止水,穿堤建筑物外围设截流环或刺墙,以延长渗径,渗流出口应设置反滤排水。因压力管道易产生振动,热力管道易使其周围土体干缩,从而使管道周围形成渗水通道,威胁堤防安全,所以不允许这类管道在设计洪水位以下穿越堤防。穿堤管道采用顶管法施工时,容易使管道周围形成空洞,防渗处理比较困难,一般不允许采用。

桥梁、渡槽、管道等跨堤建筑物,其支墩一般不得布置在设计堤身断面以内。其与堤顶之间的净空高度必须满足堤防交通、防汛抢险、管理维修等方面的要求,并为堤防加高保留一定空间。所有跨堤坡道不得降低堤顶高度和削弱堤身断面。

与堤防交叉、连接的各类建筑物与构筑物不得影响堤防管理和防洪运用,不得影响防洪安全。与堤防交叉、连接的各类建筑物与构筑物的管理单位应编制度汛方案,落实度汛措施,当发生洪水时,服从防汛调度。

第三节　水库工程

一、水库的作用与分级

水利枢纽是为完成一项或多项兴利除害任务,将若干个不同类型的水工建筑物修建在一起所构成的建筑物综合体。水利枢纽的类型最常用的是修建在河道上的拦截水流、抬高水位、形成自流引水条件的低水头取水枢纽,以及形成具有较大库容的水库,能对河流来水起调蓄作用的中高水头蓄水枢纽。水利枢纽通常由若干个不同类型的水工建筑物组成。

(一)水库的作用

水库用于拦蓄洪水、调节径流、调整坡降、集中落差、拦截补充地下水,以满足防洪、发电、灌溉、航运、供水、养殖、环境保护、旅游等需要。

(二)水库的类型

水库是水利建设中最主要、最常见的工程措施之一。按其所在位置和形成条件,水库通常分为山谷水库、平原水库和地下水库三种类型。

1. 山谷水库

山谷水库多是用拦河坝横断河谷,拦截河川径流,抬高水位形成的。在高原和山区,修建引水、提水工程,将河水或泉水引入山谷洼地形成的水库,也属山谷水库的一种类型。山谷水库是水库中最主要的类型。20 世纪以来修建的水库多为两种或两种以上用途的

综合利用水库,有些规模巨大。山谷水库的规模和各时期的运用水位及调度方式,要根据水库的水文、地形、地质等特性和用水部门的要求,通过技术分析计算确定。这类水库靠抬高水位取得库容。修建时除要考虑额外水量损失外,还要十分重视水库形成后引起的库区淹没、泥沙淤积和生态环境等方面的问题。

2. 平原水库

平原水库是在平原地区,利用天然湖泊、洼淀、河道,通过修筑围堤和节制闸等建筑物形成的蓄水工程。平原水库库面一般较大,丰、枯水位的变幅较小,主要用于灌溉、供水、调节控制洪水和地表径流。在河渠交错地区,利用一系列节制闸形成的河网式水库,也属这一类型。修建平原水库,常使周边地区地下水位升高,需采取适当的截水防渗措施。

3. 地下水库

地下水库是由地下贮水层中的孔隙、裂隙和天然的溶洞或通过修建地下截水墙拦截地下水形成的水库。地下水库不仅用以调蓄地下水,还可采取一定工程措施(如坑、塘、沟、井),把当地降雨径流和河道来水加以回灌蓄存。这类水库具有不占土地、蒸发损失小等优点,可与地面水库联合运用,形成完整的供水体系。地下水库必须在具备适宜的地下贮水地质构造、有补给来源的条件下才能修建。

(三)水库的分级

水库的分级见表3-6。

表3-6　水库的分级

工程等别	I	II	III	IV	V
工程规模	大(1)型	大(2)型	中型	小(1)型	小(2)型
总库容/亿 m^3	≥10	10~1.0	1.0~0.10	0.10~0.01	0.01~0.001

水利枢纽工程的水工建筑物,应根据其所属枢纽工程的级别、作用和重要性分为5级,其级别按表3-7确定。

表3-7　水工建筑物的级别

工程等别	永久性水工建筑物级别		临时性水工建筑物级别
	主要建筑物	次要建筑物	
I	1	3	4
II	2	3	4
III	3	4	5
IV	4	5	5
V	5	5	

水库工程水工建筑物的防洪标准,应根据其级别按表 3-8 的规定确定。

表 3-8 水库工程水工建筑物的防洪标准

水工建筑物级别	防洪标准/(重现期,年)				
	山区、丘陵区			平原区、滨海区	
	设计	校核		设计	校核
		混凝土坝、浆砌石坝及其他水工建筑物	土坝、堆石坝		
1	1 000~500	5 000~2 000	可能最大洪水(PMF)或 10 000~5 000	300~100	2 000~1 000
2	500~100	2 000~1 000	5 000~2 000	100~50	1 000~300
3	100~50	1 000~500	2 000~1 000	50~20	300~100
4	50~30	500~200	1 000~300	20~10	100~50
5	30~20	200~100	300~200	10	50~20

二、水库主要指标

(一)水库特征水位

水库特征水位指水库工程为完成不同任务在不同时期和各种水文情况下,需控制达到或允许消落的各种库水位。水库特征水位主要有:正常蓄水位、死水位、防洪限制水位、防洪高水位、设计洪水位、校核洪水位等,如图 3-8 所示。

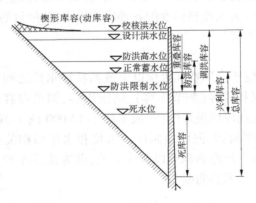

图 3-8 水库特征水位与特征库容划分示意图

1. 正常蓄水位

正常蓄水位指水库在正常运用情况下,为满足兴利要求可蓄到的高水位,又称正常高水位、兴利水位,或设计蓄水位。它决定水库的规模、效益和调节方式,也在很大程度上决定水工建筑物的尺寸、形式和水库的淹没损失,是水库最重要的一项特征水位。当采用无闸门控制的泄洪建筑物时,它与泄洪堰顶高程相同;当采用有闸门控制的泄洪建筑物时,它是闸门关闭时允许长期维持的最高蓄水位,也是挡水建筑物稳定计算的主要依据。

2. 死水位

死水位指水库在正常运用情况下,允许消落的最低水位,又称设计低水位。日调节水库在枯水季节水位变化较大,每 24 h 内将有一次消落到死水位。年调节水库一般在设计枯水年供水期末才消落到死水位。水库正常蓄水位与死水位之间的变幅称水库消落深度。

3. 防洪限制水位

防洪限制水位指水库在汛期允许兴利蓄水的上限水位,也是水库在汛期防洪运用时的起调水位。防洪限制水位的拟订,关系到防洪和兴利的合理结合问题,具体研究时要兼顾两方面的需要。如汛期内不同时段的洪水特性有明显差别时,可考虑分期采用不同的防洪限制水位。

4. 防洪高水位

防洪高水位指水库遇到下游防护对象的设计标准洪水时,在坝前达到的最高水位。只有当水库承担下游防洪任务时,才需确定这一水位。此水位可采用相应下游防洪标准的各种典型洪水,按拟订的防洪调度方式,自防洪限制水位开始进行水库调洪计算求得。

5. 设计洪水位

设计洪水位指水库遇到大坝的设计洪水时,在坝前达到的最高水位。它是水库在正常运用情况下,允许达到的最高水位,也是挡水建筑物稳定计算的主要依据。可采用相应大坝设计标准的各种典型洪水,按拟订的调洪方式,自防洪限制水位开始进行水库调洪计算求得。

6. 校核洪水位

校核洪水位指水库遇到大坝的校核洪水时,在坝前达到的最高水位。它是水库在非常运用情况下,允许临时达到的最高洪水位,是确定大坝顶高及进行大坝安全校核的主要依据。此水位可采用相应大坝校核标准的各种典型洪水,按拟订的调洪方式,自防洪限制水位开始进行调洪计算求得。

(二)水库特征库容

水库特征库容指相应于水库特征水位以下或两特征水位之间的水库容积,水库的主要特征库容有死库容、兴利库容(调节库容)、防洪库容、调洪库容、重叠库容、总库容等。水库库容的计算,通常先在库区地形图(一般采用 1∶10 000 或 1∶50 000 地形图)上,测算坝址以上各等高线的水库面积,据以绘制库区水位和水库面积关系曲线,称水库面积曲线;然后由两相邻等高线平均库面积乘以两线高差,即为该段库容,据以绘制库区水位和水库容积关系曲线,称水库库容曲线。

1. 死库容

死库容是指死水位以下的水库容积,又称垫底库容。一般用于容纳水库淤沙、抬高坝前水位和库区水深。在正常运用中不调节径流,也不放空。只有因特殊原因,如排沙、检修和战备等,才考虑泄放这部分容积。

2. 兴利库容

兴利库容即调节库容,是正常蓄水位至死水位之间的水库容积。用以调节径流,提供水库的供水量或水电站的出力。

3. 防洪库容

防洪库容是指防洪高水位至防洪限制水位之间的水库容积,用以控制洪水,以满足水库下游防护对象的防洪要求。当汛期各时段分别拟订不同的防洪限制水位时,这一库容指其中最低的防洪限制水位至防洪高水位之间的水库容积。

4. 调洪库容

调洪库容是指校核洪水位至防洪限制水位之间的水库容积,用以拦蓄洪水,在确保水库大坝安全的前提下,为满足水库下游防洪要求的拦洪库容。当汛期各时段分别拟订不同的防洪限制水位时,这一库容指其中最低的防洪限制水位至校核洪水位之间的水库容积。

5. 重叠库容

重叠库容是指正常蓄水位至防洪限制水位之间的水库容积。此库容在汛期腾空,作为防洪库容或调洪库容的一部分;汛后充蓄,作为兴利库容的一部分,以增加供水期的保证供水量或水电站的保证出力。在水库设计中,根据水库及水文特性,有防洪库容和兴利库容完全重叠、部分重叠、不重叠三种形式。在中国南方河流上修建的水库,多采用前两种形式,以达到防洪和兴利的最佳结合、一库多利的目的。

6. 总库容

总库容是指校核洪水位以下的水库容积。它是一项表示水库工程规模的代表性指标,可作为划分水库等级、确定工程安全标准的重要依据。

以上所述各项库容,均为坝前水位水平线以下或两特征水位水平线之间的水库容积,常称为静态库容。在水库运用中,特别是洪水期的调洪过程中,库区水面线呈抛物线形状,这时实际水面线以下、库尾和坝址之间的水库容积,称为动态库容。实际水面线与坝前水位水平线之间的容积,称为楔形库容或动库容。

三、水利枢纽及建筑物

水利枢纽(水库)的组成:在取水枢纽和蓄水枢纽中,为了拦截水流、抬高水位和调蓄水量,需要设置横跨河道的挡水建筑物;为了宣泄洪水或放空水库,需要设置泄水建筑物;为了引水灌溉、发电或向城镇供水,需要设置取水建筑物。取水枢纽的挡水建筑物多使用拦河闸或滚水坝,拦河闸或滚水坝也起泄水建筑物的作用,有时也将挡水的一部分做成非溢流坝;取水建筑物多使用进水闸,有时也使用引水隧洞或引水涵管。蓄水枢纽的挡水建筑物有时采用非溢流坝和溢流坝形式,后者也起泄水建筑物的作用;有时只设非溢流坝,另设岸边溢洪道、泄水隧洞、坝身泄水孔或坝下涵管作为泄水建筑物;取水建筑物则多使用引水隧洞或涵管和穿过坝身的发电引水管,有时也使用只引取水库上层水的进水闸。水利枢纽除设置挡水、泄水、取水三种通用性水工建筑物外,有发电任务的,还需设置水电站厂房、调压室等专门性水工建筑物;有通航、过木、过鱼任务的,还需设置船闸、升船机、绕道、鱼道等专门性水工建筑物。河道或渠道上的闸枢纽,一般由拦河闸、节制闸、分洪闸、分水闸等各种水闸及必要的堤防组成。

水利枢纽的建筑物主要包括:①坝及其有关的取水、泄水、过船、过木、过鱼等相关的建筑物;②引水道及其相关的建筑物;③发电厂房及其相关的建筑物;④开关站、升压站等建筑物。在多数情况下,坝是水利枢纽工程的最主要建筑物。

水利枢纽的布置:枢纽布置要从地形、地质、水流等实际情况出发,因地制宜,并体现以下原则:①有效地完成所承担的除害兴利任务;②技术上安全可靠,经济上投资省、效益高;③施工方便,工期短,投产快;④有利于运行调度和管理维修。

(一) 坝

坝是截断河流,用以拦蓄水流或壅高水位的挡水建筑物,是水库枢纽的主体,又称拦河坝、大坝。

坝的类型,有以下几种分法:

(1)按结构和力学特点可分为:①重力坝,包括实体重力坝、宽缝重力坝、空腹重力坝等,土石坝在力学性质上也是一种重力式坝;②拱坝,包括单曲拱坝、双曲拱坝、空腹拱坝等;③支墩坝,包括平板坝、连拱坝、大头坝等;④装配式坝;⑤锚固坝,包括预应力坝等。

(2)按筑坝材料可分为:土坝、土石坝、堆石坝、混凝土坝、钢筋混凝土坝、橡胶坝等。

(3)按泄水条件可分为:溢流坝(包括坝顶溢流和坝身孔口泄流)和非溢流坝。

(4)按坝的高度可分为:低坝、中坝和高坝。我国规定:坝高 30 m 以下为低坝,坝高 30~70 m 为中坝,坝高 70 m 以上为高坝。

(5)按施工方法的不同,对于土石坝,可分为碾压土坝、水力冲填坝、水中倒土坝、土中灌水坝、水坠坝、抛填式堆石坝、砌石坝、碾压堆石坝、定向爆破堆石坝等;对于混凝土坝,大多为现场浇筑,也有将预制构件装配而成的装配式坝和采用干贫混凝土经碾压而成的碾压混凝土坝。

不同类型的坝,其结构也不相同,但具有下列共性:垂直于坝轴线切取的断面称为坝的横剖面,在横剖面上,临水库的坝面称为上游面,背水库的一面称为下游面。有时坝的上、下游面做成斜面,坝面线与铅垂线夹角的正切称为坝的坡度。坝的横剖面由坝顶线、上下游坝面线及坝基面线组成。上游坝面与坝基面交接处称为坝踵,下游坝面与坝基面交接处称为坝脚趾。沿坝轴线切取的断面称为坝的纵剖面,在纵剖面上,坝体与岸边交接处称为坝肩。在坝顶轴线处两岸坝肩的距离称为坝长,坝顶与坝基之间的高差称为坝高。坝长与最大坝高是表示坝的规模的两个重要指标。通常将拦主河道修建的坝称为拦河坝或主坝,而将修建于水库哑口上的坝称为副坝。

大坝设计的主要内容,首先是选定坝址和坝型,其次是确定坝体承受的荷载,据此进行坝体轮廓尺寸、材料分区、细部构造、防渗防冲、地基处理等问题的设计。

(二) 泄水建筑物

泄水建筑物是为宣泄水库超过调蓄能力的洪水或泄放水库的存水而设置的水工建筑物。水库泄水建筑物通常有:溢洪道、泄水闸、泄水隧洞、泄水底孔、泄水涵管。泄水建筑物一般由混凝土、钢筋混凝土、砌石、钢材等修筑而成。泄水方式有堰流和孔口出流两种。通过溢洪道以及开敞式水闸的水流一般属于堰流;当闸门部分开启或堰顶设置胸墙时,也可能属于孔流;泄水隧洞、泄水底孔、泄水涵管的水流一般属于孔流。水库泄水建筑物的形式选择取决于坝型、枢纽布置、地形、地质、水文、施工等因素。一般说来,混凝土坝枢纽多采用溢流坝和泄水底孔,土坝枢纽多采用岸边溢洪道和泄水隧洞。堰顶高程、孔口数目和尺寸等,依据设计洪水标准、下游防洪要求、上游水位限制以及泄水时间的要求等经计算分析确定。设计时,一般先选定泄流方式,并拟订若干个泄水布置方案,然后进行调洪演算或泄流计算,估计淹没损失和枢纽造价等,再通过技术经济比较,选定最佳方案。为防止高速水流引起过水表面空蚀破坏,应做好体型设计,控制表面不平整度,采用抗空蚀材料和设置通气槽等通气减蚀措施;还必须重视高速水流引起的闸门振动问题。泄水建筑物下游应结合泄流方式、流量、流速、下游水位以及地形、地质等条件,选用合理的防冲设施,通过分析计算,确定其尺寸和构造,必要时需进行模型试验。溢洪道、溢流坝都在不同程度上起挡水作用,必须重视抗滑稳定问题和渗流问题。泄水隧洞和泄水涵管虽不起挡水作用,但也常需考虑渗流稳定问题。

溢流坝尽可能设在河流的主河槽部位,以保持天然河势,使进出水流平顺,并有利于消能防冲;要求地基尽可能坚硬完整。溢流坝与水电站厂房、船闸等建筑物之间常用导墙隔开,或间隔一定距离,以免下泄水流引起的水面波动影响电站和船闸正常运行。开敞式溢洪道尽可能布置在高程适宜的库岸哑口处;设在土石坝坝端的溢洪道,应设置隔墙与土石坝分开,防止进口附近横向水流冲刷上游坝坡。溢洪道出口与坝体间要有一定距离,以防下泄水流淘刷坝脚。泄水隧洞应布置在岩石较好的地段,在上覆岩体厚度和傍山岩体厚度满足要求的前提下,线路尽可能短直;进水口水流要平顺,出口布置要有利于消能防冲,防止对其他建筑物的不利影响。

发电用水通过水轮机转换后经尾水管及尾水道排入河道。尾水管及尾水道的长度按电站布置形式也有很大的不同。具有河床式厂房的水电站,尾水管往往直接通入河道,其长度仅十数米至数十米。具有地下式厂房的水电站,尾水管后往往接一较长的尾水道,最长的可达数千米。

(三)取水建筑物

取水建筑物是灌溉、城镇供水、水力发电等用水系统自水源取水必不可少的水工建筑物。水源不同,取水建筑物的形式也有所不同。自低水头水利枢纽取水,多采用带胸墙的开敞式进水闸;自高水头水利枢纽或水库取水,多采用引水隧洞、坝身引水管或坝下取水涵管。开敞式进水闸的孔口数目和尺寸,由取水量和上、下游水位确定,一般按最不利或一定保证率的水源情况进行设计。闸的高度按挡水需要确定。进水闸出流形式和下游流态比较复杂,容易发生波状水跃和折冲水流,需注意消能防冲问题。在多泥沙河流上修建开敞式进水闸,还要注意防止进入过量的、有害的泥沙。为此,可采取人工弯道式取水、分层式取水、底栏栅式取水以及拦沙坎、导流装置等措施。

引水隧洞、坝身引水管、取水涵管的数目和尺寸,也由取水流量和上、下游水位决定。对于发电引水隧洞还要考虑洞内的水头损失,采用经济流速。洞和管的进口首部结构,有井式、塔式、岸塔式等多种形式,应结合具体条件,妥善选用。当进口的深度不大时,常需在进口前设置拦污装置。洞(管)内的水流属于高速水流时,对闸门的振动、门槽及洞壁衬砌或管壁的空蚀、出口的消能防冲等问题要给予足够的重视。设置在地下或坝体内的洞和管,在岩土压力和内外水压力作用下,洞壁衬砌或管壁必须有足够的强度和刚度。

水电站的引水道是把发电用水由坝上引至水轮机内。由于各个水电站的地形不同,引水道的长度有很大的差别。有的是埋在坝内长仅数十米的钢管;也有的是长达几千米以至十几千米的引水隧洞或明渠。

取水建筑物多布置在靠近用水地区的一侧,并尽可能布置在凹岸,以利于正面引水,侧面排沙。

(四)水电站厂房

水电站厂房是安装水轮发电机组及其附属设备的建筑物。当河床较宽时多采用坝后式或河床式,较狭窄时多采用岸边式、坝内式、地下式或厂房顶溢流式、厂房顶挑越式。厂房位置尽可能靠近河道深槽以减少开挖量。引水隧洞、尾水隧洞尽可能短而直,以减少水头损失。控制电站运行的中央控制室往往设在厂房建筑物内或在其附近。开关站是安装水电站各项开关设备和保护设备的场所。升压站是安装升压变电设备的场所。开关站和升压站往往合建在一起。水电站的机械、电气设备主要包括:①水轮机及其辅助设备;②水轮发电机及其附属设备;③变压器及其保护设备;④闸门和闸门启闭机等水力机械。水轮机是将水能转变为机械能的设备。发电机是将机械能转变为电能的设备。

(五)通航建筑物

通航建筑物是为船只过坝而设置的水工建筑物,又称船闸。通航建筑物包括船闸、升船机、充泄水装置,其中船闸和升船机是为克服航道上的集中落差,使船舶(队)顺利地由上(下)游驶往下(上)游而设置的。

选择通航建筑物类型主要根据水头的大小和通航船舶的吨位。另外,通过能力、耗水量、工程投资、当地的机电制造的工艺水平等的要求对选择通航建筑物类型也有一定影响。在通航建筑物中,当水头小于 40 m 时,一般采用船闸;当水头大于 70 m 时,一般采用升船机;水头在 40~70 m 可以在二者中进行技术论证选定。第 23 届国际航运会议认为:当水头大于 40 m 时,升船机的优越性随着水头的增加而愈来愈大。在我国,通常情况下,一般以船闸为主,但在高水头水利枢纽上,均进行通航建筑物形式的比选。

总体布置主要是安排通航建筑物在枢纽中的位置,主要视地形、地质以及建闸河段的水流、泥沙和河床演变等条件而定。通航建筑物总体布置得适当是通航建筑物安全和正常运转的重要条件。要与水电站厂房分开,以免互相干扰;要防止上、下游泥沙淤积,水深和流速要符合航运要求,并有足够的导航和停泊场地。

(六)过木设施

过木设施是指从水库大坝上游向下游输送木材的建筑物和设备。按木材过坝的方式,过木设施可分为放送木排的绕道、放送散木的漂木道、用机械设备运送木排或散木的过木机等形式。绕道及漂木道结构简单,通过木材能力大,便于管理,适用于水头较低、上游水位变幅不大的枢纽,但要消耗水量。过木机基本上不受水头的限制,木材过坝不消耗水量,在枢纽中的布置也比较灵活,但通过能力小,运行管理复杂,维修工作量大,消耗一定的电能。过木建筑物形式的选择主要取决于浮运木材的数量、方式、枢纽水头、水位变幅,以及地形、地质条件等因素。

过木设施最好靠岸边布置,并与船闸或水电站进水口保持一定距离,以免相互影响。由于木材流放具有季节性强和到材集中的特点,在坝上游宜划出一定的水域作为木材临时储存区。过水进口段应设导漂装置,以使水流顺畅,避免横向水流。绕道和漂木道的槽身应布置成直线,下游出口与河道主流线方向的交角不宜过大,使水流顺直,便于木材顺河下漂。过木机通常布置在非溢流坝段或水库岸边。

(七)过鱼设施

过鱼设施为鱼类通过拦河闸坝,抵达产卵或肥育场所而设置的水工建筑物或设备。过鱼设施是保护和发展江河鱼类资源的措施之一,分为溯河洄游过鱼设施和降河洄游过鱼设施两类。

1. 溯河洄游过鱼设施

一般过鱼设施指的就是这类设施,有鱼道、鱼闸和升鱼机等几种主要形式,供产卵期鱼上溯过坝。20世纪50年代开始研究的集渔船是移动式过鱼设备,可根据鱼群上溯的线路或聚集区的变动调整工作位置。溯河洄游过鱼设施的选型和设计要考虑主要过鱼对象的生物学特性。其中,鱼的洄游季节、洄游特性和路线、游泳能力等尤为重要。

鱼类具有向流性,为此,溯河洄游过鱼设施的进口需布置在坝下常有流水的水域,如水力发电站尾水渠和泄水建筑物的两侧。水电站尾水渠常是鱼群较为集中的水域。在厂房尾水管顶部布置厂房集鱼系统,能有效地诱引中上层鱼类通过进鱼孔口、集鱼廊道进入过鱼建筑物。过鱼设施进口及厂房集鱼系统的进鱼孔口都需引用水流,形成诱鱼水流。诱鱼水流可从坝上游取水,也可从坝下游抽水或利用专设的水轮机组尾水。

溯河洄游过鱼设施的上游出鱼口应与泄水建筑物及水电站进水口保持一定距离。出鱼口处的纵、横向流速均应控制在鱼所能克服的流速范围以内。过鱼设施的基本尺寸,如宽度、最小水深、孔口尺寸等,取决于鱼体大小和过鱼密度,一般根据经验确定。

2. 降河洄游过鱼设施

降河洄游过鱼设施通常是为幼鱼过闸坝回海提供的通道。美国一些水电站针对幼鱼多在水面以下 4~6 m 深处的水层漂流的特点,设置由细密拦网、幼鱼收集器、导流器及输鱼管等设备组成的幼鱼下坝系统。也可用集渔船在水库中收集幼鱼,用输鱼管送鱼过坝。

四、水库防洪

水库防洪是利用水库调蓄洪水,承担下游防洪任务的工程措施。水库防洪一般分为两类:①综合利用水库承担防洪任务;②专用于防洪的水库。水库根据下游防洪需要及统一的防洪规划,可以合理调蓄入库洪水,降低出库洪峰流量,拦蓄下游成灾水量,错开下游洪水高峰,使下游河道水位(或流量)在设计防洪水位(或河道安全泄量)以下,以保证防洪安全。承担防洪任务的水库常与其他防洪工程措施与非工程措施共同组成防洪体系,担负防洪任务。

过去有的国家修建了专用防洪水库,但为数不多。随着水利技术的进步,水库大都由单目标向多目标发展,专用的防洪水库愈来愈少,而具有防洪、发电、灌溉、航运、渔业等效益的综合利用水库日渐增多。在这类水库中,根据统一规划,防洪可能为主要任务或综合考虑的重要任务。

水库的防洪任务是在充分了解洪水特性、洪灾成因及其影响的基础上,根据防洪保护对象的防洪要求,统一考虑有关方面,以及可能采取的其他防洪措施,合理确定。一般来说,水库适宜用来削峰、错峰。

第四节　蓄滞洪工程

一、蓄滞洪区地位及其作用

　　蓄(分)洪区是利用湖泊、洼地滞蓄调节洪水的区域,一般由蓄(分)洪区围堤和避洪设施构成。行洪区是指河道两侧堤防或河岸之间用以宣泄洪水的区域。通常将蓄(分)洪区、滞洪区、行洪区统称为蓄滞洪区。多数蓄滞洪区在历史上就是江河洪水淹没和调蓄洪水的地方,在大洪水时利用它分滞洪水,平时利用区内土地进行生产活动。蓄滞洪区与堤防、水库等共同组成江河防洪工程体系。蓄滞洪区是合理地处理局部与全局关系、控制洪水和加强洪水管理、减轻洪水灾害的有效措施。

(一) 蓄滞洪区的历史沿革

　　我国江河中下游平原地区,由于自然条件相对优越,人口密集,社会经济发达,这些地区分布着众多的湖泊洼地,历史上就是调蓄洪水的天然场所,两三千年前就有运用湖泊洼地蓄滞超额洪水的记录。随着经济社会的发展,人口的增加,人水争地矛盾的日益加剧,对土地开发利用程度不断提高,天然湖泊洼地逐渐被围垦和侵占,调蓄洪水能力大大降低,社会经济发展与防洪安全的矛盾日趋尖锐。新中国成立以来,国家十分重视防洪建设,针对我国主要江河洪水峰高量大,而河道泄洪能力不足的特点,规划安排了一批蓄滞洪区,在历次抗洪实践中有效地分蓄了江河的超额洪水,取得了较好效果。我国主要江河蓄滞洪区建设大致经历了以下三个阶段。

　　1. 第一阶段(1988 年以前)

　　20 世纪 50 年代初期制订的长江、黄河、淮河等流域治理方案,按照"蓄泄兼筹"的方针,在规划建设治理河道增大江河行洪能力、修建山谷水库调蓄洪水的同时,规划安排了江河两岸一些湖泊、洼地作为行洪、滞洪的蓄洪区,与水库和河道共同组成防洪工程体系。1950 年,政务院下发的《关于淮河治理的决定》中,决定在上游建设蓄洪量超过 20 亿 m³的低洼地区临时蓄洪工程;中游建设蓄洪量 50 亿 m³ 的湖泊洼地蓄洪工程。为防御黄河类似于 1933 年的大型洪水,1951 年政务院发出的《关于预防黄河异常洪水的决定》中,决定在利用东平湖自然分洪外,设置沁黄滞洪区、北金堤滞洪区分滞黄河洪水。蓄滞洪区设置初期,主要以蓄洪围堤工程建设为主,由于区内人员较少,经济较落后,蓄滞洪区启用较为顺利,分蓄洪水时造成的损失相对较小。

　　2. 第二阶段(1988～1998 年)

　　在主要江河防洪减灾体系初步形成的情况下,针对蓄滞洪区人口增加、经济发展,区内居民在分洪时的安全问题,为保障蓄滞洪区的正常运用,确保大江大河重点地区防洪安全的同时,保障蓄滞洪时区内居民的生命财产安全,1988 年国务院批转了水利部关于《蓄滞洪区安全与建设指导纲要》(简称《纲要》),确定了以"撤退转移为主,就地避洪为辅"的安全建设方针,对蓄滞洪区通信与警报和人口控制、土地利用、产业活动、就地避洪措施、安全撤离措施、试行防洪基金或洪水保险制度、宣传与通告等方面做出了原则规定。《纲要》的颁布实施,为合理和有效地运用蓄滞洪区,指导区内居民的生产、生活和经济建设,使之适应防洪的要求发挥了重要的作用,有力地促进了蓄滞洪区的建设与管理逐步实现制度化和规范化,推进了全国蓄滞洪区安全建设工作。但随着蓄滞洪区人口的增长和经济的发展,区内防洪安全设施越显匮乏,居民的生命财产安全无保障,致使蓄滞洪区启用决策困难,决策后需转移大量居民,转移安置难度大,分蓄洪水与居民生命财产安全矛盾越来越突出。

3. 第三阶段(1998年以后)

1998年长江、松花江大洪水后,国家大幅度增加了防洪建设的投入力度,在进一步加强主要江河防洪工程建设的同时,以科学发展观为指导,积极调整治水思路,强调了加强防洪管理,防洪减灾战略逐步从控制洪水向洪水管理转变。按照科学发展观和和谐社会的新要求,针对蓄滞洪区的洪水风险状况和经济社会发展状况,按照新的治水思路积极探索蓄滞洪区建设与管理的新模式。

(二) 蓄滞洪区的地位与作用

1. 蓄滞洪区是江河防洪体系的重要组成部分

我国主要江河的洪水季节性强、峰高量大,而中下游河道泄洪能力相对不足,在安排修建水库、堤防和整治河道的同时,利用沿江河两岸湖泊、洼地和部分农田作为临时的行洪、滞洪场所,以缓解水库、河道蓄泄不足的矛盾,是防御大洪水或特大洪水的重要措施。

根据全国防洪规划成果,我国七大江河主要控制站设计洪量与其多年平均年径流量的比值平均高达60%,其中海河、淮河、松花江和太湖等流域比值甚至超过100%~200%,长江、珠江等流域也高达50%左右。由于江河洪水量级大,而其泄洪通道又都流经人口稠密的东部平原地区,河道泄洪能力往往受到一定限制,绝大多数江河控制站的设计洪峰流量都大于下游相应河道的泄流能力。七大江河发生流域防御目标洪水时,约有8 454亿 m^3 的洪量需要进行安排。即使规划的防洪河道达到设计泄洪能力,可以通过河道排泄或分泄的水量只占洪水总量的74%,其中南方河流河道可承泄水量约占其设计洪量的70%以上,北方河流河道承泄水量占其设计洪量的50%~80%;七大江河尚有26%的超额洪水需要通过水库、湖泊、蓄滞洪区和洪泛区等拦蓄、滞蓄,其中北方河流拦蓄洪量与设计洪量的比例为20%~50%,南方地区为10%~30%。如长江流域在三峡工程按正常蓄水位运行后,遇1954年型设计目标洪水,三峡水库如按城陵矶补偿调度,城陵矶附近必须启用蓄滞洪区分蓄洪量218亿 m^3。淮河出现100年一遇洪水时,正阳关站30 d洪量达386亿 m^3,除水库拦蓄155亿 m^3 外,还需要行蓄洪区及洼地滞蓄洪量63亿 m^3。因此,七大江河的防洪要求流域必须具备一定的洪水拦蓄和滞蓄能力才能处置超额洪量和削减洪峰。但具有拦蓄洪水能力的水库大多位于上中游,而对下游洪水控制能力有限、位于泥沙问题较突出河流上的一些水库,除拦洪外还要考虑拦沙减淤库容。因而,在流域防洪减灾体系建设中,仍要坚持按照"蓄泄兼筹"的方针,需要充分发挥水库、堤防等防洪工程的综合作用,在中下游地区设置一些能够滞蓄超量洪水的蓄滞洪区,以达到流域整体防洪标准。

多年的防洪减灾实践表明,由于受自然、经济和风险等各种条件限制,既不可能修建大量水库拦蓄全部洪水,也不可能无限制地加高堤防,必须充分发挥水库、蓄滞洪区和江河堤防等防洪工程的综合作用,蓄滞洪区将始终是我国大江大河防洪减灾体系不可缺少的重要组成部分。

2. 蓄滞洪区是人与自然和谐发展的重要体现

蓄滞洪区历史上是调蓄洪水的天然场所,但随着人口增加和经济发展,人与水争地,大量湖泊、洼地被围垦、开发,缩小了洪水宣泄的通道,洪水调蓄能力急剧降低,发生洪水时往往造成严重的损失。长期的抗洪实践使人们逐步认识到,完全消除洪灾是不可能的,人类在适当控制洪水的同时,要有节制地开发利用土地,主动适应洪水特点,适度承担洪水风险,给洪水以出路,当发生大洪水时,主动有计划地让出一定数量的土地,为洪水提供足够的蓄泄空间,避免发生影响全局的毁灭性灾害,才能保证经济社会的可持续发展。由于我国年降雨量的时空分布严重不均,年际间变化大等原因,水资源供需矛盾十分突出。近年来,水资源短缺已成为制约我国经济社会发展的主要因素。而蓄滞洪区在保障防洪安全的同时,在改善生态环境,拦蓄洪水资源,增加水资源可利用量,为蓄滞洪区群众提供生存和发展的空间方面也具有重要作用。合理运用蓄滞洪区,在发挥其防洪减灾作用的同时,可有效改善当地水资源供需关系,为其周边地区提供重要的抗旱水源。同时,蓄滞洪区运用后还具有调节气候、涵养水源、净化水质、维护生物多样性等环境功能,是自然生态环境的重要组成部分。1996年海河大水时,通过蓄滞洪区滞洪蓄水,有效利用了洪水资源,宁晋泊、大陆泽及周边邻近地区的地下水位抬高了6 m左右,对改善当地的生态环境起到了良好的作用。由此可见,蓄滞洪区不仅是人类适应自然和保护自己的一种行之有效的防洪减灾措施,也是人与自然和谐相处,给洪水以出路的体现。

3. 蓄滞洪区是区内居民赖以生存发展的基地,也是构建和谐社会和建设社会主义新农村的重要地区

我国蓄滞洪区均处于各流域中下游地区,人口较密集,有比较丰富的耕地资源,区内分布有不少集镇和企业,部分蓄滞洪区内还有油田、通信等大量基础设施。鉴于我国人多地少的特殊国情,蓄滞洪区内居民不可能完全迁出,蓄滞洪区依然是区内居民的安身立命之所,大部分群众仍然不能彻底脱离分洪蓄水的影响,蓄滞洪区承担着防洪和生产生活基地的双重任务,具有特殊地位。长期以来,蓄滞洪区内的经济发展水平较低,居民自救恢复能力差,由于缺乏有效可靠的安全保障,蓄洪运用时,转移人口数量大,严重影响社会稳定。因此,加强蓄滞洪区建设和管理,妥善处理蓄滞洪区分蓄洪水、保障居民生命安全、促进区内经济社会发展的矛盾不仅是流域防洪建设的需要,也是建设社会主义新农村、构建和谐社会的重要任务。

（三）蓄滞洪区的现状

在新的防洪规划实施前,主要江河流域综合规划和防洪规划确定设置了97处国家蓄滞洪区,其中长江流域40处,黄河流域5处,海河流域26处,淮河流域26处,总面积3.168万 km²,总容积1 098亿 m³,2004年区内总耕地172万 hm²,总人口1 661万人。新的防洪规划对大江大河蓄滞洪区进行了调整,调整后我国大江大河现有蓄滞洪区93处,其中长江流域40处,黄河流域2处,海河流域28处,淮河流域20处,松花江流域2处,珠江流域1处,总面积约3.396万 km²,总容积1 125亿 m³,2004年区内总耕地174万 hm²,总人口1 663万人。其中,由国家调度的蓄滞洪区有11处,分别为长江流域的荆江分洪区,黄河流域的北金堤,淮河流域濛洼、城西湖蓄滞洪区,海河流域的永定河泛区、小清河

分洪区、东淀、文安洼、贾口洼、团泊洼和恩县洼 7 处蓄滞洪区,总面积为 0.86 万 km²,蓄滞洪总量约 218 亿 m³。这些蓄滞洪区由于承担防洪蓄洪任务,长期以来,区内经济发展受到一定的限制,群众生产、生活条件比较差。尤其是 20 世纪 60 年代以来曾运用过的蓄滞洪区,群众生活仍比较困难,2004 年区内居民人均 GDP 相当于本省平均水平的 50%~65%,个别蓄滞洪区人均 GDP 仅为该省平均水平的 18%。

另外,具有蓄滞洪区作用的黄河下游滩区没有列入防洪规划中,黄河下游发生超过平滩流量(当前约为 4 500 m³/s)以上洪水就行洪,具有很大的滞洪、沉沙作用,滞洪量约 24 亿 m³。滩区涉及河南、山东两省 15 个地(市)43 个县(区),总面积 3 956 km²,2004 年区内有耕地 375 万亩,人口 181 万,固定资产 110 亿元,国内生产总值 42 亿元。

(四)蓄滞洪区运用情况

新中国成立以来,长江、黄河、淮河、海河都发生过全流域性大洪水或特大洪水,在防洪的关键时刻,一些蓄滞洪区发挥了削减洪峰、蓄滞超额洪水的重要作用,保障了重要防洪地区的安全,为流域防洪减灾做出了巨大贡献。据统计,1950~2007 年的 58 年中,全国蓄滞洪区曾运用 468 次,蓄滞洪总量为 1 500 多亿 m³,其中,长江荆江分洪区 1954 年 3 次开闸分洪,杜家台分洪区自 1956 年建成以来启用 20 次;黄河东平湖老湖 1982 年分洪一次;淮河 1950~2007 年共运用 265 次,最为频繁;海河流域有 25 处蓄滞洪区曾启用过,其中 3 处超过 10 次。长江流域 1954 年大洪水,黄河流域 1982 年大洪水,淮河的 1991 年、2003 年和 2007 年大洪水,海河流域 1963 年大洪水时,通过这些流域蓄滞洪区的运用,确保了武汉、天津、淮南、蚌埠等重要城市和重点防洪保护区的防洪安全。

为科学调度洪水,合理补偿区内居民因分蓄洪水遭受的经济损失,2000 年 5 月,国务院颁发了《蓄滞洪区运用补偿暂行办法》,建立了蓄滞洪区运用补偿政策,明确了蓄滞洪区运用的补偿对象、范围和标准。补偿政策实施后,国家对 12 处蓄滞洪区 25 次分洪运用后进行了运用补偿,为蓄滞洪区灾后重建、恢复生产提供了必要的扶持、救助,为蓄滞洪区的正常运用创造了有利条件。

二、蓄滞洪工程分类

(1)我国的蓄滞洪区众多,情况各异,根据流域防洪工程体系的变化、运用的概率、分蓄洪水效果、保护地区的重要程度,蓄滞洪区分为重点蓄滞洪区、一般蓄滞洪区、蓄滞洪保留区三类。

①重点蓄滞洪区是指对保障流域和区域整体防洪安全地位和作用十分突出,涉及省际间防洪安全,保护的地区和设施极为重要,运用概率较高,由国务院、国家防汛抗旱总指挥部(简称国家防总)或流域防汛抗旱总指挥部调度的蓄滞洪区。

②一般蓄滞洪区是指对保护重要支流、局部地区或一般地区的防洪安全有重要作用的,由流域防汛抗旱总指挥部或省级防汛指挥机构调度的蓄滞洪区。

③蓄滞洪保留区是指为防御超标准洪水设置的,运用概率很低,暂时仍需要保留的蓄滞洪区。

(2)按照蓄滞洪工程运用时分洪方式,可将蓄滞洪区分为无控制蓄滞洪区、可控制蓄滞洪区。

①无控制蓄滞洪区。蓄滞洪区未建分洪闸堰，只是在进出口处降低一定长度的围堤高程，形成口门，分洪时自动漫溢溃口，或者临时扒口分洪，对分洪时间、流量、流势不能人为控制的蓄滞洪区。目前大多数蓄滞洪区为此类蓄滞洪区。

②可控制蓄滞洪区。在进出口处修建有带控制性的建筑物，如分洪闸或溢流堰，通过闸门的启闭和堰顶高程对分洪时间、流量等进行人为控制的蓄滞洪区，比较大的有黄河的北金堤滞洪区及长江的荆江分洪区等。

三、蓄滞洪工程组成

蓄滞洪工程组成包括周边围堤、进退水口门工程、分区运用隔堤等。

(一)堤防工程

围堤是圈定蓄滞洪区范围蓄洪时挡水的工程，建设标准是根据防洪、蓄滞洪任务，保护对象的重要程度，失事后造成的危害与损失大小，在防洪工程体系统一规划中确定的。地位重要，失事后会造成极大危害的堤防其等级和标准宜适当提高。

大的蓄滞洪区，为针对不同量级洪水灵活调度运用，可建隔堤分隔为几个区，分区使用，避免小水大淹。

(二)进退水口门工程

进退水口门工程是为防洪调度，较好地控制分、退洪时机和流量而建的工程设施。常见的口门有分洪闸、退水闸、固定分洪口门等形式。

蓄滞洪区使用概率较高、地位重要，或分洪量不大、有综合利用功能的，一般需要建分洪闸。如长江荆江分洪闸(北闸)，运用概率约10年一遇；淮河流域的老王坡、老汪湖，运用概率只有3~5年一遇，建闸控制，分洪可靠性高，且可避免经常扒口及汛后堵复工作。

对使用机会小，且分洪流量较大的蓄滞洪区，如30~50年才分洪运用一次的，往往采用裹头等简单的一个或多个口门形式，采用多口门分洪，可适应不同量级分蓄洪水要求。

对于蓄滞洪量较小的分洪区，可以采用溢流堰的口门形式，当河道洪水位达到分洪水位时，自然漫溢。如海河流域的永定河泛区，主槽两侧分布多个以小埝分割的小区，各小区均采取溢流堰形式，洪水到达分洪水位自行漫溢，可保证分洪目标的实现；长江流域的沿江、沿湖，采取"单退"，且面积较小的围垸，一般均采取此种形式。

四、蓄滞洪区安全建设

(一)避洪安全设施

为了适应洪水，蓄滞洪区内居民采取了多种安全避洪和救生的办法，人们择高而居，是最简单有效的办法，地势平坦的，有的采取垫高房基或修建村台，大水时住房和主要财产可免遭破坏，对洪水自然漫流、本位变幅不大、水深较浅的地区，这种办法是行之有效的。

我国各流域的洪水特点不同，南方河流(如长江)洪水峰高量大，为减少淹没，蓄滞洪区均建有围堤，启用后，区内水较深，蓄水时间长；大多数北方河流的洪水，峰高但量较小，蓄滞洪区启用后，区内水较浅，蓄水时间较短。在几十年防洪建设中创造了多种安全避洪和救生的办法与措施，主要有安全台(村台)、安全区(围村埝)、避水楼(平顶房)及移民建镇、撤退路等，这些模式有不同的适用范围。随着经济社会的发展和人们对洪水认识的深化,避洪安全设施建设也在不断变化。

(二)各种安全设施

1. 安全台(村台)

在淮河、海河流域淹没水深较浅的蓄滞洪区中广泛采用,它不仅为居民提供安全避洪、居住的场所,而且可由居民自行维护,管理也较简单,每遇洪水,只要及时预警,居民可自行撤退到安全的居住区,不需要长途转移异地安置,对居民生活影响较小。

2. 安全区(围村埝)

安全区是新中国成立后,根据1954年江淮大洪水转移大量灾民带来的复杂问题,提出来并实施的一种在蓄滞洪区内的安全避险措施,它是依靠围堤保护的安全地区。与安全台比较,人均工程量小,投资省,面积大,区内有比较完善的公共设施。安全区的面积,根据蓄滞洪区居民分布和拟安置撤退转移人口多少确定,小的围一个村,较大的围一个乡镇,大的可围县城(如荆江分洪区的公安县城安全区)。蓄滞洪时安全区内居民生活受影响较小,庭院经济和工商业基本不受影响,只是区外农作物被淹,损失较小。在工副业比较发达的地区,优点尤为明显。如海河流域东淀中的靳家堡、任庄子、王疙瘩3个村庄的围村埝,"96·8"大水时四面被大水包围,村内生产生活依旧,3个村当月仍创产值6 176万元,获得利润882万元。但安全区的缺点是占据了部分蓄洪容积。

安全区围堤一般是蓄滞洪区为了保护区内人口集中的城镇、乡村和重要基础设施,接受周围地区居民临时避洪,减少损失修建的,如长江流域洞庭湖区的钱粮湖、共双茶、大通湖东蓄洪境中的安全区围堤,海河流域东淀中的牛角洼安全区围堤等。一般安全区的人口密集,堤防的建设标准较高。

3. 避水楼(平顶房)

避水楼是保护一户或几户居民生命财产安全,适应性较强的救生避险设施。在一些洪水预见期短,淹没水深在3~5 m的蓄滞洪区,很受居民的欢迎,住房和城乡建设部已颁布蓄滞洪区建房技术标准。按此标准建设,房屋结构坚固可靠,蓄滞洪水淹没时不倒塌,但投资较大,蓄滞洪水时间长的需要二次转移。

4. 避洪台

在村庄附近堆筑高出滞洪水位的土台,供不能及时撤离的居民暂时栖身,俗称救命台。

5. 撤退路

撤退路是为蓄滞洪时利于将居民和财产撤退转移到安全地带而修筑的具有一定等级标准的公路,一般采取平汛结合的方式,由于它利于日常交通和区内经济建设,在蓄滞洪区普遍受到欢迎,是重要的安全避险措施。撤退路应当纳入城乡公共交通统一规划和建设,以拓宽投资渠道,提高建设标准,利于维护和管理。

6. 移民建镇

移民建镇是1998年长江、松花江大水后中央提出的治水方针,体现人与自然和谐相处的理念,避免临时撤退转移,从根本上解决蓄滞洪水与经济发展的矛盾,是一种一劳永逸的措施。但由于我国人多地少的国情,容纳移民的环境容量有限,而且农民一旦脱离土地,生产、生活问题难以解决。目前实施移民建镇的多数蓄滞洪区采取"退人不退耕"的单退方式,即居民转移到安全地区,农民在原有土地继续耕种。1998年长江大水、2003年淮河大水后,湖北、湖南、江西、安徽、江苏、河南、山东等省先后实施了部分"平统行洪,退田还湖,移民建镇"的工程。

(三)安全建设规划

安全建设遵循"全面规划,因地制宜,合理布局,分期实施"的原则,按照国务院"移民建镇"的精神和要求,尽量将蓄滞洪区居民迁移到安全区(或安全地区)、安全台定居。1998年长江流域大水以后,中央下大决心,国家补助农户进行移民建镇,已将洲滩民境的240多万人迁出。

鉴于我国人多地少的国情,蓄滞洪区人口多,不可能全部实行移民建镇,安全建设仍要因地制宜有序进行。党的十八大以来提出的"创新、协调、绿色、开放、共享"的新发展理念,与习近平总书记强调"十四五"是推动黄河流域生态保护和高质量发展的关键时期,要抓好重大任务贯彻落实,力争尽快见到新气象。一是加快构建抵御自然灾害防线。要立足防大汛、抗大灾,针对防汛救灾暴露出的薄弱环节,迅速查漏补缺,补好灾害预警监测短板,补好防灾基础设施短板。要加强城市防洪排涝体系建设,加大防灾减灾设施建设力度,严格保护城市生态空间、泄洪通道等。二是全方位贯彻"四水四定"原则。要坚决落实以水定城、以水定地、以水定人、以水定产,走好水安全有效保障、水资源高效利用、水生态明显改善的集约节约发展之路。三是大力推动生态环境保护治理。四是加快构建国土空间保护利用新格局。要提高对流域重点生态功能区转移支付水平,让这些地区一心一意谋保护,适度发展生态特色产业。农业现代化发展要向节水要效益,向科技要效益,发展旱作农业,推进高标准农田建设。城市群和都市圈要集约高效发展,不能盲目扩张。五是在高质量发展上迈出坚实步伐。要坚持创新创造,提高产业链创新链协同水平。要推进能源革命,稳定能源保供。要提高与沿海、沿长江地区互联互通水平,推进新型基础设施建设,扩大有效安全建设规划和投资。

具有行洪要求的蓄滞洪区,安全建设不仅要考虑居民生命财产安全,还要保障行洪通畅,主流线附近的村庄要迁出,不得构筑任何有碍行洪的建筑物,修建村台、围村埝、安全区,要避开主流区,留出足够行洪通道,保障洪水安全下泄。安全设施要有防冲措施,保自身安全。

没有行洪要求的蓄滞洪区,安全设施不要占用过多的蓄滞洪容积,安全区(围村埝)、安全台(村台)要避开分洪口门及主流,不得影响洪水向蓄滞洪区扩散,避免局部蓄滞洪水位过高。

蓄滞洪区安全建设,要根据淹没历时、水深、洪水预见期等,因地制宜地采取适合当地实际情况、群众欢迎的措施。一个蓄滞洪区可以是多种措施的组合。

(1)滞洪水深小于 1.5 m,不影响行洪的区域,宜采取安全区(围村埝)、安全台(村台)等形式,可供使用的面积与当地社会经济发展要求、经济水平相适应。安全区(围村埝)应在不影响蓄滞洪容积的前提下,为乡镇工业预留发展的空间。

(2)蓄滞水深大于 1.5 m、小于 3 m 的(平顶房可救生),要根据洪水预见期、周围环境及自身特点,分别采取不同形式。

①有条件实行移民建镇(村)的应大力推行,可采取退田还湖或单退措施。我国北方缺水地区,还可以与水资源开发利用相结合,尽可能采取退田还湖措施,恢复湿地,改善生

态环境。如海河流域的北系,水资源还有一定的开发潜力,大黄浦洼、黄庄洼蓄滞洪区可结合移民建镇建设平原滞洪水库,汛前放空以备蓄滞洪水,汛后蓄水,以缓解地区的水资源危机。

②没有移民建镇(村)条件的,但洪水预见期较长,有较长撤退时间的,可以撤退路为主。

洪水预见期短的,往往需要有安全房、撤退路两套设施,淹没时间短的,可以安全房为主,辅之撤退路;淹没时间长的,要以撤退路为主,尽可能撤离,安全房只作来不及撤离临时避险,还需二次转移。

③蓄滞水深大于 3 m 的深水区,为危险区域,要尽可能移民建镇。尤其是使用频率较高的蓄滞洪区要下决心将居民迁出。

④蓄滞洪区内人口集中的乡镇,宜建设标准较高围堤保护的安全区,在不影响或少影响滞洪容积的情况下,安全区的范围宜适当扩大,为发展工副业留有余地。要通过政策措施,引导区内分散居民尽可能向安全区转移。

我国洪水变差大,特别是黄河、海河流域的河道多为复式断面,滩地上有许多村庄,如黄河下游滩区有 2 052 个村庄 181 万人。海河流域仅深河滩区就有 300 余个村庄 13 万人,这些行洪滩区也应进行安全建设。

滩地行洪区要推行"平垸行洪、退田还湖、移民建镇",改善行洪条件和增加河湖调蓄能力。不具备移民建镇条件的滩区,在基本不影响河道行洪的前提下,应进行安全建设,保障行洪时滩区居民的安全。

(四)通信预警设施建设

通信预警设施要确保分洪信息及时传达到每家每户,使居民能及时撤退转移。除充分利用公共通信网和广播、电视等公共传媒外,在经济较为落后、居住分散的地区,还应建立专用预警系统和信息反馈系统,确保居民能及时得到信息,安全转移。

第五节　河道整治工程

一、河道演变

(一)河流形成和演变的概念

河流是指陆地上经常有水流动的泄水洼槽,是水流和河床长期作用的产物。河水的来源,主要是降雨和融雪(冰)。雨水在重力的作用下由高处向低处流动,形成水流,水流在流动过程中侵蚀地面,搬运泥沙,塑造平原。由于水流的侵蚀和搬运作用,使小沟水溪逐渐发展成为小河,小河在汇集各级支流来水后,逐渐发展成水面宽阔、汹涌澎湃的大江大河。

根据河流的地理位置、自然条件,可分为山区河流和平原河流。流经地势高峻、地形复杂山区的河流称为山区河流;流经地势平坦、土质疏松的平原地区河流称为平原河流。由于地理位置和自然条件的差异,二者各自有着不同的特性。一般来说,山区河流的发育过程主要是水流的侵蚀过程,断面常呈现发育不完全的 V 形或 U 形河谷,河谷比降大,流态险恶,河床形态极不规则,水位和流量的变幅大,河流中泥沙主要以推移质的形式出现,河床变形缓慢;而平原河流的发展过程则主要表现为泥沙的堆积作用,断面为发育完全的河漫滩河谷,河谷比降平缓,水流较为平稳,河流中的泥沙主要以悬移质为基本运动形式,河床多由中细沙构成,水流和河床的相互作用十分明显,河床变形也比较大。

河床演变则是指河道在自然情况下或受到人类活动影响时所发生的变化。河床演变可从时间和空间两个方面进行衡量。在空间上,河道主要的演变形式有两种:一是河道沿流程在纵深方向上的冲刷和淤积,称为纵向变形;二是河道在横向上发生的冲刷和淤积变化,称为横向变形。河道随时间的变化过程也有两种形式,即单方向变形和复归性变形两种形式。但是在大多数状况下,河道纵向变形与横向变形、单方向变形与复归性变形往往交织在一起,构成异常复杂的演变形态。

河床演变就其发展方向而言,可分为渐进的单向变形和循环的往复变形两类。渐进的单向变形是指河床在相当长的时期内做单一的冲刷或淤积的变化。如上游河床不断下切,下游河床不断抬升,河口三角洲不断淤积、延伸等。循环的往复变形则是指在较短时期内河床做循环往复的冲淤变化。如浅滩在一年内或多年期间的冲淤变化;河湾在若干年内发生、发展和消亡;河道在若干年内兴衰交替等。在一般情况下,第一类变形的过程非常缓慢,而第二类变形则往往进行得异常迅速,对人类经济活动影响较大,是河床演变研究的主要对象。

河床演变就其影响范围而言,可分为长河段变形和短河段变形两类。长河段变形是指在较长距离内河床的普遍冲刷和淤积。短河段变形也称为局部变形,是指在较短距离内局部河床的冲淤变化,如个别河湾的演变、河道的兴衰、浅滩的冲淤等。

(二)河床演变的基本原理

河床演变是水流与河床相互作用的反映。一条河流包括水流与河床这两个矛盾着的方面,它们既相互依存,又相互制约。一定的河床形态和河床组成,决定了一定的与其相适应的水流条件;而一定的水流条件,又使河床形态和河床组成产生一定的与其相适应的变化,二者的相互依存和制约,推动着河流经常不断地变化和发展。河道泥沙发生淤积和冲刷的基本原因是输沙的不平衡,即当上游来沙与河段的水流挟沙能力不相适应时,河床发生变形。例如当上游的来沙量小于本河段的水流挟沙力时,则来沙量不能满足水流挟沙力要求,因而产生河床冲刷,将河床上泥沙冲起,并带向下游,使本河段河床下降。

河道由于输沙不平衡所引起的变形,在一定条件下,往往朝着使变形停止的方向发展,即河床淤积时,其淤积速度将逐渐减小,直至淤积停止;河床发生冲刷时,其冲刷速度也将逐渐减少,直至冲刷停止。这种现象即为河床和水流的"自动调整"作用。在河床冲刷或淤积的发展过程中,通过调整河床组成、水深、比降、河宽,使本河段的水流挟沙力与上游的来沙条件趋于相适应,从而使冲刷或淤积向其停止的方向发展。由于上游来水来沙不断变化,河床和水流的相适应性也随时改变,来水来沙条件的改变,将必然引起输沙的不平衡,平衡状态只是暂时的、相对的,不平衡性是绝对的,因而河床演变不会停止。

影响河床演变的因素是极其复杂的,但对任何一个具体河段而言,主要有以下四个方面:

(1)河段的来水量及其变化过程。

（2）河段的来沙量、来沙组成及其变化过程。

（3）河段的河道比降及其变化情况。

（4）河段的河床形态及地质情况。

在上述四个因素中，对于冲积平原河流来说，在一般情况下，后两个因素往往是由前两个因素派生的。冲积平原河流的河道比降由河流本身的堆积作用所形成，它取决于来水来沙条件。冲积平原河流的河床形态和地质组成，同样是由河流本身的堆积作用造成的，因而亦取决于来水来沙条件，多沙河流与少沙河流的河床形态相差甚多，河床的地质组成也迥然不同。由此可见，对于冲积平原河流来说，在上述四个移速中，在一定条件下，前两个因素起主导作用。河道的演变发展，主要由取得支配地位的水流所决定，即主要是来水来沙条件决定的。在分析冲积河流的河床演变中，首先应对河段的来水来沙条件加以考虑。对于山区河流来说，第（4）个因素，即河床形态及地质情况往往起主导作用。前两个因素取决于流域的产水产沙条件，即取决于流域的气象、地理和地质等条件。

除上述影响河道演变的 4 个因素外，人为因素对河道演变的影响也往往很大。

（三）山区河流的河床演变

大中型河流的上游，多流经地势险峻、地形复杂的山区，而一些较小的支流，全河可能都位于山区。

山区河流水流输沙能力远大于其实际的输沙量，属于侵蚀性河床，河床变形以冲刷下切为主，但因河床多由基岩或卵石组成，抗冲性能强，故河床变形缓慢，以致在短期内几乎看不出什么变化。在一般工程问题中，有时可以认为河床基本上是不变的。但某些山区河流遭受强烈外因容易发生急剧变形，例如山崩、地震、大滑坡等，在短时间内，能堵塞河谷，上游形成壅水，因此也应有所考虑。对于重要的工程问题，尚必须认真考虑山区河流的河床演变规律。

山区河流往往宽窄相间，在峡谷的进口处，洪水期有较强的壅水作用，引起上游宽谷段内比降变缓，流速降低，从而使得推移的卵石甚至悬浮的泥沙在上游宽谷段内落淤积厚度有时可达几米甚至几十米；汛后水位回落，壅水作用消除，比降、流速增大，淤积的泥沙又被冲刷搬运到下游去。如是年复一年地冲淤循环交替。有时，大水大沙年淤积下来的泥沙量较多，非汛期不能全部冲走，一直要等到下一个大水少沙年才可能完全冲走，从而使得河床产生以多年为周期的冲淤变化。宽谷段在洪水期往往出现主流易位现象，因而演变特性较峡谷段复杂一些。

（四）平原河流的河床演变

河流经过地势复杂的山区以后，进入平坦宽阔、土质疏松的平原地区。由于河道来沙的不同，边界组成物质的差异以及河道纵坡等因素影响，使平原河道在不同地区形成不同的河型。一般平原河道有顺直（微弯）型、弯曲型、分汊型和游荡型四种河型。不论哪种河型，都有自己的河床演变特性和规律。

1. 顺直（微弯）型河道演变

顺直微弯型，其特点是中水河槽比较顺直或略有弯曲，河床中有交错的边滩，深槽与浅滩相间。河床演变规律为深槽、浅滩冲淤交替，枯水期浅滩冲、深槽淤，洪水期深槽冲、浅滩淤，其结果使深槽、浅滩和深泓线不断地变化，河床周期性展宽和缩窄。这种河型多存在于河流滩地较高、河岸由黏性较大的土质组成的河道。

2. 弯曲型河道演变

弯曲型河道,其特点是中水河槽左右弯曲,两个相反弯道间由过渡段连接,弯顶为深槽,对岸为边滩,过渡段为浅滩。它是在纵向水流和弯道环流共同作用下,所产生的弯道泥沙运动而形成的。其结果是弯道凹岸不断淘刷,凸岸不断淤积,使弯道曲率变大,河道加长,整个弯道呈向下游蠕动的趋势,河道愈来愈弯曲,终至形成很长的河环,当洪水漫滩时,出现裁弯取直。若遇到河岸难冲的土质,弯道发展受到限制,便形成长期较稳定的弯道。但当凹岸土质很不均匀、河弯发展受到限制、形成曲率较大的锐弯时,主流改趋凸岸,凸岸边滩相应被切削,凹岸逐渐淤积。这种河型多存在于河床两侧均为易冲刷土质组成的河道,一般多出现在河流中下游。我国的荆江、渭河、北洛河、南运河、汉水等都是著名的弯曲型河道。

3. 分汊型河道演变

分汊型河道,其主要特点是中水河槽呈宽窄相间的藕节状,宽河段中出现江心洲或江心滩,使水流发生分汊现象。分汊型河道在进、出口都存在比较复杂的环流,促使泥沙发生横向转移。随着汊道水量和沙量分配的不断变化,引起汊道及其进口上游、出口下游附近河床变化,这就表现为汊道的交替发展与衰亡、河岸的崩塌和弯曲、首部尾部的延伸与萎缩。分汊型河道多存在于河谷宽阔、沿岸组成物质不均匀、上游有节点或较稳定的边界条件的河段中,其流量变幅不过大,含沙量不高。分汊型河道一般多出现在河流的中下游,我国长江下游、湘水下游、松花江下游都有着广泛的分布。

4. 游荡型河道演变

游荡型河道,其中最基本的特征是水流散乱和主槽摆动不定。其主要特点是河身比较顺直,但往往宽窄相间,窄段水流集中;宽段河身浅,沙滩密布,汊道交织,河床演变迅速,主流摆动不定。河床演变特性是河床不断淤高,受滩地影响,涨水时主槽冲刷、切滩,滩地淤积;落水时,则主槽淤积。在平面上表现为主流大幅度频繁地摆动,引起主槽位置和河势的剧烈变化。这种河型多存在含沙量大、纵坡较陡、易冲易淤松散泥沙所组成的河道。

二、河道整治的目的

作为河流治理综合措施之一的河道整治,必须要有明确的目的性,要做到有的放矢。应根据整治目的,综合河道具体情况,运用河势演变或河流动力学一些基本规律,以研究整治的工程技术措施。

以防洪为目的的河道整治,其任务是防止河道两岸漫溢或冲决成灾,其主要措施是修建整治建筑物。以航运为目的的河道整治,其任务是使河道达到规定的航道尺度,具有合适的流速和良好的流态。其主要措施是采取爆破、疏浚和修建整治建筑物等。

以某一目的为主采取工程措施整治河道时,对其他国民经济部门的要求而言,有时是一致的,有时是矛盾的。例如,以防洪为主的河道整治,往往要求保护河岸,控制河势。这些工程措施,不仅对防洪有利,对稳定航道、保护耕地也有利,这是一致的。又如以航运为主的河道整治,如果过多地修建枯水整治建筑物,则可能引起洪水位的抬高,有造成洪水泛滥的危险,因而是有矛盾的。因此,在进行河道整治时,应从各方面去考虑,尽可能妥善地解决存在的矛盾,而兼顾几方面的利益。当今经济社会的发展,要求综合利用河道水资源。河道整治必须从全河段着眼,上、中、下游统筹,左、右岸兼顾,远、近期结合,进行综合治理,务使除害与兴利相结合,以达到综合利用的目的。

河道是水流和河床相互作用的产物。河道整治的基本方法,可归结为水流调整和河床调整两个方面。水流调整是通过修建整治建筑物等方式以调整水流,借调整好了的水流以调整河床;河床调整是通过爆破、疏浚等方式以调整河床,借调整好了的河床以调整水流。这两个基本方法,有时是单独使用,有时要结合使用。前者是基本的、主要的。

三、河道整治原则及方案

(一)河道整治原则

河道整治的内容非常广泛,不同的整治目的对河流有不同的整治要求。为满足防洪的需要,要求河道相对稳定,保证堤防安全。从航运角度看,主要是要求水流平顺,没有险恶流态,深槽(航线)稳定,保证枯水期通航水深和流速。而引水工程和桥梁建筑物,虽然都要求河道稳定,但前者注重引水口附近不能有严重的淤积或冲刷,引水保证率要高;而后者主要考虑避免形成严重的折冲水流冲刷河床,危及桥墩安全。整治的目的不同,相应采取的整治方法和措施也是有很大不同的。

河流治理涉及面广、影响时间长,必须有正确的指导思想和整治原则,制定出经济合理、切实有效的河道整治规划。河道整治基本原则可归纳为 16 个字:全面规划,综合治理,因势利导,因地制宜。

制定整治规划时必须对治理河段通盘考虑,从政治、经济、文化、技术各方面权衡利弊,对整治工程措施要有全面合理的规划。同时,河段治理还必须遵循流域水资源综合开发利用的总体规划。根据本河段特点和当前任务,确定整治重点,分轻、重、缓、急,尽可能地兼顾各方面要求,达到综合治理的目的。

河道整治是一个系统工程,在确定整治方案时必须采用系统分析的方法。第一,要了解整治河段的河性及河势演变基本规律,提出适宜的整治工程措施。第二,要对整治后可能出现的河势演变趋势(河流反应)予以充分的认识和估计。对河道系统任何形式的整治或调节,都会使河流做出相应的反应,特别是在易冲积河床或未防护的河岸。因此,河道整治不仅要考虑当时的整治效果,而且要注意本河段河势可能的变化趋势,注意和上、下游的衔接,这样才能对河势的控制达到长远的稳定与协调一致,使河流系统保持良性循环状态。第三,河流是不断发展变化的,所以整治应尽量保持发展河道形势有利的一面,设法限制消除其不利的一面。只有根据河道演变的发展趋势,掌握有利时机及时整治,因势利导,才能收到事半功倍的治理效果。第四,河道整治不可能同时全面开展,应当有步骤、分阶段地进行。要解决在河道演变中占支配地位的主要矛盾,对重点河段(部位)先行整治,逐步形成一个整体,最终达到控制总体河势的目的。

我国地域辽阔,地形复杂,不同地区的河流形态、特性差异很大,就是同一条河流的不同河段也往往有很大差别。因此,无论是整治措施、整治建筑物的布置和结构形式都应根据当地情况相宜选择,不能生搬硬套。例如长江多采用平顺型护岸工程,而黄河则多采用丁坝、垛工程,而且不同河段(如河南、山东河段)的丁坝结构形式、尺寸也不尽相同。工程建筑材料应尽量采用新型、高效材料或当地容易取得的材料,以节约工程投资。

(二)河道整治方案

河道整治要满足有关部门对河道治理规划的基本要求。根据整治规划,确定有关设计参数和采取的工程措施,其中包括治导线的拟订、总体工程布置、建筑物结构形式及治理程序。整治工程的布置和设计应达到准确意义上的河线(河宽)稳定并具经济合理性,据此编制规划设计报告和整治工程的投资概预算报告。近代河工提出了极具挑战性的任务,就是在进行河道整治规划时要预估河流反应,并根据可能出现的河流反应修改完善河道整治的设计方案。在规划设计中,还要进行有关环境影响的评价。

由于治理指导思想、侧重点和整治措施的不同,要对不同的方案进行分析比较,论证评价每一方案的工程效益、经济效益和社会效益。通常可以借助河工模型试验结果与专家系统进行论证,从中选择最优整治方案。

(三)河道整治规划设计的主要参数

河道整治规划的技术参数主要包括设计流量、整治河宽、河弯要素及治导线。

1.设计流量的确定

设计流量是针对洪、中、枯水河槽的治理,在河道整治规划中各有其相应的特征流量。

(1)洪水河槽的设计流量。治理洪水河槽,首先须确定设计洪水流量。通常是根据某一频率的洪峰流量来确定的,相应流量下的水位就是设计洪水位。所选频率的大小视工程的重要性而定,特别重要的河段取 1‰~1%,一般河段可取 2%~5%。

(2)枯水河槽的设计流量。枯水河槽的治理是为了解决航运或水环境问题,确定航运水深或最小安全流量。确定这一水位的方法有两种:一是根据长系列日平均水位的某一水位保证率来确定,一般为 90%~95%;二是采用多年平均枯水位或历年最枯水位作为枯水河槽的设计水位,根据设计枯水位,确定相应的设计枯水流量。

(3)中水河槽的设计流量。中水河槽主要是在造床流量作用下形成的,故中水河槽的治理即为相应于造床流量时的河槽治理。因而中水河槽的设计流量一般也就是造床流量,相应的水位就是设计中水位。中水河槽的设计流量是决定河床演变、河势变化的重要流量。

造床流量是塑造河床形态的特征流量。其造床作用相当于多年流量过程的综合造床作用,或者说是反映造床作用最持久、影响最强的某一级特征流量。确定造床流量的方法如下。

1)平滩水位法

在实际应用中,常以水位平河漫滩时的流量作为造床流量,见图 3-9。其原因是尽管洪水的造床作用大,但时间短;而且当水流出槽漫滩后,水势分散,造床作用降低。低枯水期虽然造床作用时间长,但流量过小;只影响枯水河槽,对整个河

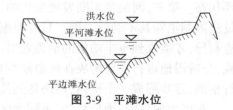

图 3-9　平滩水位

道的造床作用亦不明显。仅当达到平滩水位时,流量较大且水流限制在河槽内运动,出现机遇也相对比漫滩洪水多,因而这种水流对河道的造床作用最大。实用时应考察一较长

河段,如果河段内各断面水位均基本上与河漫滩齐平,便把平滩水位相应的流量(平滩流量)作为造床流量,即 $Q_平 = Q_造$。

2)马卡维也夫法

马卡维也夫(俄,H. И. MakaBeeB)提出:在多年水文系列中统计实测流量,找出能产生最大泥沙输移和最大造床作用的流量,这就是造床流量。他认为河道总输沙率与流量和比降的关系为

$$G_s \propto Q^m JP \tag{3-1}$$

式中:m 为指数;Q 为时段平均流量;J 为相应流量对应的河道平均比降。

因此,他提出造床流量应相当于 $Q^m JP$ 的最大乘积值,其中 P 为某一流量对应出现的频率。通常可用点绘"$Q—Q^m JP$"关系图来确定 $Q_造$,见图 3-10。图 3-10 中曲线第一峰值对应的流量即为造床流量,又称第一造床流量。一般此 $Q_造$ 基本相当于 $Q_平$,即水位平河漫滩时的流量,因而可以说是 $Q_造$ 塑造或者说控制着中水河槽的形态。曲线第二峰值对应的流量又称第二造床流量,相应水位平边滩时的流量,它对塑造枯水河床有一定的控制作用。

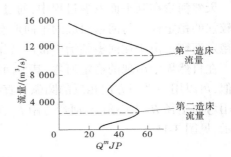

图 3-10　造床流量计算

2. 整治河宽的确定

整治河宽表示河道整治后,造床流量下相应直河段的河槽水面宽度。它有别于实际河宽,这是因为主槽宽度受多种因素控制,断面形态时常变化,平滩流量沿程差别较大,其相应河宽也有不同程度的变化。鉴于整治河宽是确定治导线及布设整治工程的依据,通常也称为治导线宽度,确定的方法一般采用实测资料分析和理论公式计算。

目前,确定整治河宽有两种方法:一种是计算法,采用河相关系计算。各公式都是在特定流域条件下的产物,当所研究流域的自然条件与上述特定流域条件接近时,这些公式有一定的使用价值,如两者相差较远,应用公式时,其系数与指数可根据实际资料而定。另一种是实测资料统计分析方法,亦即选择有代表性的河段,利用本河段或相关河段的历年河道观测资料统计分析该河段,统计造床流量下的主槽宽度作为设计河宽,是确定整治河宽的常用方法之一。

计算法是采用河相关系计算,联解以下 3 个公式,即

曼宁流速公式:

$$V = \frac{1}{n} H^{\frac{2}{3}} J^{\frac{1}{2}} \tag{3-2}$$

水流连续公式:

$$Q = BhV \tag{3-3}$$

断面河相关系:

$$\frac{\sqrt{B}}{h} = k \qquad (3\text{-}4)$$

得:

$$B = k^2 \left(\frac{Qn}{k^2 J^{0.5}}\right)^{6/11} \qquad (3\text{-}5)$$

式中:B 为河宽,m;k 为河相关系,取多年平均值;Q 为设计整治流量,m³/s;n 为主槽糙率;J 为设计流量下水面比降;h 为水深。

3. 河弯要素

天然河弯在其平面发展过程中,通过水流河床间的长期调整,某种形态的河弯具有相对较强的稳定性。与河弯对应的平面形态特征称为平面河相关系,这种河弯通常也被称为稳定河弯。由于在河道整治中常以其作为整治的楷模,故又称为模范河弯。

在自然界中出现的稳定河弯,其平面形态是接近于正弦曲线的平滑曲线。作为粗略近似,可以用一系列方向相反的圆弧和直线段来拟合这一曲线。这样河弯平面形态就可以用弯曲半径 R、中心角 φ、河弯弯距 L_m、弯幅 T_m 以及过渡段长度 L 等几个基本特征值来表示,见图 3-11。

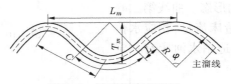

图 3-11　稳定河弯平面图

稳定河弯是河流为适应其来水来沙与河道边界条件而进行自动调整的产物。因此,在河弯平面形态特征与来水来沙和边界条件之间,必然存在密切关系。不少研究者建立了河弯平面形态与河道特征尺度间的关系,一般形式为

$$\left.\begin{array}{l} R = K_R B \\ L_m = K_L B \\ T_m = K_T B \\ L = KB \end{array}\right\} \qquad (3\text{-}6)$$

式中:B 为直线过渡段河宽;K_R、K_L、K_T、K 为各特征系数。

根据实验室及野外的资料分析,这些系数并不是常数,而有一个变动范围。对大多数稳定河弯而言:$K_R = 3 \sim 5$,$K_L = 12 \sim 14$,$K_T = 4 \sim 5$。对于直线过渡段:$K = 1 \sim 5$。其中,当河床边界比较抗冲、水流较平缓时,可取较大值;如果边界易冲蚀、水流较湍急,可取较小值。

以上所介绍的河相关系式都是根据实测资料分析而得的经验关系式,实际应用时应根据具体情况适当选择并进行校验。

4. 治导线

治导线又名整治线。它是河道经过整治以后,在设计流量下的平面轮廓线,也是整治工程体系临河面的边界连线。因此,确定整治线是整治工程规划的重要内容,同时也是整治建筑物布置的重要依据。治导线的位置应根据整治的目的、要求,在把握、认识河段特

性的基础上按照因势利导的原则确定,并尽量利用已有整治工程和天然节点。规划整治河段的治导线时,应力求整治工程上、下游呼应,左、右岸兼顾,洪、中、枯水统筹考虑。整治河段的治导线应与上、下游具有控制作用的河段岸线相衔接,互为依托。

　　治导线的设计应基本满足平面河相关系,即稳定河弯的基本要求。按设计流量的大小,治导线相应分为洪水治导线、中水治导线及枯水治导线,其中中水治导线在河道整治中占据着特别重要的地位。因为中水治导线是与造床流量相应的中水河槽治理的治导线,这种情况下河床的冲刷侵蚀或淤积变动的长期作用最为强烈。如能控制住这个时期的水流,则一般也能控制整个河势发展,达到稳定河道的整治目的。

　　治导线的形式应从河势演变分析中得出的结论来确定。一般是没有过急或过缓河弯且存在拐点的圆滑曲线,如图 3-12 所示。设计时要注意:若河弯半径过小,弯陡流急,则不易控制河势;而河弯过缓,曲率半径过大,则迎流导流作用小、工程修建也较长。两个反向河弯间的直线过渡段的长度也要适宜。直线段太短,则上、下两深槽交错,深泓线弯曲剧烈,浅滩上水流分散;直线段太长一方面易加大河道淤积,另一方面会造成过渡段河势流路不稳,总体河势得不到控制。因此,河道整治规划决不能试图在长河段把弯曲河流改造成完全顺直。理想的河道平面形态一般应当是经整治后,在设计流量下能较好地满足有关部门的要求,具有一定曲率半径、稳定的平面弯曲河道。对于每一个河弯,治导线的曲率半径应该是逐渐变化的。从上过渡段起,曲率半径为无穷大,由此往下曲率半径逐渐减小,至弯顶处最小;而后则反向变化,见图 3-13。这样的治导线经实践证明比较符合自然状态下平原河流的河性。这样的弯道迎流、送流条件好,河势能得到较好的控制。

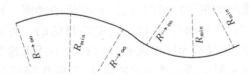

图 3-12　治导线曲率半径

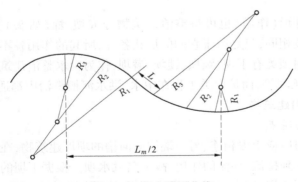

图 3-13　复合圆弧曲线

　　治导线的主要特性参数(如整治河宽 B、曲率半径 R、过渡段长度 L、弯距 L_m、弯幅 T_m、中心角 φ)均可按平面河相关系(模范河弯)所确定的经验关系式或通过整治河段的河床演变分析及河工模型试验结果求得。实际河弯的治导线多以复合圆弧曲线的形式表示,以求顺应上、下游河势。

四、河道整治建筑物

以河道整治为目的所修的建筑物,通称河道整治建筑物,简称整治建筑物或河工建筑物。

(一)整治建筑物的类型和作用

按照建筑材料和使用年限,可分为轻型的(或临时性的)和重型的(或永久性的)整治建筑物。凡用竹、木、苇、梢等轻型材料所修建的,抗冲和抗朽能力差,使用年限短的建筑物,称为轻型的(临时性的)整治建筑物;而用土料、石料、金属、混凝土等重型材料所修建的,抗冲和防朽能力强,使用年限长的建筑物,则称为重型的(或永久性的)整治建筑物。这种区分并无严格标准,近年来用土工织物做成的软体排等新型整治建筑物就介于两者之间。一般是通过综合考虑以下条件:对整治工程的要求,必须使用的最低年限,修建地点的水流、泥沙及环境状况,材料来源,施工季节和施工条件等,来决定选用轻型、重型或其他建筑物类型。

按照与水位的关系,整治建筑物可分为淹没和非淹没的整治建筑物。在一定水位下可能遭受淹没的建筑物称为淹没整治建筑物;在各种水位下都不会被淹没的,则称为非淹没整治建筑物。淹没或非淹没的选择,应根据水流条件、整治工程的作用综合考虑选择。

按照建筑物的作用及其与水流的关系,可以分为护坡、护底建筑物,环流建筑物,透水与不透水建筑物。护坡、护底建筑物是用抗冲材料直接在河岸、堤岸、库岸的坡面、坡脚和整治建筑物基础上做成连续的覆盖保护层,以抵御水流的冲刷。环流建筑物是用人工的方式激起环流,用以调整水、沙运动方向,以达到整治目的的一种建筑物。本身透水的整治建筑物称为透水建筑物,本身不允许水流通过的称为不透水建筑物。两种建筑物都能对水流起挑流、导流等作用,但不透水建筑物的挑流、导流作用要强一些;透水建筑物除挑流、导流作用外,还有缓流落淤等作用。选用哪种建筑物形式,主要由整治目的和建材的来源等确定。

按照建筑物的外形(作用)也可将整治建筑物分成坝、垛(矶头)类和护岸两大类形式。它们的结构大致相同,只是由于它们的形状各异,所起的作用各不相同。一般作为枯水整治建筑物的常用坝类有丁坝、顺坝、锁坝、潜坝,作为中水整治建筑物的常用坝类则多为丁坝、垛(矶头)、顺坝等,而护岸类工程在中水、洪水河槽整治中都适用。

(二)丁坝类整治建筑物

1. 丁坝的类别与特点

丁坝是一端与河岸或土堤相连、另一端伸向河槽的坝形建筑物,在平面上与河岸连接成丁字形。丁坝能起到挑流、导流的作用,故又名挑水坝。根据丁坝的长短和对水流的作用,可分为长丁坝、短丁坝、透水丁坝、不透水丁坝、淹没与非淹没丁坝。凡坝身较长,不仅能护岸、护坡,并能束窄河槽,将主流挑向对岸的称为长丁坝;凡坝身较短,只能局部将水流挑离岸边,迎托水流外移,也起护岸、护坡作用的称为短丁坝;而其中比较短粗,导流作用较弱而托溜护岸作用较强的短丁坝又称为垛(北方称谓)或矶头(南方称谓)。

丁坝大多是用不透水材料修建的实体丁坝(不透水丁坝),主要便于起挑流和导流作用。但也有用透水材料修筑的透水丁坝,其特点是还可以缓流落淤。如透水柳坝、钢管桩网坝、混凝土透水桩坝等。淹没与非淹没丁坝对水流的作用和坝前冲淤规律有很大不同。丁坝是否淹没,主要是根据其作用而定的。一般坝身与堤相接的近堤丁坝,都是非淹没式的;坝身与河漫滩相连的丁坝,一般坝顶高程与滩唇齐平,通常为淹没式丁坝。整治枯水航道的丁坝,也多修筑成淹没式的。

2.丁坝的平面形式

根据丁坝坝轴线与水流方向交角 θ 的大小,丁坝平面形式可分为以下几种:交角 $\theta>90°$ 的丁坝叫作上挑丁坝;交角 $\theta<90°$ 的丁坝叫作下挑丁坝;而交角 $\theta=90°$ 的丁坝叫作正挑丁坝,如图 3-14 所示。各种类型的丁坝挑流都会引起坝前冲刷。一般下挑丁坝坝头的水流比较平顺,坝前冲刷较弱;上挑丁坝坝头迎流角度大,流态紊乱,坝前冲刷较强。需要注意的是,淹没式丁坝的坝间冲淤状况与丁坝挑角有很大关系,如图 3-15 所示。对于淹没的上挑丁坝,水流在漫越丁坝后,会在坝身后面产生水平轴的螺旋流,其方向沿坝身指向河岸,因而能将泥沙带到岸边使坝后淤积;对于淹没的下挑丁坝,水流在漫越丁坝后,坝身后面也会产生水平轴的螺旋流,其方向则是沿坝身指向河心,因而会将泥沙带到河心,使坝后产生冲刷。一般非淹没式丁坝均采用下挑式,而河口区水流有双向运动,则宜采用正挑丁坝。

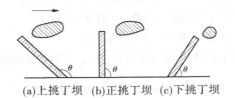

(a)上挑丁坝　(b)正挑丁坝　(c)下挑丁坝

图 3-14　丁坝的平面

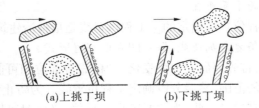

(a)上挑丁坝　　　　　(b)下挑丁坝

图 3-15　淹没式丁坝的水流特点

传统的丁坝由坝体、护坡及护根三部分组成。坝体是坝的主体,一般用土筑成。护坡是防止坝体遭受水流淘刷而在外围用抗冲材料加以裹护的部分。护根是为了防止河床冲刷、维护坝坡稳定而在护坡以下修筑的基础工程,亦称根石,一般用抗冲性强、适应基础变形的材料来修筑。

修建坝、垛之后,改变了局部水流条件,在坝、垛的迎水面一侧形成壅水,使坝、垛附近产生折向河床的强烈的下冲水流,破坏了原有的河床稳定。坝头附近在水流淘刷及环流的作用下,会形成椭圆形的漏斗状冲刷坑。丁坝根若在冲刷坑中不能得到及时填充,将导致建筑物破坏。所以在设计坝、垛等建筑物时,必须正确地估计冲刷坑的稳定深度及宽度。此外,传统坝、垛的根基并非施工阶段即能形成,而是随着水流不断淘刷而逐步加固的。因此,估计冲刷坑可能达到的深度和范围,对于评价坝、垛的稳固程度、确定坝头的防护措施是十分必要的。

实测资料表明,影响坝坝前冲刷坑的主要因素有流量、坝长、来流方向与坝轴线的夹角、坝头边坡以及河床组成等。一般说,流量大,冲刷严重;坝愈长,挑流愈重,冲刷愈强;来流方向与坝轴线的夹角大(指来流方向陡,形成斜河冲击之势),则壅水高度大,冲刷亦强烈;坝头边坡影响折向河底的下冲水流,显然边坡愈陡,向下的冲刷力愈大。虽然国内外学者对丁坝冲刷深度做了不少的研究,但目前还没有比较可靠的确定冲刷深度的计算公式。

(1)马卡维也夫公式。

$$h = h_0 + \Delta h = h_0 + 27K_1K_2\tan\frac{\partial v^2}{2g} - 30d \tag{3-7}$$

$$K_1 = e^{-5.1\sqrt{\frac{v^2}{gb}}}$$

$$K_2 = e^{-0.2m}$$

式中:Δh 为冲刷坑深度,m;h 为行近水深;∂ 为水流轴线与丁坝轴线的交角,(°);v 为丁坝的行近流速,m/s;g 为重力加速度,m/s²;d 为床沙粒径,m;K_1 为与丁坝在水流法线上投影长度 b 有关的系数;K_2 为与丁坝边坡系数 m 有关的系数。

对于细床河床,式(3-7)第三项 $30d$ 可忽略不计。

(2)波达波耶夫(苏联)丁坝冲刷深度计算公式。当床沙较细时,丁坝冲刷水深为

$$h = h_0 + \frac{2.8v^2}{\sqrt{1+m^2}}\sin^2\alpha \tag{3-8}$$

丁坝冲刷深度的确定,还可借鉴已建丁坝的冲刷坑实测资料。

3. 丁坝整治建筑物的平面布置

平面布置是根据工程位置线确定的。工程位置线是指整治建筑物头部的连线。这是依据治导线而确定的一条复合圆弧线,呈一凹入形布置形式。

在设计工程位置时,首先要研究河势变化,分析靠流部位和可能上提下挫的范围,结合治导线确定工程布设的范围,然后分段确定工程位置线。为防止水流抄工程后路,工程位置线上段的曲率半径宜尽量大些,为此要脱离治导线,必要时可以采用直线,以利于引流入弯;中段的曲率半径应当小些,以利在较短的曲线段内调整水流,平顺地送至工程的下段;下段的曲率半径应比中段的略大,比上段略小些,以利于送流出弯。

在工程位置线上布设的整治建筑物主要有坝、垛和护岸。坝、垛的间距及护岸长度,是河道整治建筑物布设中的一个重要问题。

坝的间距与坝的数量之间有密切联系。合理的间距须满足下面两个条件:①绕过上一丁坝的水流扩散后,其边界大致达到下一个丁坝的有效长度末端,以保证充分发挥坝的作用;②下一个丁坝的壅水刚好达到上一个丁坝,保证坝间不发生冲刷。

根据上一个条件,从图 3-16 的几何关系可以得出坝的间距 L_B 为

$$L_B = L_1\cos\alpha_1 + L_1\sin\alpha_2\cot(\beta+\alpha_2-\alpha_1) \tag{3-9}$$

式中:L_B 为坝的间距,m;L_1 为坝的有效长度,m;α_1 为坝的方位角,(°);α_2 为水流方向与坝轴线的夹角,(°);β 为水流扩散角,(°)。

坝的有效长度一般为坝长 L 的 2/3,即

$$L_1 = \frac{2}{3}L \qquad (3\text{-}10)$$

从式(3-10)可以看出,影响坝间距的因素为坝长、坝的方位角和来流方向。当坝的方位角和坝长不变时,来流方向角度愈陡,则间距应愈小些;当坝的方位角和来流方向角度不变时,则坝愈长,间距亦相应增大;若坝的长度和来流方向不变时,则坝的方位角愈大,间距亦可愈大些,但此时应小于 90°。

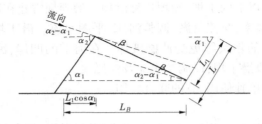

图 3-16　坝的间距与坝长的几何关系

4.丁坝整治建筑物设计高程

河道整治建筑物的设计高程依据所处河段及作用确定。若依附堤防,则整治建筑物的高程略低于防洪堤顶高程,一般采用:

$$Z = H_{洪} + a + C \qquad (3\text{-}11)$$

式中:Z 为整治建筑物设计高程;$H_{洪}$ 为设计防洪水位;a 为波浪壅高;C 为安全超高。

若以控制中水河槽,依附滩地,则整治建筑物高程一般略高于滩坎或与滩地平,常采用

$$Z = H_{中} + \Delta h + a + C \qquad (3\text{-}12)$$

式中:$H_{中}$ 为设计中水流量时相应的水位;Δh 为弯道壅水高;其他符号意义同前。

波浪的壅高可采用下列公式计算:

$$a = 3.2 K h_b \tan\theta \qquad (3\text{-}13)$$

$$h_b = 0.020\,8 v_0^{5/4} L_b^{1/3} \qquad (3\text{-}14)$$

式中:K 为坡面糙率系数,对于光滑土壤 $K=1$,干砌块石 $K=0.8$,抛石 $K=0.75$;θ 为边坡与水平面的夹角;h_b 为浪底;v_0 为最大风速,m/s;L_b 为吹程,km。

弯道壅水高的计算公式为

$$\Delta h = \frac{Bv^3}{gR} \qquad (3\text{-}15)$$

式中:B 为河弯的弯道宽度;v 为设计流量时流速;g 为重力加速度;R 为河弯的曲率半径。

(三)顺坝

顺坝是一种大致与河道平行的河工建筑物,其作用是调整河宽、保护堤岸、引导水流趋于平顺。在顺坝与河岸之间常修一道或数道与顺坝垂直的横格堤。顺坝其上游端与河

岸连接,也可以不连接。顺坝可分透水的和不透水的,不透水坝一般为土坝,在临水面用石料护砌,也可以全用石料修筑。透水坝允许一部分水流向坝后,便于淤积固滩。透水坝可由桩坝或混凝土格栅坝组成。坝顶高程和丁坝一样,视其作用而异。如是整治枯水河床,则坝顶略高于枯水位;如是整治中水河床,则坝顶与河漫滩平;如是整治洪水河床,则坝顶略高于洪水位。顺坝的作用主要是导流和束狭河床,有时也用于控导工程的联坝中。

(四) 锁坝与潜坝

锁坝是一种横亘河中而在中水位和洪水位时允许顶部溢流的坝,主要作用是调整河床、堵塞支汊。修筑在堤河、串沟中的锁坝,可加速堤河、串沟的淤积。由于锁坝是一种淹没整治建筑物,因此应对坝顶用石料铺筑或植草的办法加以保护。

坝顶高程在枯水位以下的丁坝、锁坝均称潜坝。潜锁坝常建在冲刷严重、流态险恶的深潭处,用以增加河底糙率、缓流落淤、调整河床、平顺水流。潜丁坝可以保护河底、保护顺坝的外坡底脚及丁坝的坝头等免受冲刷破坏。在河道的凹岸,因河床较低,有时在丁坝、顺坝的下面做出一段潜丁坝,以调整水深及深泓线。

以上各种坝型有的单独使用,有的联合使用。

(五) 护岸工程

护岸工程是平原河道防止堤防、河滩、岸坡淘刷和崩塌,控制河势的主要工程措施。一般护岸工程是平顺式的护(堤)脚、护(堤)坡形式,也有配合短丁坝与矶头形成整体防护工程的形式。

护坡一般采用抛石、干砌石、浆砌石、混凝土板、砖、草皮或塌工等。在枯水位至洪水位之间的护坡工程,护坡能抗御水流的冲刷和渗水的侵蚀,一般初期做成抛石护坡,而后待基础逐渐稳定后才做成干砌石护坡。块石下面还要做反滤垫层,以便于排渗水。浆砌块石护坡的整体性能好,但柔韧性及排渗性能差。

对于块石护坡,一定要有根,即护脚。而护脚的形式又可以分为垂直防护和斜坡防护。垂直防护多采用浆砌块石或干砌条石,其深度应超过河床可冲刷深度以下。斜坡防护一般采用抛石、石笼或沉排等材料,随着冲刷深度的变化而下沉,以达到护脚的目的。沉排除传统柳(柴)石排外,近年来也有用土工织物做成软体沉排铺底。水平防护长度也应超过河床的可能冲刷深度。

五、河口治理

(一) 潮汐河口的分类及其演变规律

入海江河口由于水文、地质、地貌条件的不同,河床演变的规律也不同。多年来,不少人为了研究的方便,从不同角度将河口分类。如从地貌形态出发,河口分为三角洲河口和喇叭河口;从潮流的强弱出发,河口分为强潮河口与弱潮河口;根据河口泥沙的淤积特点,河口分为拦门坎河口及拦沙坎河口。南京水利科学研究院从我国具体情况出发,根据影响河床演变的主要因素,将河口分为4种类型。现将这4类河口的特性及演变规律介绍于下,以供参考。

1. 强潮海相河口

"强潮"表达了来水条件,"海相"表达了来沙条件,即这类河口的潮流强,泥沙主要来自口外海滨。我国钱塘江就是这类的典型代表。这类河口特点之一是潮差大,河床容积大,因此潮流强。如钱塘江河口澉浦站平均潮差达 5.35 m,而且河床容积相当大,因此成了举世闻名的强潮河口。第二个特点是潮流挟带的陆相泥沙量甚小,泥沙主要来自口外海滨。由于潮流强,水流的紊动掺混作用也强,所以含盐度垂线分布较均匀,它对流速分布及泥沙动态无明显影响。这类强潮河口潮流上溯过程的递减率较大,河宽与过水断面也随之迅速减小,因此河床放宽率较大,平面外形呈喇叭形。由于潮波的剧烈变形,河口下段的涨潮流速除在较大洪水期外,都大于落潮流速,在海相泥沙有充分补给的情况下,使得口外海滨泥沙大量上溯,在过渡段及其上游沉积下来,河床隆起,水深很浅,形成庞大的淤积体——沙坎。如钱塘江在闻家堰至乍浦站,沙坎长 130 km,顶部高出上下游平均河底高程连线 10 m。但在口外海滨,由于涨落潮流速很大,一般无拦门沙出现。

这类河口枯水季节在强潮作用下,潮流段河床受到冲刷,而泥沙在过渡段以上淤积。在一般洪水作用下,过渡段以上淤积的泥沙又遭到冲刷并向下游搬运,堆积于潮流段内。在特大洪水时,潮流段河床也可能遭到冲刷。因此,过渡段与河流段都呈明显的洪冲枯淤规律,而潮流段则为洪淤枯冲,但其幅度较上游为小。

属于这种类型河口的潮流段,河身一般都很宽浅,河床组成大多为细粉砂。在大潮期内,涨潮流作用强,河床主槽随之向涨潮流顶冲方向摆动;在径流较强季节,落潮流量加强,主槽又向落潮流方向摆动,致使主流线产生频繁的大幅度摆动,平面位置很不稳定。

2. 弱潮陆相河口

这类河口的特点是潮流弱,径流相对较强。潮差较小,潮流速也较小,成淡水,一般为弱混合型。河床向下游均匀展宽,放宽率不大,潮波不会产生剧烈变形,落潮流速常大于涨潮流速。在流域来沙充沛的情况下,往往在口门附近或口门外形成拦门沙,河床逐渐抬高,河身不断延长,甚至形成所谓“地上河”,一旦遇到较大洪水,就要发生改道,流向比较低洼的地方。改道之后,上述过程又周而复始,结果塑造出汊流众多,迅速向外延伸的三角洲平原。我国黄河河口就是这类的典型代表,其潮差仅 1 m,上游径流平均流量为 1 390 m³/s,感潮河段仅长 20 余 km。河口平均含沙量为 24.3 kg/m³,多年平均年输沙量 11.67 亿 t。三角洲岸线平均外延速率为 0.15~0.42 km/年。

3. 湖源海相河口

这类河口的特点是径流经过湖泊调节后变幅较小,而泥沙主要来自口外海滨。例如我国的射阳河、黄浦江、新洋港等河口均属这种类型。这种河口除近海一段较顺直外,一般都比较弯曲,河道断面沿程变化很小。进潮量不大,涨潮流主要是淡水的回溯,咸水界变动范围小,过渡段不太明显。潮波沿程衰减和变形都很缓慢,各河段不像其他类型河口有显著的区别。河床的冲淤主要取决于涨落潮流速的对比,一般洪水期上游湖泊水位较高,此时落潮流速一般大于涨潮流速,造成河床冲刷;枯季则相反,涨潮流速大于落潮流速,随潮带来的泥沙亦多,河床偏淤。故河床一般呈洪冲枯淤规律。

这类河口在沿岸飘沙或入汇的干流输沙量较大时,在与河口落潮水流成一定角度交汇后,由于流速减缓而泥沙落淤形成拦门沙。

4. 陆海双相河口

径流和潮流力量相当,相互消长,海相来沙和陆相来沙都较丰富,上游来水来沙和海域来水来沙对河床演变都起显著的作用。由于地质条件和地貌形态的不同,这种类型的河口又分为两种不同情况。

(1)冲积平原上的陆海双相河口。这类河口如长江、辽河、海河、珠江(特别是以磨刀门和洪奇沥为代表的西江、北江河口),它们河床容积极大,虽然口外平均潮差不大,但仍有较大的潮流量。随着径流和潮流两种势力的不同组合,以及咸淡水混合的不同过程,各河段河床演变具有不同的特点。

潮流段河床宽阔,支汊众多。在陆相来沙不太多的情况下,主汊和支汊的口门,都能维持相对的稳定,主汊口门具有洪淤枯冲的演变特点,支汊口门具有洪冲枯淤的演变特点。此外,潮流段含盐度较高,即使在洪水期间,仍受咸潮作用,随着径流与潮流的相互消长,滞流点的位置发生周期性的变化。与此相应,潮流段内的河床也发生周期性的冲淤,并在每个口门附近形成拦门沙。

过渡段的河床演变主要取决于径流和潮流两种力量的对比。在枯水季节以潮流为主,涨潮流带进的沙量大于落潮流带出的沙量,因此此段内深槽和滩地普遍发生淤积。随着径流量的增加,落潮流速逐渐增大,当径流量超过某一数值后,落潮流速大于涨潮流速,此时河床发生冲刷,特别是在洪水季节,滩地、深槽都处于冲刷状态。但是当洪水遇逆风顶托而宣泄不畅时,过渡段也有可能发生淤积。

河流段内涨潮流纯为淡水的回溯,河床的冲淤主要取决于上游的来水、来沙条件。

(2)与山区毗邻的陆海双相河口。属这类河口的有闽江、鸭绿江、阻江等。它们除具有一般陆海双相河口特点外,由于河床发育受到山区地质地貌条件的限制,潮流界短,河床底坡陡,河床容积小。虽然潮差较大,但潮流量比较小。进潮量沿程递减率大,潮波反射作用强,潮波变形较大。这类河口潮流挟带的海相泥沙以悬沙为主,而径流输送的陆相泥沙以推移质为主,海陆相泥沙颗粒有显著的区别。

河流段位于山区,断面比较窄深,两岸多为岩石或黏土,河床多为细砂并形成犬牙交错的边滩。在洪水季节,边滩向下游移动,河床演变较缓慢。

过渡段出了山区进入冲积平原,河面放宽,边滩易被洪水切割而变为"江心滩"。洪水期过渡段以径流作用为主时,深槽淤浅而滩面冲刷;枯水期以潮流作用为主时,深槽冲刷而滩面淤积。潮流段心滩得到进一步发展和扩大,主槽仍具有洪淤枯冲特点,但变幅要较过渡段小。

陆海双相河口河床的纵坡一般有两处较高,一处在过渡段,这是因为陆、海相泥沙均易在这里淤沉下来;另一处在口门附近,即拦门沙,这是因为由径流带来的陆相泥沙因流速减缓而淤沉下来;同时较细的泥沙又可能被涨潮流作为海相泥沙带回到这里落淤,因此拦门沙常具有粗细相间的分层结构。

陆海双相河口的平面外形特点是:潮流段放宽率比强潮海相河口小,而比湖源海相河口大,河线比较顺直;过渡段略为宽浅,而且浅滩较多;河流段受回水影响,河线较曲折。

(二)整治措施

河口整治的主要目的是航运和防洪。较大河流河口往往是经济发达地区海陆运输的交会点。但河口的航道,由于水流的扩散和受潮沙、海流、风浪等因素的影响,往往多淤善变,水深不足、航行困难,需要采取整治措施。就防洪而言,河口是河流的尾间,由于泥沙堆积严重,河水宣泄不畅,加上海潮、风浪的顶托,水位往往上升很高,以致泛滥成灾,需要进行整治。另外,河口滩地的围垦及排灌,潮沙发电、渔业等也需要河道整治。

1. 河口的航道整治

我国幅员广大,河流众多,入海河流很多,其中最主要的有长江、黄河、钱塘江等。较著名的河口和三角洲有长江三角洲、黄河三角洲、珠江三角洲及钱塘江口。

河口治理必须在河口河床演变分析的基础土进行。就目前我国情况来说,对河口演变滞流点中的很多问题,尚缺乏深刻的认识,一般河口的整治采取以下措施。

(1)多汊三角洲河口。对于多汊三角洲河口,航道整治的主要任务是:首先选择一条合适的通航汊道,并沿航道修筑导流堤。

选择通航河汊的原则有:

①对较大河流,应整治一条河床稳定的较小河汊作为通航道。

②应选择外海流较强的一汊,以便海流将泥沙带到远离口门的地方。

③选择流入深海滨的河汊。

④如河汊航深不足,可考虑疏浚,不可用堵塞其他河汊的办法来增加通航河道的流量。因为流量增加了,沙量也增加,会使口外拦门沙扩大,三角洲向前延伸,达不到整治除险目的。

⑤如海流很弱,主要风向又正对海岸,应考虑开辟新航道。新航道出口应选在地形率大、陡峻、水深较大的海岸处。

选择了通航河汊之后,就要整治该河汊的低水河床,并降低河口拦门沙高程,以满足通航要求。整治低水河床的办法与一般平原河道相同,降低河口拦门沙高程,常见的办法是修建导流堤。

导流堤的作用是使水流沿着它流动,增大对泥沙的推移力,在拦门沙上可冲出一条深水航道。当河口被当作港口来使用时,导流堤有时兼有防浪或阻止漂沙的防沙堤的作用。导流堤的方向、位置、高度与潮流、沿岸强风向、泥沙运动的方向有关。

导流堤的方向选择应考虑以下条件:

①导流堤的前端必须达到深水线。为减少堤长,导流堤应尽可能沿最短路线达到深水线。这样往往要求堤身与海岸成垂直方向。

②导流堤的方向最好和强风向一致,这样船舶进入河口才比较安全方便。

③导流堤以与沿岸海流斜交为宜,这样沿岸海流将与河水成锐角相交,可使沙滩淤积较远。

导流堤的定线位置大致以河口上段的中水河床为准,为河口上段中水水边线的延长线。这样可束窄水流,增大冲刷。

导流堤的长度以达到深水线为度,这样可减少堤外拦门沙的淤积。导流堤的高度视修建的目的不同而异。若以集中水流冲刷沙滩为目的的导流堤,其高度一般应较中水位为高;若以为了有效地束窄低水水流为目的,则可在原导流堤内侧加做低水导流堤,堤顶略高于低潮水位。

(2)喇叭形河口。喇叭形河口的主要整治措施有:调整和稳定河床,加强航道冲刷等。这种形式的河口通常为强潮河口,河道的冲淤变化与潮流有着极为密切的关系,因此控制潮流量,是喇叭形河口航道整治首要解决的问题。同时河道必须设计成具有合适的平面形态和断面形式,要保证河口潮位过程线和河水流量条件下,河床冲淤幅度不大,能基本达到冲淤平衡,同时还应保证在低水位时有一定的航深。

(3)河口疏浚。未经整治的河口,主要靠疏浚来维持泄洪畅通和航深;如河口经整治后航深和港口水深还不能满足要求,也必须辅以疏竣工程措施,保持航深。在疏浚规划设计时,首先要做好挖槽选线工作,对挖槽的曲率半径、设计水位、挖槽水深、挖槽底宽及边坡系数,应按照通航条件的具体要求进行。

2. 河口防洪

目前所采取的防洪措施主要有修筑控导工程或用挖泥船疏浚,调整流路,减少淤积,扩大河口的泄洪能力;同时,修筑堤防及护岸工程,保护河岸和滩地。我国当前所采用的主要措施为后者。

沿海岸线修建用于挡潮的堤防称为海堤。海堤的规划设计与一般河堤相比,存在一定的差异,其主要区别在于海堤所承受的动力因素远比河堤复杂。特别是在一些强潮河口与接近河口的河段,海流、风浪、增水等海洋情势影响甚为突出,规划设计时要认真考虑。我国海岸线长,河口众多,在海堤工程的设计、施工中积累了丰富的经验。

河口地区的滩地、海岸所受到的冲刷比一般河岸更严重。因此,护岸工程(海塘工程)应更坚固、可靠。目前用得比较普遍的有修成直立式或倾斜式岸墙的纵向护岸工程、丁坝工程、潜堤工程等。这三种形式各有特点,应根据引起河滩海岸破坏的因素不同而分别选用。

第六节　水闸工程

水闸是一种常见的水工建筑物,既能挡水(潮),抬高水位,又能泄水,用以调节水位,控制流量。它广泛应用于水利建设的各个方面,在平原或地势较为平缓的地区,为了防洪、排涝、航运、灌溉、挡潮以及发电等目的而兴建的水利枢纽中,大多数需要修建各类水闸;在各类渠道中,为了控制水位和流量、宣泄入渠洪水以及防止泥沙的侵入或冲洗渠道中沉积的泥沙,也需要修建一些水闸。

我国具有修建水闸的悠久历史,特别是新中国成立以来,在广大平原地区和各条江河以及大小灌区,修建了千千万万座水闸,尤其是在长江、黄河、淮河和海河的流域治理中,水闸更是数量众多,在防洪、排涝、航运、灌溉、挡潮等方面,取得了显著的经济效益和巨大的社会效益。

一、水闸的类型和分级

(一)水闸的类型

水闸的种类很多,其分类方法也不相同,通常可按水闸所担负的任务和水闸的结构形式来进行分类。

1. 按照水闸所担负的任务分类

按照所担负的任务,水闸可分为进水闸、节制闸(拦河闸)、排水闸、挡潮闸、分洪闸等,如图 3-17 所示。

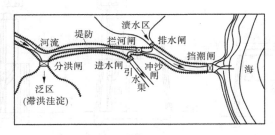

图 3-17　水闸类型及布置示意图

(1)进水闸。为了满足农田灌溉、水力发电或其他用水的需要,在水库、河道、湖泊的岸边或渠道的渠首,建闸引水,并控制入渠流量,称为进水闸,又称为渠首闸。

(2)节制闸。节制闸一般用以调节水位和流量,在枯水期借以截断河道抬高水位,以利上游航运和进水闸取水;洪水期用以控制下泄流量。节制闸若拦河建造,又称为拦河闸。在灌溉渠系上位于干、支渠分水口附近的水闸,也叫节制闸。

(3)排水闸。排水闸常位于江河沿岸。大河水位上涨时可以关闸以防江河洪水倒灌;河水退落时即行开闸排除渍水。由于它既要排除洼地积水,又要挡住较高的大河水位,所以其特点是闸底板高程较低而闸身较高,并有双向水头作用。

(4)挡潮闸。为了防止海水倒灌入河,需修建挡潮闸。挡潮闸还可用来抬高内河水位,达到蓄淡灌溉的目的;内河两岸受涝时,可利用挡潮闸在退潮时排涝。建有通航孔的挡潮闸,可在平潮时期开闸通航。因此,挡潮闸的作用是挡潮抗台、御卤蓄淡、防止土地盐碱化及排涝泄洪,其特点亦是有双向水头作用。

(5)分洪闸。在江河适当地段的一侧修建分洪闸,当较大洪水来临时开闸分泄一部分下游河道容纳不下的洪水,进入闸后的洼地、湖泊等蓄滞洪区或下游不同的支流,以减小洪水对下游的威胁。这类水闸的特点是泄水能力大,以利及时分洪。

除以上几种闸型外,还有渠系上的分水闸、泄水闸及冲沙闸等。

2. 按照水闸的结构形式分类

按照结构形式,水闸可分为开敞式水闸、胸墙式水闸、封闭式水闸,如图 3-18 所示。

(1)开敞式水闸和胸墙式水闸。开敞式水闸闸室是露天的,上面没有填土,它是水闸中应用较为广泛的一种形式。进水闸、分洪闸、节制闸、排水闸和分洪闸等一般都采用这种形式,如图 3-18(a)所示。当上游水位变幅较大而过闸流量又不是很大时,可采用有胸墙的水闸,如图 3-18(b)所示。开敞式水闸设胸墙后,可以降低闸门的高度并减小启闭力。

(2)封闭式水闸。水闸修建在河(渠)堤之下时,则称为涵管式水闸,也称为封闭式水闸。它的闸室一般较长,在软土地基上常由于不均匀沉陷而有裂缝、断裂的可能。依据水利工作条件的不同,涵管式水闸又可分为有压涵管式和无压涵管式两类,如图 3-18(c)所示。

(二)水闸的分级

按照有关规定,水闸按校核过闸流量(无校核过闸流量就以设计过闸流量为准)划为

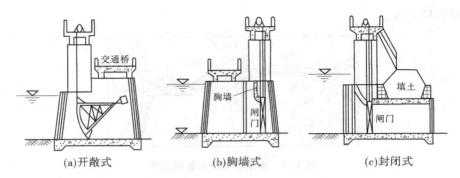

(a)开敞式　　　　　　(b)胸墙式　　　　　　(c)封闭式

图 3-18　闸室结构形式

大、中、小型。其中:

　　大型水闸:$Q \geqslant 1\,000$ m³/s;

　　中型水闸:$Q \geqslant 100$ m³/s 且 $Q < 1\,000$ m³/s;

　　小型水闸:$Q \geqslant 10$ m³/s 且 $Q < 100$ m³/s。

二、水闸的组成及工作特点

(一) 水闸的组成部分

　　各种类型水闸的组成部分大致类似,一般由上游连接段、闸室段和下游连接段三部分组成,如图 3-19 所示。

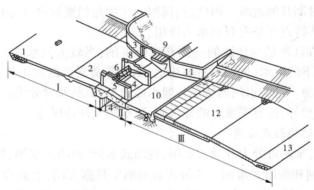

1—上游防冲槽;2—铺盖;3—上游翼墙;4—闸室底板;5—闸墩;6—闸门;7—交通桥;8—工作桥位置;9—边墩;10—消力池;11—下游翼墙;12—海漫;13—下游防冲槽;14—板桩;
Ⅰ—上游连接段;Ⅱ—闸室段;Ⅲ—下游连接段。

图 3-19　水闸的组成

1. 上游连接段

　　上游连接段主要作用是将上游来水平顺地引进闸室。这一部分包括底河底部分的铺盖、上游防冲槽及两岸的翼墙和护坡。铺盖作为防渗设施兼具防冲作用,有时还利用它作为阻滑板,其位置紧靠闸室底板;铺盖上游河床常设置砌石护底,防止河床冲刷,并起挡土、防冲和侧向防渗的作用。

2. 闸室段

闸室是水闸的主体,作用是控制水位、连接两岸和上下游。这一部分包括底板、闸墩、闸门、胸墙、工作桥及交通桥等。底板作为水闸的基础,承受闸室全部荷载并均匀地传给地基,利用底板与地基间的摩擦力保护闸室在水平力作用下的稳定;闸墩的作用是分隔闸孔、支承闸门和工作桥、交通桥等;工作桥的作用是安装启闭机和操纵启闭设备;交通桥的作用是连接两岸交通。

3. 下游连接段

下游连接段主要作用是引导水流平顺地出闸和均匀地扩散,防止下游河床及岸坡的冲刷。下游连接段包括消力池、海漫、防冲槽以及翼墙、护坡等。消力池(一般由降低护坦构成)紧接闸室,具有增加下游水深、消除水流能量和保护水跃范围内的河床免受冲刷的作用;海漫紧接消力池,通常用浆砌石砌成,利用表面较大的糙率继续消能,保护河床免受冲刷;海漫逐渐降低做成防冲槽,利用槽中增加的水深减缓流速、调整流速分布,保护海漫免受冲刷,在海漫和防冲槽长度范围内,两岸应做块石护坡,护坡的下面设 15~25 cm 砂石垫层,防止岸坡内渗水出逸时将土带走;下游翼墙引导过闸水流均匀扩散,并保护两岸免受冲刷。

(二)水闸的工作特点

水闸可以修建在土基或岩基上,但多数建于软土地基上。水闸既要挡水又要泄水,地基条件差和水头低且变幅大是水闸工作条件比较复杂的两个主要原因。因而,它具有许多与其他挡水建筑物不同的工作特点,具体反映在稳定、渗流、冲刷和沉陷等几个方面。

1. 稳定问题

水闸在正常使用时,上游拦有较高水位,闸上、下游形成的水位差会造成较大的水平水压力,使水闸有可能向下游一侧的滑动。因此,水闸必须具有足够的重量,以维持自身的稳定。水闸建成尚未挡水时,或在正常使用的无水期,常因过大的垂直荷载,使基底压力超过地基允许承载力而导致地基土发生塑性变形,可能产生闸基土被挤出或连同水闸一起滑动的危险。因此,水闸又必须具有适当的基础(底板)面积,以减小基底压应力。

2. 渗流问题

水闸挡水时在上、下游水位差的作用下,会产生通过闸基及水闸与两岸连接处的渗流。渗流的存在将对水闸底部施加向上的扬压力,减小水闸的重量,降低水闸的抗滑稳定性。如闸基或两岸均为土基,渗流还可能带走土层中的细颗粒,在闸后出现翻沙鼓水现象,严重时闸基和两岸还可能被淘空。侧向渗透的绕流对两岸连接建筑物施加水平水压力,降低了这些建筑物的稳定性,还将引起岸坡上的渗透变形并增大闸底的渗透压力。渗流水量如果很大,将会影响水闸的挡水效果,甚至蓄不住水。

3. 冲刷问题

水闸开闸泄水时,闸下游无水或水深很浅,在上、下游水位差的作用下,过闸水流往往有很大的流速,其具有的能量将引起闸下游的严重冲刷。如冲刷范围扩大到闸基,将因闸基被淘空而导致水闸失事。此外,水闸两岸多为土层或软弱岩层,特别是当闸孔数目较多时,开启个别闸孔容易形成折冲水流,对下游河岸造成严重冲刷,也会危及水闸的稳定和安全。

4.沉陷问题

水闸建在软土地基上时,由于软土的压缩性很大,在闸身自重及外部荷载的作用下,往往会产生较大的沉陷;尤其当通过底板传到地基上的荷重分布不均匀以及地基土层分布不均匀时,更会产生不均匀沉陷。地基的沉陷将会引起水闸的下沉,不均匀沉陷则会造成闸室倾斜,严重的甚至可能断裂,这将严重影响闸的正常使用。

三、水闸的控制运用

(一)一般规定

水闸控制运用是通过有目的地启闭闸门,从而控制流量,调节水位,发挥水闸作用的重要工作,必须有计划、按步骤进行。

水闸工程控制运用指标是水闸运用的控制条件,也是实际运用中判别工程是否安全、效益能否发挥的主要依据之一。一般情况下,水闸应根据规划设计的工程特征值,结合工程现状确定下列有关指标,作为控制运用的依据:

(1)上、下游最高水位、最低水位。

(2)最大过闸流量及相应单宽流量。

(3)最大水位差及相应的上、下游水位。

(4)上、下游河道的安全水位和流量。

(5)兴利水位、流量。

当水闸由于某种原因,如上、下游河道未达到标准或安全状况出现较大变化,不能按设计标准运用时,就需要及时论证,重新确定运用指标。

(二)冰冻期间运用

在冰冻期间,适当抬高闸前水位和维持水位平稳,有利于闸上游形成平封的冰盖,防止水内冰产生,减少冰塞危害,使冰层下有较大的过水能力。河流冰封期间一般要求水闸泄量由大到小,呈递减趋势,以免河道涨水形成水压力鼓破冰盖层,造成被迫开河。

在冰冻期间,启闭闸门前,应采取措施消除闸门周边和运转部位的冻结,以免增加启闭机的负荷,烧坏电机,或者把止水橡皮撕裂。

(三)各类水闸的控制运用

1.节制闸

雨源性河道来水量受降水制约,一般在枯季量小分散,汛期则丰沛集中。生产、生活的用水需求在一年内也是不均衡的,故节制闸运用,要根据来水与降水、用水等情况,适时调节水位和泄量。汛期泄洪,要根据河道行洪能力及时排泄,尽量减少洪涝损失。汛末蓄水既要能蓄足,又要不影响汛后期的防洪安全,因此要掌握当地汛期特点,恰当地确定蓄水时机。

节制闸的控制运用应符合下列要求:

(1)根据河道来水情况和用水需要,适时调节上游水位和下泄流量。

(2)当出现洪水时,及时泄洪;汛末适时拦蓄洪峰尾水,抬高上游水位。

(3)多泥沙河道取水枢纽中的节制闸,应兼顾取水和防沙要求。

2.分洪闸

我国江河中下游的蓄滞洪区或分洪道,土地肥沃、物产丰盛,有的人口密集,蓄滞洪会造成很大的损失,因而分洪闸运用受到严格控制。一旦决定分洪,则要求做到及时准确,不允许出现差误,水闸管理单位在分洪前应做好开闸前的一切准备工作。分洪初期,闸后往往无水,消能防冲条件较为恶劣,必须严格按启闭程序和操作规定操作。分洪过程中,水情不断变化,并需要与其他分洪工程配合运用,因此应随时向调度指挥部门反映水情及工程变化情况,并按调度指令及时进行泄量调整。

分洪闸的控制运用应符合下列要求:

(1)当接到分洪预备通知后,立即做好开闸前的准备工作。

(2)当接到分洪指令后,必须按时开闸分洪。开闸前,鸣笛报警。

(3)分洪初期,严格按照实施细则的有关规定进行操作,并严密监视消能防冲设施的安全。

(4)分洪过程中,应随时向上级主管部门报告工情、水情变化情况,并及时执行调整闸门泄量的指令。

3.排水闸

排水区域地势低洼,易积水成涝,对工农业生产带来不利影响。排水闸要尽可能按照生产要求,控制适宜的闸上水位,如连日阴雨,雨前要提前排水。汛期排涝,外河水位变化大,在江河下游还受潮沙影响,为使内河少受涝,应根据外河水位涨落规律及时启闭闸门,充分发挥排水效益。

排水闸的控制运用应符合下列要求:

(1)冬春季节控制适宜于农业生产的闸上水位;多雨季节遇有降雨天气预报时,应适时预降内河水位;汛期应充分利用外河水位回落时机排水。

(2)双向运用的排水闸,在干旱季节,应根据用水需要,适时引水。

(3)蓄滞洪区的退水闸,应按上级主管部门的指令按时退水。

4.引水闸

从多泥沙河道引水,防沙是较为突出的问题。由于多泥沙河道的水、沙量在全年内分配不均匀,出现沙峰时间一般较短。根据我国许多引水枢纽的运用经验,应掌握引水时机,避免在沙峰时引水,使取水和防沙都能得到较好兼顾。

浑水灌溉具有改良土壤,提高水资源利用率和减轻水患的作用,我国引黄淤灌工程规定淤灌引水含沙量下限为 $25\ kg/m^3$。

引水闸的控制运用应符合下列要求:

(1)根据需水要求和水源情况,有计划地进行引水。

(2)来水含沙量大或水质较差时,应减少引水流量直至停止引水。

(3)多泥沙河道上的引水闸,如闸上最高水位因河床淤积抬高超过规定运用指标时,应停止使用,并采取适当的安全度汛措施。

(4)利用浑水灌溉的引水闸,应充分利用沙峰时机,有计划地进行淤灌。

5.挡潮闸

挡潮闸排水受潮沙制约,为充分发挥挡潮排水作用,故做了落潮平水开闸和涨潮平水关闸的规定。为了满足防洪、排水与灌溉或城镇供水要求,内河水位控制通常采用分季节分级控制河网水位的办法。一般在汛期临近时,提前排水,降低内河水位,以迎蓄洪峰。

我国沿海汛期多大雨、暴雨天气,还不同程度受到台风袭击,台风经过的地区常出现暴雨或特大暴雨天气,在大雨、暴雨形成前适当预降内河水位,可防止形成涝灾。

挡潮闸下游普遍存在淤积问题,利用泄水冲淤,能减少淤积量,在枯水季节,如有水源可供冲淤,对于维持闸下游河道深槽,保持一定的排水效益,具有重要意义。在农历每月初三、十八前后1~2 d大潮汛期间,由于退潮流速快,低潮潮位低,此时放水冲淤可获得相对较小的河道水深和较大的势能,冲淤效果较好。

挡潮闸的控制运用应符合下列要求:

(1)排水应在潮位落至与闸上水位相平时开闸;在潮位回涨至与闸上水位相平时关闭。任何情况下应防止海水倒灌。

(2)根据各个季节供水与排水等不同要求,应控制适宜的内河水位,汛期有暴雨预报,应适时预降内河水位。

(3)汛期应充分利用泄水冲淤。非汛期有冲淤水源的,宜在大潮期冲淤。

6. 通航孔

由于通航孔过船以自航的小型运输船和渔船为主,加之水闸助航及系船设备不完善,且受闸孔泄水影响等,一般宜在白天通航,同时应控制好通航孔流速。遇有恶劣天气情况,应停止通航,以策安全。

通航孔的使用应遵守下列规定:

(1)设有通航孔的各类水闸,应以完成设计规定的任务为主,照顾通航。

(2)开闸通航宜充分利用白天时间进行,通航时的水位差,应以保证通航和建筑物安全为原则。

(3)遇有大风、大雪、大雾、暴雨等天气时,应停止通航。

(4)因防汛、抗旱等需要停止通航的,应经上级主管部门批准。

第四章　防洪非工程措施

第一节　概　述

防洪非工程措施是指通过法令、政策、行政管理、经济和防洪工程以外的技术手段,以减少洪水灾害的措施。防洪非工程措施包括范围很广,如水文、通信、防洪工程管理、河道清障、滩区和蓄滞洪区迁安救护、制订超标准洪水的防御方案、防洪保险、灾害救济等。

远古年代,人们为避免洪水灾害,择丘陵而居,有的地方“以舟为家”,甚至形成水上村镇,这就是适应自然的防洪非工程措施的雏形。防洪非工程措施作为一种概念,是20世纪60年代初形成的。美国是采用防洪非工程措施比较早、发展较快的国家。1966年美国总统发布特别命令,进一步确定防洪非工程措施的作用。我国对防洪非工程措施也很重视,很多防洪非工程措施早已在防洪中运用,1998年颁发施行的《中华人民共和国防洪法》,将防洪非工程措施以法律形式固定下来。随着科学和经济的发展,防洪非工程措施作为减少洪灾的主要措施,日益为人们所接受,并将紧密结合防洪工程措施逐步得到充分发展。

本章重点介绍防汛法规建设、防洪预案、水文通信预警、蓄滞洪管理等在防汛中的应用。

第二节　防汛法规和制度建设

一、防汛法规制度建设的必要性、重要性

(一)目的

经过半个多世纪坚持不懈的努力,我国防汛抗旱减灾事业取得了举世瞩目的成就。但是,中国大陆受季风和热带气旋的影响及特定的地理条件,水旱灾害时有发生。为减少灾害损失,在不断建设完善防洪工程体系的同时,需不断健全优化防洪非工程措施,加强防汛法规建设,为防洪提供法律、法规和政策保障。

(二)必要性

由于防洪管理涉及上下游、左右岸,各行各业,方方面面的利益,协调工作十分复杂,只有建立、健全符合实际的防洪政策法规体系,才能更好地发挥防洪工程体系的作用,引导防洪工作逐步实现正规化、规范化,达到长治久安的目的。

二、当前已颁布的有关防汛法规和制度

(一)法律法规

国家颁布的与防洪有关的法律、法规主要有:《中华人民共和国水法》《中华人民共和国防洪法》《中华人民共和国河道管理条例》《中华人民共和国防汛条例》《蓄滞洪区运用补偿暂行办法》等。

各省(自治区、直辖市)和有关市、县也根据当地实际,制定了一系列国家法律、法规的实施细则等地方性法规。主要涉及河道管理、工程管理、防汛管理和水资源管理等。

水利及其他部门出台了一系列规章,涉及河道的主要有《河道等级划分办法》和《河道目标管理考评办法》等,明确了河道分级指标及河道目标管理等级评定标准;管理规范类主要有《堤防工程管理设计规范》(SL/T 171—2020)等,从技术上对工程管理进行了规范;建设项目管理类主要有《河道管理范围内建设项目管理的有关规定》《黄河下游浮桥建设管理办法》等,对管理范围内的建设项目申请、审批、运行、管理做了明确规定;安全检查鉴定主要有《水库安全鉴定规定》《水工钢闸门和启闭机安全检测技术规程》(SL 101—2004),对水闸安全鉴定范围、鉴定程序、安全检测、安全评定做出了具体规定。

(二)工程建设管理

主要有:《水利工程建设项目管理规定》《水利工程建设项目实行项目法人责任制的若干意见》《水利工程建设项目实行施工招标投标管理规定》《水利工程建设监理规定》《水利工程质量管理规定》《水利工程建设程序管理暂行规定》《水利工程建设项目报建管理办法》《水利工程质量事故处理暂行规定》《水利水电建设工程蓄水安全鉴定暂行办法》等。

(三)防洪(凌)调度

主要有:《国务院批转水利电力部关于黄河、长江、淮河、永定河防御特大洪水方案报告的通知》《国务院批转水利电力部关于黄河下游防凌问题的报告》《国务院关于永定河防御洪水方案的批复》《国务院关于大清河防御方案的批复》《国务院关于淮河防御洪水方案的批复》《国家防总关于印发长江中下游洪水调度方案的通知》《国家防总关于印发海河流域北三河洪水调度方案的通知》《国家防总关于印发漳卫南运河洪水调度方案的通知》《国家防总关于印发沂沭泗流域洪水调度方案的通知》《国家防总关于黄河防汛总指挥部负责统一调度黄河凌汛期间水量的通知》《水利部关于颁发综合利用水库调度通则的通知》等,这些都对流域防洪(凌)调度等做出了明确、详细的规定。

(四)水文、通信

水文方面主要有:《中华人民共和国水文条例》《测量标志保护条例》《水文管理暂行办法》《重要水文站建设暂行标准》《水文设备管理规定》《水文、水资源调查评价资格认证管理暂行办法》《水文专业有偿服务收费管理试行办法》。另外,山东省制定了《山东省保护水文测报设施的暂行规定》等。

通信方面主要有:《国务院、中央军委关于保护通信线路的规定》、黄河防汛抗旱总指挥部及下游四省公安厅《关于保护防洪设施确保黄河防洪安全的联合通告》《黄河滞洪区、滩区预警、反馈系统管理办法(试行)》等。

（五）枢纽管理

除《中华人民共和国防洪法》《中华人民共和国水法》《水利产业政策》《水利建设基金筹集和使用管理暂行办法》涉及水利枢纽管理外,还有《综合利用水库调度通则》《水库大坝安全管理条例》等。

第三节　防洪方案

为有效做好各项防汛抗洪工作,减少人员伤亡和减轻灾害损失,各级防汛抗旱指挥部每年汛前均需制订或修改完善各项防洪方案。防洪方案一般包括防御洪水方案、洪水调度方案、防洪预案,水库调度运用计划、抗洪抢险方案、蓄滞洪区运用及避洪和人员安置方案等。本节重点介绍防御洪水方案、洪水调度方案和防洪预案的内容、编制单位、审批与修订以及各自的作用等。

一、防御洪水方案

防御洪水方案是国家防总或有关流域管理机构会同地方人民政府或有防汛抗洪任务的县级以上地方人民政府根据流域综合规划、流域防洪规划、防洪工程实际状况和国家规定的防洪标准,制定的防御江河洪水(包括特大洪水)的目标、原则和总体对策,包括应对洪水时地方政府和有关部门的责任与权限以及防汛工作的应急措施。《中华人民共和国防洪法》第四十条规定:长江、黄河、淮河、海河的防御洪水方案,由国家防汛指挥机构制定,报国务院批准;跨省、自治区、直辖市的其他江河的防御洪水方案,由有关流域管理机构会同有关省、自治区、直辖市人民政府制定,报国务院或者国务院授权的有关部门批准。防御洪水方案经批准后,有关地方人民政府必须执行。各级防汛指挥机构和承担防汛抗洪任务的部门和单位,必须根据防御洪水方案做好防汛抗洪准备工作。

防御洪水方案在流域防洪体系没有大的调整或方案不需做原则变动的情况下,一般不进行修订。若需修订仍由制定单位组织,并报上级由有审批权的单位或部门批准。1985年国务院批转了水利电力部关于长江、黄河、淮河、永定河防御洪水方案,在此基础上,国家防总根据防洪工程的变化和经济社会的发展,陆续修订完善了大江大河洪水调度方案。1998年长江大水之后,各级政府加大了防洪投入,大江大河的防洪工程建设取得了很大进展,流域的社会经济状况、河道防洪标准等也都发生了较大变化,各江河的防御洪水方案需进一步修订完善。

防御洪水方案的编制要以科学、合理、可行为宗旨,充分考虑洪水自然规律和流域内政治经济条件和社会实际状况等因素,体现由控制洪水向洪水管理转变的思路。在方案制定中,要对有关问题开展相应的研究,如要研究区域之间防洪的关系;防洪必保区和一般保护区的关系;堤防、水库和蓄滞洪区之间的关系;堤防之间以及蓄滞洪区之间的关系等。所编制的方案要尽可能运用现代化的洪水预报技术和成果。

编制防御洪水方案要坚持并遵循以下基本原则:一是坚持对必保区目标在任何情况下实现确保的原则;二是标准内洪水充分发挥防洪工程作用的原则;三是超标准洪水处理好弃与保的关系,坚持效益最大化、损失最小化的原则;四是尽可能运用现代化技术支撑的原则;五是坚持可操作的原则;六是在确保防洪安全的前提下,合理利用洪水资源的原则。

防御洪水方案应主要包括防洪工程体系、防御洪水原则、不同量级洪水的安排(包括对特大洪水的处置措施)、责任与权限以及工作与任务(防汛准备、水文气象预报、洪水调度、蓄滞洪区运用、抗洪抢险、救灾)等方面的内容。

二、洪水调度方案

洪水调度方案是流域机构会同有关地方人民政府防汛抗旱指挥机构,或有防汛抗洪任务的县级以上地方人民政府防汛抗旱指挥机构在防御洪水方案确定的目标、原则和总体对策的框架内,根据防洪工程和非工程措施的实际及变化情况,制定包括堤防、水库、蓄滞洪区、湖泊、分洪河道具体控制运用的具体实施方案,对江河洪水的调度做出具体安排。

有防洪任务的地方,都要根据批准的防御洪水方案制定洪水调度方案。长江、黄河、淮河、海河(海河流域的永定河、大清河、漳卫南运河和北三河等)、松花江、辽河、珠江和太湖流域的洪水调度方案,由有关流域机构会同有关省(自治区、直辖市)人民政府制定,报国家防总批准。跨省(自治区、直辖市)的其他江河的洪水调度方案,由有关流域机构会同有关省、自治区、直辖市人民政府制定,报流域防汛抗旱指挥机构批准;没有设立流域防汛抗旱指挥机构的,则直接报国家防汛抗旱总指挥部批准。其他江河的洪水调度方案,由有管辖权的水行政主管部门会同有关地方人民政府制定,报有管辖权的防汛指挥机构批准。

洪水调度方案要根据防御洪水方案的修订或流域防洪工程变化情况及时修订。由于洪水调度方案是在防御洪水方案的原则指导下,根据防洪工程和非工程措施建设的现状和建设进展情况,对江河洪水和防洪工程的调度做出的具体安排,由此在编制过程中,除要遵循防御洪水方案基本原则外,还要紧密结合防洪工程和非工程措施的实际状况,体现实用性原则。

洪水调度方案在框架上与防御洪水方案相类似,但内容要更详细、更具体。洪水调度方案应主要包括防洪工程状况(各防洪工程的基本情况、防洪运用指标、存在的主要问题等)、设计洪水成果(包括洪水类型、洪水特点、设计洪水特征值等)、洪水调度原则(各级洪水的调度原则)、不同量级洪水的安排、调度权限(各防洪工程的调度权限)等方面的内容。

三、防洪预案

防洪预案是防御江河洪水灾害、山洪灾害(山洪、泥石流、滑坡等)、台风暴潮灾害、冰凌洪水灾害以及其他突发性洪水灾害等方案的统称,是在现有工程设施条件下,针对可能发生的各类洪水灾害而预先制定的防御方案、对策和措施,是各级防汛指挥部门实施指挥决策和防洪调度、抢险救灾的依据。

为了防止和减轻洪水灾害,做到有计划、有准备地防御洪水,国家防办根据《中华人民共和国防汛条例》和有关法规,于1996年4月编制并印发了《防洪预案编制要点(试行)》(简称《要点》),要求各省(自治区、直辖市)、各流域机构等有关单位按照《要点》的有关规定,组织制定或修订各类防洪预案。根据《要点》的要求,防洪预案应主要包括原则要求、基础资料、防御方案和实施措施等四部分内容。

(一)原则要求

编制防洪预案应遵循的基本原则是:贯彻行政首长负责制;以防为主,防抢结合;全面部署,保证重点;统一指挥,统一调度;服从大局,团结抗洪;工程措施和非工程措施相结合;尽可能调动全社会积极因素。

为保证防洪预案的实用性,在预案编制中应注意以下几方面的问题:

一是要使预案具有可操作性。由于洪水灾害范围广、危害大,防洪是一项庞大的社会系统工程,需要社会各界的广泛支持和参与。防洪预案是针对可能发生的各类洪水灾害而预先制定的防御方案、对策和措施。"凡事预则立,不预则废。"实践证明,编制好防洪预案,按照防洪预案有计划、有组织,分步骤开展防汛抗洪是防止和减轻洪水灾害的重要措施。因此,防洪预案的可操作性尤为重要。所有防洪预案必须使防洪工作涉及的过程环环相扣,衔接协调科学有序,便于操作。预案文字要简练,语言要朴实,条理要清晰,步骤要可行,内容要包括防汛工作的各个方面和各个环节。

二是要按照当年的实际情况编制。防洪预案要因地制宜,具有很强的针对性、现实性,要密切结合防洪工程现状和社会经济变化情况,每年汛前都应进行修订完善。

三是要体现社会化功能。预案要在突出抓好防汛抗洪行政首长责任制的同时,明确各有关部门和社会团体参加抗洪抢险的分工和职责,实行统一指挥,分工协作,满足科学、合理、实用、易操作的原则。

四是防洪预案既要有文字,还要有相关图表。为了充分发挥防洪预案在防汛工作中的作用,易于行政首长和相关部门、单位、群众熟悉和掌握,防洪预案除有详略得当的文字外,还应有必要的相关图、表,如各种关系图、平面图、断面图等。

五是防洪预案编制后,应每年进行一次修订,并在汛期之前完成上报和审批工作。

(二)基础资料

基础资料主要包括区域概况;流域规划确定的防洪规划、防洪工程建设等情况;洪水特性和防洪标准(包括防护对象的防洪标准、防洪工程的防洪标准等);根据现有防洪标准、防洪能力和历史淹没情况,绘制可能成灾的灾害范围图,并进行风险分析。

(三)防御方案

防御方案主要有防御标准内洪水方案、防御超标准洪水方案、防御山地灾害方案、防御台风暴潮灾害方案、防御冰凌洪水方案及防御突发性洪水方案等各类防御方案。

(四)实施措施

实施措施是指各类防洪调度方案实际应用中的具体措施。包括洪水监测、预报、警报、工程监视、应急抢险、队伍和物资调度、人员转移安置、蓄滞洪区运用、救灾防疫、水毁工程修复等与防洪减灾有关的措施对策。

四、防御洪水方案、洪水调度方案和防洪预案应用

防御洪水方案、洪水调度方案和防洪预案具有严肃的法律效应,经有关部门审批后,各级政府、有关部门和社会各界在洪水期必须严格执行。

为保证编制和经审批的防御洪水方案、洪水调度方案和防洪预案能得到很好的应用，各级各部门必须加强学习、深刻领会，并开展必要的培训。

第四节　防洪区管理

一、防洪区的概念

防洪区是指洪水泛滥可能淹及的地区，分为洪泛区、蓄滞洪区和防洪保护区。洪泛区是指尚无工程设施保护的洪水泛滥所及的地区。蓄滞洪区是指包括分洪口在内的河堤背水面以外临时贮存洪水的低洼地区及湖泊等。防洪保护区是指在防洪标准内受防洪工程设施保护的地区。

洪泛区、蓄滞洪区和防洪保护区的范围，在防洪规划或者防御洪水方案中划定，并报请省级以上人民政府按照国务院规定的权限批准后予以公告。

二、防洪区的管理

（一）洪泛区的管理

洪泛区一般地面平坦、土地肥沃、人口稠密、工农业和交通发达，在国民经济中占重要的地位。由于许多河流洪泛区的不合理开发，洪灾损失有逐年增长的趋势。

1. 土地管理

为防止洪泛区不合理的开发，一些国家对洪泛区进行合理的划分，严格区分允许开发的土地和不宜开发的土地。洪泛区土地的划分，一般是根据地形、地势、洪水特性、洪水频率，行洪时的水深、流速以及可能造成的危害程度划分，确定土地使用和建筑物的防御标准，以便对土地的使用、建筑物的高度和位置，以及人口密度等实行分区管理，统筹安排，使每个区域得以合理使用。一般划分为：①严禁区，即 5 年一遇洪水以下的地区，不允许继续开发；②限制区，即 5~20 年一遇洪水位之间的地区，只准许某些必要的发展；③允许开发区，即 50 年一遇洪水才能被淹的地方，允许开发，但对超过这一标准的洪水要有对策。

2. 工程建设管理

为保障洪泛区内居民的生命财产安全，在不影响行洪、蓄滞洪水的前提下，在洪泛区内可以允许修建一些防御经常性洪水的防护堤，在大洪水时清除或破堤行洪；在低标准洪泛区内建设必要的安全或修筑避水楼、村台，抬高建筑物基础的地面高程。大中城市，重要的铁路、公路干线，大型骨干企业，应当列为防洪重点，确保安全。受洪水威胁的城市、经济开发区、工矿和国家重要的农业生产基地等，应当重点保护，建设必要的防洪工程设施。在防洪工程设施保护范围内，禁止进行爆破、打井、采石、取土等危害防洪工程设施安全的活动。

3. 宣传教育

地方各级人民政府应当加强洪泛区管理的领导，组织有关部门、单位对洪泛区内的单位和居民进行防洪教育，普及防洪知识，提高水患意识。按照防洪规划和防御洪水方案建立并完善防洪工程体系和水文、气象、通信、预警等防洪非工程体系,提高洪泛区的防御洪水能力。

(二)蓄滞洪区的管理

蓄滞洪区的管理一般包括经济建设管理、土地利用管理、防洪安全设施建设管理、人口管理等。此外,财产保险和运用补偿也是蓄滞洪区管理工作的重要内容。

1.经济建设管理

蓄滞洪区内的经济建设要满足蓄滞洪区安全运用和减少经济损失为前提,有计划的合理布局。蓄滞洪区内的经济建设必须符合蓄滞洪区建设的总体规划,并执行下列规定:居民点、城镇及工业布局必须符合蓄滞洪要求,在指定的分洪口门附近和洪水主流内禁止设置有碍行洪的建筑物,禁止在蓄滞洪区内建设生产、储存严重污染和危险物品的项目,调整区内经济结构和产业结构等,鼓励企业向低风险区转移或向外搬迁。

2.土地利用管理

蓄滞洪区土地利用、开发必须符合防洪的要求,保持蓄洪能力,实现土地的合理利用,减少分洪损失。要对蓄滞洪区土地按照风险程度实行分区管理,并针对不同土地风险区制定相应的土地利用政策,合理调整区内土地使用权关系,严格禁止无序的土地开发活动。

3.防洪安全设施建设管理

由流域机构或当地水利主管部门编制蓄滞洪区典型年的运用框图和淹没图,并由蓄滞洪区所在地的县(区)人民政府按照淹没图图示,用标志标明典型年的淹没线、洪水水位及水深,并加强宣传,做到家喻户晓。蓄滞洪区所在地的县(区)人民政府和垦殖经营主管单位必须将本县(区)和本单位的防洪安全设施建设列入基本建设计划内,统一安排、优先实施。蓄滞洪区内所有公用、民用、厂矿等建筑设施都必须自行安排可靠的防洪安全设施。已建成的建筑物凡缺乏防洪安全设施或设施不符合要求的,应限期改建。各项基本建设计划中凡未列防洪安全设施计划的,各主管部门不得批准。新建筑物未安排可靠的防洪安全设施的,不得施工。蓄滞洪区安全设施应以就地、就近建设为主,因地制宜,采用多形式、多样化安排,根据地形及人口密度情况,可分别建设安全区、村台、房台、避水楼、备用救生船以及种植树木,修建撤退道路、桥梁等。蓄滞洪区洪水防洪警报传递方式包括广播、电话、电视、报警器、传呼、专用报警系统,以及鸣汽笛、敲锣等。应当根据当地情况和群众习惯,分别按紧急程度确定警报方式,公布于众,必要时还须逐户通知。

4.人口管理

蓄滞洪区所在地人民政府要制定人口规划,加强区内人口管理,实行严格的人口政策,控制区内人口过快增长,逐步引导区内群众外迁或向相对安全的区域迁移。

5.财产保险和运用补偿

国家鼓励和扶持蓄滞洪区实行财产保险和运用补偿政策,以减轻蓄滞洪区内居民因蓄洪造成的损失。目前,国家已经出台并实施了蓄滞洪区运用补偿办法,《蓄滞洪区运用补偿暂行办法》中列出的蓄滞洪区,在运用后国家和地方政府对区内居民造成的损失给予一定的补偿。

第五节　水情监测

一、暴雨监测

(一)卫星云图暴雨监测

卫星云图在天气分析和预报、监测台风动向中发挥着重要作用,并且已经成为重大灾害性天气预报和服务决策中必不可少的资料。

在一张静止气象卫星圆盘图上,可以同时看到从行星尺度到天气尺度、直至中尺度和风暴尺度等各种尺度的天气系统,揭示大气中热力和动力过程。但是,卫星云图上的云和云型,尚不能描述大气演变中的物理过程,并且卫星是从太空向下观测云层,较高的云层可能遮挡了较低云层。由此在云图判释和分析中,必须结合地面上的常规观测数据和数值天气分析预报产品。

气象卫星云图是通过辐射计测量太阳、地球和大气所发射的散布在空间的电磁辐射而得到的。按照普朗克函数,辐射源的温度可以根据其发射辐射的强度量计算,这就是卫星遥感的基本原理。在对气象学有重要意义的可见光和红外波段,主要的吸收气体是水汽、二氧化碳和臭氧。但在各个波段,它们的特性差别很大。每种气体都在某些特定的吸收带中很活跃。但也有一些光谱区域,在那里所有的气体的吸收都很弱,大气几乎是透明的,称这些区域为"窗区"。大部分气象卫星图像产品都是通过"窗区"获得的。

目前,通常运用的图像产品:可见光图像(VIS)、红外图像(IR)、水汽图像。

(二)雷达暴雨监测

雷达发明于第二次世界大战前夕,当时主要测定军事目标的位置。在探测过程中人们发现云、雨等气象目标也会产生回波。因此,从20世纪40年代开始,气象工作者就利用军用雷达来探测和研究气象目标,到了50年代初,已有一些国家先后建立起了天气雷达探测站网。由于雷达能够迅速、准确、细致地测定降水区的位置、范围、强度、性质以及它们随时间的变化情况,因而是一种掌握降水动态和提供降水短时预报的有效工具。1953年Barratt和Browne将脉冲多普勒雷达原理应用于大气探测,1960年初开始了多普勒技术在天气雷达中应用的研究,并着手研制多普勒天气雷达。来自大气中各种气象目标物的雷达回波强度、回波形状的演变,以及与之相联系的多普勒速度,都提供了有关目标物本身的信息以及对流和中尺度大气运动对该目标物作用的信息。现今使用的S波段(10 cm波长)、C波段(5 cm波长)天气雷达所观测到的回波绝大多数来自降水,能够随时探测到测站周围半径几百千米范围内降水的发生、发展、消散、移动等情况。多普勒天气雷达可以探测到降水云内和晴空大气中的水平风场和垂直风场,降水滴谱和大气漏流,可以探测冰雹、龙卷风、下击暴流等。天气雷达在天气预报工作中的应用主要是,进行中尺度天气分析以及利用外推法制作临近预报。利用天气雷达覆盖区域内观测到的卫星图像与雷达图像之间的相关关系,通过使用卫星图像可以将雷达的探测范围扩大,以推测雷达覆盖区域范围以外的降水。

电磁波传播理论是天气雷达工作的理论基础。由雷达天线发射的电磁波,在大气中以光速沿直线路径传播,当传播着的电磁波遇到目标物后便产生散射波,这种散射波分布在目标物周围的各个方向上,其中向后的散射波被雷达天线所接收,这就是回波。在这种返回信号中,既包含有目标物的散射特征,也包含有目标物的运动特征。常规天气雷达通过对回波信号幅度的处理,得到表征目标物散射特征的散射截面,即降水回波强度;而多普勒天气雷达除具有探测云和降水的位置和强度的功能外,它以多普勒效应为基础,根据返回信号的频率漂移,还可以获得目标物相对于雷达运动的径向速度。其基本原理是,与静止目标物相比,正在移动的雷达目标物,其回波信号的频率要发生漂移(频率会发生一定的变化),回波信号频率上的这种变化叫作多普勒频移,尽管其变化量很小,但雷达还是能够测量到的。这就要求雷达以一种非常稳定的方式发射脉冲,才能满足所需的精度要求。

雷达资料的显示方式有:平面位置显示(简称平显或 PPI)、等高平面位置显示(简称 CAPPI)、距离高度显示(简称高显或 RHI)。

(三)雨量站

降水是十分重要的气象要素,是形成径流、洪水等水情现象的主要原因。降水按降落到地面的形态不同,可分为降雨、降雪和降雹等。一般情况下,汛期的洪水主要由降雨产生。在日常水情值班过程中,要随时密切监视流域内降雨情况,对较大范围的降雨要有高度的敏感性,因为这些降雨有可能产生洪水。

对于重要防汛地区,应建设必要的雨量站以控制降水的空间分布。最稀站网密度是一个与国家整体发展水平基本相称,并能够在水资源开发和管理上避免发生严重缺陷的站网。世界气象组织(WMO)根据各国的平均情况提出了容许的最稀站网密度,如表 4-1 所示。

表 4-1　世界气象组织推荐的主要水文站类的站网容许最稀密度

地区类型	站网最小密度(每站控制面积,km^2)		
	雨量站	水文站	蒸发站
温带、内陆和热带的平原区	600～900	1 000～2 500	50 000
温带、内陆和热带的山区	100～250	300～1 000	30 000(干旱地区)、100 000(寒区)
干旱和极工区 (不含大沙漠)	1 500～10 000	5 000～20 000	

降水监视一般利用水情信息查询系统进行。对于较小的降雨,利用列表查询就可以了;对于较大的降雨,除进行列表查询外,还要绘制降水量等值线图,分析降水的空间分布,并利用洪水作业预报系统对降雨可能产生的洪水进行计算。

我国降水量观测使用的仪器,目前大部分为 20 cm 口径的雨量器和日周期的虹吸式自记雨量计,亦有部分站开始使用翻斗式有线与无线雨量计。降水量以降落在地面上的水层深度表示,常以 mm 为单位。观测降水量的仪器有人工雨量器和自记雨量计。

雨量观测一般采用定时观测,通常在每天 8 时观测日雨量。雨季为更好地掌握雨情变化,根据降雨强度增加观测段次,如4段制、8段制、12段制、24段制。

二、洪水监测

(一)水情站网

水情测站是最基本的水情信息采集点。一个水情测站所能控制的范围是有限的,因此必须布设一定数量的水情测站,形成相互联系的分布网,靠它们的联合作用,来控制大范围的水情现象,这个网络,称为水情站网。

水情站网布设按照经济、合理、实用的原则,运用科学的方法把各个水文测站设置在河道断面合适的位置上。

水情站网不同于水文站网。水文站网是为研究水文规律和为国民经济建设、防洪减灾、水资源利用等提供基础资料,而水情站网是为流域防洪、水资源调度与管理等提供决策支持。因此,水情站网在采集数据之后,要通过各种先进的通信手段实时地将信息传输到各级水情部门。

水情测站按报汛任务和性质分为雨量站、水位站、流量站等。水情站网必须依照不同的测站类型,按照防汛需要进行布设。

(二)水情测报

1. 水位测量

河流、湖泊、沼泽、水库等水体的自由水面离开设定的固定基面的高程称为水位,其单位以m表示。水位是水利建设、防洪抗旱斗争的重要依据,直接应用于堤防、水库、堰闸、灌溉、排涝等工程的设计,并据以进行水文预报工作。

观测水位常用的设备有水尺和自记水位计两大类。

水尺按构造形式的不同,可分为直立式、倾斜式、矮桩式和悬锤式四种。其中,直立式水尺构造最简单,观测方便,采用最为普遍。观测时,水面在水尺上的读数加上水尺零点的高程即为水位。

水位观测次数视水位变化而定,以能测得完整的水位变化过程,满足日平均水位计算及发布水情预报的要求为原则加以确定。当水位变化平缓时,每日8时和20时各观测1次。枯水期每日8时观测1次。汛期一般每日观测4次,洪水过程中还应根据需要加密观测次数,使之能得出完整的洪水演变过程。

自记水位计能将水位变化的连续过程自动记录下来,具有连续、完整、节省人力的优点。有的还能将观测的水位以数字或图像的形式远传至室内,使水位观测工作日益自动化和远程化。自记水位计种类很多,主要形式有横式自记水位计、电传自记水位计、超声波自记水位计和水位遥测计等。

2. 流量测量

流量是江河的重要水文特征,是反映水利资源的基本资料。在单位时间内流过江河某一过水断面的水体总量称为流量,单位为 m^3/s。

水文现象的自然规律复杂,在目前科学技术水平下,还不能从物理成因方面对江河的流量给以准确的推断和预见它的发生和演变。因此,在实际工作中,只有在江河的合适河段,设立固定的测流断面,进行长期观测,为研究流量的变化过程和规律,满足水利工程及其他社会主义建设的需要提供资料。

流量测验不能像水位观测那样瞬时完成，也不可能把流量变化的每一个转折点都实地测到，更不能逐时施测。因此，单靠施测流量是不能完全掌握流量的变化过程，并准确地求出流量特征数值的。解决这个问题，必须借助于施测流量与观测水位相结合的方法。

江河流量测验的方法很多，按工作原理划分为四大类，即面积—流速法、水力学法、化学法、物理法等。其中，面积—流速法是最常用的测流方法。

3. 泥沙测量

在径流形成过程中，水流对地表土壤的侵蚀和对沟谷、河道的冲刷，使天然河流常常挟带泥沙。特别是土壤结构疏松（如黄土层）或植被破坏严重、坡地垦种发达的地区，水土更易流失。这就是我国西北和北方河流含沙量较大的原因。河水挟带泥沙，常使河道淤积，降低河道过洪能力，抬高水位，加剧洪水威胁。泥沙淤积还给工程建设带来不良影响，如引水工程的口门淤积，将使农业灌溉、工业用水受影响，水库的淤积直接影响工程效益的发挥，港埠、航道的淤积将危及交通运输的畅通。此外，泥沙对水力机械的磨损，将使设备的工作效率降低，维修费用增多。因此，在流域规划、河道整治等工程建设中，都要处理好泥沙问题。另外，泥沙也可作为自然资源加以利用。例如，粗颗粒泥沙是极好的建筑材料。引洪淤灌可以改造碱地、沙地，增加农业收入，抽泥填塘、洼地放淤可以加固堤防，增强防洪能力。

要处理好泥沙问题，达到兴利、除害的目的，首先必须了解泥沙的来源、数量和特性，研究其运动规律。因此，必须开展泥沙测验，系统地收集资料，为工程的规划设计和管理运用提供科学依据。

在汛期，随着雨季的来临，河道的流量逐步增加。当暴雨集中在产沙区时，雨水会冲蚀大量泥沙进入河道，引起河道剧烈的冲淤变化，河势摆动，直接威胁两岸大堤安全。高含沙水流进入水库库区后，还会造成库容的大量减少，影响水库的使用寿命。因此，各级防汛部门需要及时掌握水流含沙量的变化情况，科学实施防汛措施，确保防汛安全。

根据流域地质构造，我国的江河泥沙可分为两类：悬移质和推移质泥沙。悬移质泥沙颗粒很小，一般漂浮于水中。推移质泥沙颗粒较大，一般随着流速的大小在河底滚动。因此，泥沙测量器具也分为悬移质采样器和推移质采样器。

悬移质采样器种类很多，按取样时间分为瞬时式采样器和积时式采样器两类。此外，随着科学技术的发展，已有了在野外直接测定含沙量的仪器（如同位素测沙仪）和在线式仪器（如振动式测沙仪）。

4. 水情报汛

当测站的各种水情要素测量完成以后，要及时将水情数据按照《水情信息编码标准》（SL 330—2005）的规定拟成水情报文，通过各种通信方式发送到所属的水情分中心，进入水情信息网络。

目前，我国大部分测站所使用的报汛方式有电话、微信、QQ、蓝信、短波或超短波、卫星、全球移动通信系统（GSM）等。

当水情电报传输到水情分中心后即进入水情信息骨干网络，各水情站点之间的相互报汛利用全国水情信息计算机广域网自动转发。

　　测站的测报基本要求是要做到"四随"和"四不"。"四随"是指随测算、随拍报、随整理、随分析;"四不"是指不错报、不迟报、不缺报、不漏报。另外,对于水情测验时发生的一些特殊情况,还应积极主动地与上级水情部门汇报,便于对水情数据的合理使用。

(三) 实时水情信息接收与处理

　　当水情电报进入水情信息网络后,在流域机构和省(自治区、直辖市)水情中心运行的实时水情信息接收与处理系统自动接收水情电报,并利用译电程序将水情电报翻译成各类水情数据并载入实时水情数据库。各级防汛部门可启动水情信息查询软件对实时雨水情进行监视和查询。

　　水情信息接收处理系统一般包括水情接收、水情值班、水情译电、水情查询等软件模块。这些模块要有人工功能,便于值班人员对各类错报进行处理。

　　1. 水情接收软件

　　水情接收软件的主要功能有:

　　(1)人工水情录入。

　　(2)自动批量水情输入。

　　(3)同时多路接收网上传送的水情。

　　(4)通过网络向有关单位转发水情。

　　(5)接收水情信息量的统计(报量、时效性等)。

　　(6)系统接收情况的监视。

　　2. 水情值班软件

　　水情值班系统建设内容主要为水情监视、水情查询、分析计算、值班管理四部分。水情监视是对各种特殊水情进行报警,提示值班员根据岗位要求做相应的业务处理。当水情电报接收以后,值班系统通过调用译电程序将水情电报翻译成水情数据,并存入实时水情数据库。水情查询的主要任务是对河道、水库、闸坝的各类水情进行查询。分析计算是对接收到的实时雨水情信息进行加工处理,为值班员快速了解雨水情变化提供方便的工具。值班管理是为系统运行和水情值班过程中业务处理而提供的功能。

　　水情值班系统的功能分为水情监视、水情查询、分析计算和值班管理。

　　水情监视的主要功能为:自动对暴雨加报、错报、起涨流量、洪峰流量、河水干涸特殊情况进行告警,告警的主要方式为声音告警,以便提醒值班人员及时做出处理。

　　水情查询主要功能为:时段雨量、日雨量、旬雨量、月雨量,以及河道、水库、闸坝站水冰情、径流量、输沙量、蒸发量等。

　　分析计算主要功能为:时段雨量分析、单日雨量分析、多日雨量合计、多月雨量合计、历年同期水情对比、水沙量计算等。

　　值班管理的主要功能为:水情译电、错报修改、报文查询、流水号查询、防汛电话查询、报汛任务查询、值班记事、用户管理等。

　　3. 水情译电软件

　　水情译电软件由水情编码软件和水情解码软件两部分组成。

　　水情编码软件是报汛单位将各种水情要素转换为相应的水情电报,并通过不同的通信方式报出。

　　水情解码软件是将水情电报处理成水情数据并进入实时水情数据库,为黄河防汛和水资源调度提供信息支持。

　　水情编码和解码软件的主要依据是水利部2005年发布、2006年3月1日开始实施的《水情信息编码标准》(SL 330—2005)。

　　1)水情编码软件

　　水情编码软件应具有以下具体功能:

　　(1)根据配置文件中的参数及当前时间,自动给出本站的输入界面。

　　(2)采用图表形式的输入界面,便于测站人员输入本站需编报的各类信息。

　　(3)通过读取交换文件,获取自动测报系统传来的水情信息(主要为雨量、蒸发、水位信息)。

　　(4)根据输入信息(或交换文件传来的信息),按照本站站类,自动生成水情报文,并对生成的报文进行校核。

　　(5)建立本站实时水情数据库,用于存储本站、本站所辖各站(对于中心站而言)及上游站的雨水情信息,存储本站收、发报文。

　　(6)具有实时水情及本地库中存储的有关信息(如本站基本情况、报文编报情况等)的查询功能。

　　2)水情解码软件

　　水情解码软件应具有以下具体功能:

　　(1)能够根据水情工作人员的需要,给出各种信息及各种编码格式的输入界面,并对输入的水文要素进行编报。

　　(2)对于报汛站兼作水情分中心的情形,能够通过读取交换文件,获取自动测报系统传来的水情信息(主要为雨量、蒸发、水位信息),并根据本站站类及有关参数,自动生成水情报文。

　　(3)自动接收各测站传来的水情报文,并能将各种信道传来的报文进行有机组合,形成可供译码软件进行处理的文本文件。

　　(4)对接收到的报文进行译码处理,形成本地的实时水情数据库。

　　(5)译码处理中,存储报文传输信息(如收到时间、是否错误、错误类型等方面的信息)等日志文件,并产生提交信息。

　　(6)具有实时水情及本地库中存储的有关信息(如本站基本情况、报文编报情况等)的查询功能。

　　(7)具有报汛工作的管理、统计、分析功能。

　　4. 水情查询软件

　　水情查询软件一般又叫水情会商系统,它既是水情业务人员数据查询、统计、分析,以及汛情监视、值班管理的支持系统,又是水情会商的支撑平台,具体功能主要包括地理信息查询、水情(凌情)业务信息查询、汛情监视、汛情分析、水(凌)情会商和报表生成等。某一个流域的水情查询软件要实现全流域水情信息服务,提供实时气象、雨水沙情,为防汛水情及凌情会商和值班管理提供软件环境。系统界面要求简洁、美观、友好、实用,操作方便、简易、直观、逻辑性强,系统运行效率高、平稳可靠、容错性好。

第六节　防汛通信

一、常用名词解释

(一)无线电波

无线电波一般指长由 100 000 m 到 0.75 mm 的电磁波。根据电磁波传播的特性,又可分为超长波、长波、中波、短波及超短波、微波等几个波段,其划分见表4-2。

表4-2　无线电波波段划分

波段	波长	频率	波段		波长	频率
超长波	100 000~10 000 m	3~30 kHz	超短波		10~1 m	30~300 MHz
长波	10 000~1 000 m	30~300 kHz	微波	分米波	1~0.1 m	300~3 000 MHz
中波	1 000~100 m	300 kHz~3 MHz		厘米波	10~1 cm	3 000~30 000 MHz
短波	100~10 m	3~30 MHz		毫米波	10~1 mm	30 000~300 000 MHz

(二)超长波通信

超长波通信是指利用波长为 10 000~100 000 m(频率为 3~30 kHz)的无线电波的无线通信。主要用于远航舰艇、水下潜艇通信。优点是通信距离远,通信稳定可靠,超长波具有穿透海水能力(可穿透 15~30 m)。缺点是发射天线庞大,造价高,频带窄,通信容量小。

(三)长波通信

长波通信是指利用波长为 1 000~10 000 m(频率 30~300 kHz)的无线电波进行的通信。多用于越洋通信、水下通信、地下岩层通信及通航等。优点是通信距离较远,受气象变化影响小,可进行全线可靠通信。缺点是设备大,成本高,通信容量小,天电干扰大。

(四)中波通信

中波通信是指利用波长为 100~1 000 m(频率为 300~3 000 kHz)的无线电波进行的通信。用于广播、海洋、航空无线通信及无线电导航方面。

(五)短波通信

短波通信是指利用波长为 10~100 m(频率为 3~30 MHz)的无线电波进行的通信。短波通信比较方便,设备也较简单,但可靠性和稳定性较差,昼夜、季节变化有影响。在发生磁爆、极光、核爆炸时,短波通信因电离层发生骚动而不稳定,甚至会完全中断。

(六)超短波通信

超短波通信是指利用波长在 1~10 m 以下(频率为 30~300 MHz)的无线电波进行的通信。主要应用于电视、雷达、导航及移动通信等方面。

(七)微波通信

微波通信是利用波长为 1~1 000 mm 以下(频率为 300~300 000 MHz)的电磁波传播进行通信。特性是类似光的传播,一般沿直线传播,绕射能力很弱,所以一般用于进行视距内通信。对长距离通信可采用接力方式,称为微波中继通信;也可利用对流层传播进行通信,称为对流层散射通信;或利用人造卫星进行转发,即卫星通信。优点:频带范围宽,通信容量大,多为多路通信,传播相对较稳定。

(八) 微波中继通信

微波基本上沿直线传播,但地球表面是一个球面,两地间距离稍远就不能直接微波通信。为此,常在两个通信点之间设立中继站,按接力方式一站一站地依次传递下去,以实现远距离通信,称为微波中继通信。优点:微波波段频带很宽,可容纳数量较多的话路而不致互相干扰;外界干扰小,通信稳定;方向性强,保密性较好;成本比有线通信低。缺点:设备比较复杂,保密性比有线通信差。

(九) 数字微波中继系统

这是一种传送数字信号的微波中继系统。特点:数字信号在传输过程中,可用再生中继器整形还原后重新发送,使失真不致积累,传输质量好;终端设备经济;微波发射功率小;保密性能好;多种信息传输和交换时灵活性大。

(十) 散射通信

散射通信是一种超视距的通信手段,它利用空中介质对电磁波的散射作用,在两站地面进行通信。对流层、电离层、流量余迹、人造散射物体等都具有散射电磁波的性质。由于散射通信中电磁波传输损耗很大,到达接收端的信号很微弱。为了实现可靠的通信,一般要采用大功率发射机、高灵敏度接收机和高增益、窄波束的天线。

(十一) 电台

电台通常指无线电台,用来发送和接收无线电波进行通信的一整套装置。通信方式一般是电话或电报。

电台分类如按波长来分有长波、中波、短波、超短波等;按调制方式来分有调幅、调频、单边带等;按装置方式分有固定、移动、车载、机载、舰载、背负、便携等。

(十二) 便携式电台

能随身携带,并能在行进中进行通信联络的小型电台叫便携式电台,如背负式电台等。有时按使用波段、调制方式、输出功率不同,又有短波调幅电台、单边带电台、超短波调频电台等名称。一般用编型号的方法加以区别。

便携式电台由收发信机、天线、电源以及耳机、话筒、电键等附件组成。其特点是结构紧凑,体积小,重量轻,电源消耗少,在使用中机动性很大。

(十三) 车载电台

安装在汽车内专用的电台叫车载电台。车载电台的设备比便携式电台大,通信距离也较远,在快速运动中,能随时保证通信联络。

(十四) 固定式电台

固定式电台是一种通信距离远的大型电台。它的收发设备、天线都较庞大,通信容量也较大,可采用多种通信方式,适宜安设在固定地点。

(十五) 调频电台

采用调频制的电台叫调频电台。调频电台的频带较宽,因此都在超短波中使用。调频电台的主要优点是抗干扰性强,消耗功率小,目前超短波电台中已大量采用调频制。

（十六）卫星通信

卫星通信是利用人造地球卫星作为中继站来转发或反射无线电信号，在两个或多个地面站之间进行的通信，可传输电话、电报、数据、电视等。

卫星通信的优点是：

（1）通信距离远。人造地球卫星一般在地球上空几千千米至几万千米运转，用它作中继站，可进行越洋通信和洲际通信。利用几个高度和位置得当的卫星，可实现全球通信。

（2）通信容量大，可传输几路电视或几千路电话。

（3）卫星通信不受大气层骚动的影响，通信可靠。

（4）覆盖面积大，可实现多址通信和信道按需分配，通信灵活机动。

（十七）光通信

用激光器或发光二极管等的光波为载波的通信称为光通信。它是利用空间、光纤维、光波导作为传输媒质，经过强度调制或脉码调制进行宽带传输。利用光纤维传输损耗低，可实现大容量的通信。

（十八）载波电话

利用频率分割的原理，在一对线（二线制）或两对线（四线制）上同时传输多路电话。载波电话是将发送端的各路音频经过一次或多次调制，分别调到不同的线路传输频带，经线路和增音设备传输到接收端，再由各自对应的频带通过滤波器选出所需的信号，经一次或多次反调制还原成各路音频信号。由于采用滤波器将各路音频分隔开，因而各话路互不干扰。

二、全国防汛通信建设情况

为了及时掌握暴雨洪水、工情、灾情等防洪信息，迅速传达调度决策和防汛指挥命令，应建设畅通可靠的通信网络，以加强防洪调度，确保防汛安全。

（一）防汛系统干线通信网

防汛系统干线通信网主要承担水利系统管理和防洪调度指挥任务。干线通信网分为如下 3 级：

（1）一级通信网是以国家防汛抗旱总指挥部、水利部为中心，连接各流域机构、直属水利工程管理单位、重点防洪省（自治区、直辖市）水利和防汛部门的通信网。

（2）二级通信网是以流域机构或省（自治区、直辖市）水利和防汛部门为中心，连接重点防洪地区、直属水利工程管理单位、大型水利枢纽的通信网。

（3）三级通信网是以省（自治区、直辖市）水利、防汛部门至地区、县及下属防洪工程、水利枢纽、水文站的通信网。

防汛系统干线通信网在加强自身建设的同时，应充分利用电信、水利部门已建的通信系统，防汛期间还要利用电力、石油、交通、公安、部队等方面的通信手段为防洪服务。

过去，我国的防汛通信主要依靠有线通信，大多使用电信部门的通信线路。近年来从有线通信到无线通信，从短波、超短波发展到数字微波、卫星通信，取得了较快的发展。目前，全国各省（自治区、直辖市）和直属流域机构的防汛、水利工程管理、水文部门都根据本地区、本部门防汛工作的需要,因地制宜地建成了不同规模的短波、超短波通信网。在黄河中下游、长江荆江河段、汉江流域、淮河干流及沂沭河流域、珠江流域的西江及北江等大江大河的重点河段,建成了数字微波干线通信网,并实现了程控交换机联网。卫星通信网,已完成了水利部至长江水利委员会、黄河水利委员会、淮河水利委员会、海河水利委员会、珠江水利委员会、松辽水利委员会和丹江口、潘家口、察尔森、飞来峡等的卫星通信网建设,目前运行情况良好。随着国家防汛抗旱指挥系统的建设,我国防汛调度指挥系统将大为改善,已实现话音、数据、图像的传输、电视会议及异地会商等方面的功能。

但是必须看到,我国通信网建设发展还不平衡,如嫩江、松花江、长江武汉以下干流重点河段在抗御 1998 年特大洪水时,就暴露出因没有专用通信手段而造成被动局面的问题;重要大中型水库与多级防汛指挥部门间的通信仍用短波、超短波通信,不能实现数据联网;报汛通信目前主要依靠公用通信网进行传递,满足不了洪水预报的要求。建设和完善我国防汛通信网还有许多工作有待完成,任重道远。

(二) 水情自动预报系统

目前,我国防洪信息的收集,主要靠人工观测的资料以专用电报或电话通过电信系统公共通信设施传递到各级防汛部门。这种信息收集方式存在很多缺点,首先是通信的可靠性差。水文基层站点到电信部门多半采用有线通信,遇到大风暴雨,倒杆断线现象严重,难以保证信息畅通。其次是报汛不够及时,信息收集费时,特别是对于小流域和区间洪水汇流时间短,不能满足防汛实时调度的要求。开发、建设水情自动测报系统,有利于及时有效地获取防洪信息,充分发挥洪水预报预见期的时效,提高防洪实时调度的防洪减灾效果。目前我国大江大河的部分重点河段和重要大中型水库已完成近 2 000 个水情自动测报系统建设,实现实时收集水文数据的遥测站约 20 000 个。

1. 水情自动测报系统工作

水情自动测报系统是应用遥测、通信、计算机技术完成江河流域降水量、水位、流量、闸门开度等数据的实时采集、报送和处理的信息系统。

水情自动测报系统由遥测站、中心站、信道(包括中继站)共同完成水情信息的自动采集、传递和处理。遥测站分布于野外,特别是报汛雨量站,大部处于边远山区。由遥测站采集实时水情信息数据,对数据进行信源编号、信道编码,调制器将数字信号调制为副载波信号,由发射机向中心站辐射。遥测站与中心站之间的介质(大气、地面障碍物或导线等)将对辐射的电磁波(采用超短波)产生衰减作用,到达中心站接收机输入端的信号必须超过接收机的灵敏度。中心站接收机收到遥测站送来的信号后,送解调器进行解调,再传送到中心计算机进行解码、检错纠错及按预定要求进行数据处理。

超短波通信一般属于视距内通信,距离较短,若受地形影响,则要用中继站进行接力通信。中继站的核心设备是中继机,其功能是直接地或再生地转发中心站的指令和遥测站的数据信号。超短波通信中继站的中继方式有:模拟(包括音频、中频和射频模拟)中继和数字再生(码元或存贮再生)中继两种。线路余量较大、干扰不甚严重的线路,可采用模拟中继;否则应使用数字再生中继方式。

2. 系统类型

按照采集数据的方式不同,水情自动测报系统可分为自报式、应答式和混合式三类系统。

按规模和性质的不同,水情自动测报系统可分为水情自动测报基本系统和水情自动测报网。水情自动测报基本系统由中心站、遥测站、信道(包括中继站)组成。水情自动测报网是通过计算机的标准接口和各种信道,把若干基本系统连接起来,组成进行数据交换的自动测报网络。

3.自动测报系统的组成

(1)传感系统。由若干个雨量站、水位站组成,含有雨量/水位采集、传感器、模数转换的设备。

(2)传输系统。传送各种水情数据、控制信号、监测信号等,可由无线通信、有线通信方式完成。

(3)计算机系统。负责水情测报系统全部程序管理,以及监测、数据处理、模型处理等。

(三)防洪警报系统

防洪警报是当预报即将发生严重洪水灾害时,为动员洪水可能淹没区的群众有组织、迅速迁移安置,由当地政府防汛指挥机构发布的紧急信息。若能尽早发布防洪警报,可使淹没区的居民及时撤离危险地带,并尽可能转移财产、设备、牲畜,减少生命财产损失。发布防洪警报是政府的职责,其减灾效果取决于社会有关方面的配合行动。防洪警报发出后,防汛指挥机构及当地政府应尽最大可能做好紧急抢险、救济灾民、防治疾病等工作。防洪警报越及时、越准确,人民生命财产的安全越有保障。

防洪警报与洪水预报有密切关系。水文部门根据实时水雨情信息,做出洪水预报,并通过洪水调度演算及决策研究,可对超常洪水,尤其是对特大洪水做出预报。各级政府和防汛抗旱部门根据洪水预报,对可能发生的洪水做出相应的防御决策。由此可见,防洪警报是防洪调度决策实施的极其重要的防洪非工程措施,其防洪减灾作用是显而易见的。洪水预报预见期是保证防洪警报实施效果的重要前提,预报预见期愈长,防洪警报愈及时,洪灾损失就愈小。

目前,我国蓄滞洪区防洪警报网多是以县为中心,用有线通信、无线通信的方式向乡、村、居民传达警报信息。在黄河、长江、淮河、海河等流域的重点蓄滞洪区已初步建立无线警报通信网和信息反馈系统。

第七节　防汛抗旱指挥决策系统

一、系统建设的必要性

国家防汛抗旱指挥系统,是在全国防洪调度系统研究的基础上,根据我国防汛抗旱工作的迫切需要,由信息采集、通信、计算机网络、决策支持系统和黄淮地区的新一代天气雷达应用系统组成的。它是一项多学科、高技术、跨地区、跨部门、投资大、建设周期长的决策指挥系统工程,能高效、可靠地为我国各级防汛指挥机构及时、准确地监测和收集所管辖区域内的雨情、水情、工情、灾情,对当前防洪形势做出正确分析、判断,对雨水情趋势做出预测和预报,根据防洪工程现状和调度规则快速提供调度方案,为决策者提供全面支持,达到最有效运用防洪工程体系,将洪涝灾害损失减到最低的目的。

二、系统建设的目标

决策指挥系统建设的总目标是根据防汛抗旱工作的需求,建成一个以水、雨、工、旱、灾情信息采集系统和雷达测雨系统为基础,通信系统为保障,计算机网络系统为依托,决策支持系统为核心的覆盖全国的国家防汛抗旱指挥系统。要求该系统先进实用,高效可靠,达到国际先进水平,能为各级防汛抗旱指挥部及时地提供各类防汛抗旱信息,较准确地做出降雨、洪水和旱情的预测预报,为防洪抗旱调度指挥决策和抢险救灾提供有力的技术支持。系统建成后应达到以下具体目标:

(1)在水情信息采集方面,中央报汛站中的雨量和水位观测,全部采用数据自动采集、长期自记、固态存储、数字化自动传输技术,以提高观测精度和时效性。中央报汛站的测洪能力提高到接近或达到相当于设站以来发生的最大洪水或略高于堤防防御标准的水平。大江大河水文站在发生超标准洪水或意外事件的情况下,有应急测验措施。对流量、泥沙等其他水文信息通过人工置数进行数字化自动传输。

(2)在报汛方面,通过对中央报汛站报汛设施的更新改造,建设224个水情分中心,实现在半小时内收集齐全国3 002个向中央报汛的主要测站的水雨情信息。

(3)建成分布合理、初具规模的工、旱、灾情信息采集网,初步实现工、旱、灾情信息传输的计算机网络和有关信息的实时传输。建设2 280个工情分中心、2 670个旱情分中心,以及150个移动工情信息采集站。工程险情和突发事件要测得到,报得及时,信息丰富直观。建立健全旱情测报网,规范旱情信息的采集和传输,并能够对水文气象干旱、农业干旱等做出分析评价和趋势预测。

(4)建设防汛通信和计算机网络。首先考虑使用电信公用网,充分发挥已有防汛通信设施的功能,为防汛决策指挥提供可靠的通信保证。依托国家公网,建设全国地市级分中心及其以上的计算机网络,提高信息传输的质量和速度,提高信息共享的程度,改善防汛信息的流程,并通过防汛抗旱计算机网络的建设带动整个水利信息网的建设。

(5)建设中央、流域机构、省(自治区、直辖市)和地市级防汛抗旱决策支持系统。加快各类防汛抗旱信息的收集、处理、存储和展示的速度,提高洪水预报的精度,延长洪水预见期,建立江河洪水调度方案实时制定和比较分析系统,改善防洪调度分析手段,提高洪水模拟仿真能力,改善各级防汛抗旱部门的工作环境,提高效率、质量和防汛决策指挥的科学性。

(6)建设黄淮地区的新一代天气雷达系统,提高中小尺度天气系统的监视能力和降水预报精度。

三、系统包含的内容

国家防汛抗旱指挥系统是一个覆盖全国的多层次的分布系统,它的总体结构是按各级防汛抗旱机构职责和隶属关系分为5个层次,即国家防总(部)级、流域级、重点防洪省(自治区、直辖市)级、地(市)级、县(区)级,5级之间由通信系统和计算机网络相互连接。

国家防汛抗旱指挥系统是为各级防汛抗旱部门的领导提供决策支持的,用户和该系统的界面是决策支持系统;信息采集系统、通信系统为各级决策支持系统提供快速可靠的信息资源;广域网则保证各级决策支持系统工作的协调和配合,部门网为各级决策支持系统提供运行环境。

国家防汛抗旱指挥系统的4个分系统的设计界面,根据信息流程及其完整性和系统功能来划分。系统总体结构有3类物理界面,即通信系统和计算机网络系统之间的界面,物理界面在路由器的通信系统一侧,决策支持系统和计算机网络系统之间的界面,划分在物理网段上工作的计算机的网卡。网卡及其互联的缆线、联网设备和网络服务器属部门网,计算机硬件、软件平台及其上的数据库和各种应用系统,均属决策支持系统;信息采集系统和计算机网络系统、决策支持系统之间的界面,计算机网络系统和信息采集系统之间的界面与采集系统星形网的中心机(若在网上)的网卡;信息采集系统和决策支持系统间的界面存在于临时信息库。

四、系统的主要功能

国家防汛抗旱指挥系统建成后,系统主要功能如下:

(1)完成水情、工情、旱情、灾情信息采集和报送。3 002个中央报汛站的测洪能力应接近或达到建站以来最大洪水水平,中央可在半小时收齐雨水情信息,初步实现防洪工程险情、实时旱情信息、洪涝旱灾情统计信息的格式化和计算机网络传送和处理。

(2)决策支持系统根据各级防汛部门防汛任务的需要分别建成各类数据库(遵循统一的表结构),对防汛抗旱灾情信息进行处理和汛情分析,雨情预报,洪水预报、调度以及旱情、灾情预测等分析计算,建成防洪决策支持系统及旱情信息系统。

(3)在计算机网络支持下,实现以国家防办为中心,各流域机构和省(自治区、直辖市)防汛抗旱部门为纽带,各地信息分中心为基础,建成全国防汛抗旱计算机网络系统,实现信息的交流、共享,同时具有良好的保密和安全性能,提高办公效率和自动化水平,保证信息畅通,提供决策服务。

(4)通信系统可提供多种灵活的通信手段,确保系统覆盖范围内的各级防汛抗旱部门及有关单位、重点防洪地区、蓄滞洪区、报汛站的通信畅通和对突发事件的快速反应,并具有为召开全国电话会议、异地会商、图文传真、发布洪水警报等提供通信服务的能力。

第五章 堤防工程险情

堤防在汛期高水位作用下易出现的险情有渗水、管涌、漏洞、滑坡、陷坑、坍塌、裂缝、风浪、漫溢。洪水期应及时巡堤查险,一旦发现险情,应分析出险原因,有针对性地采取措施,及时进行抢护并上报,防止险情扩大。

第一节 渗 水

一、现象

渗水也叫散浸,是堤防等防洪工程在高水位作用下,背河坡面及坡脚附近地面出现的土壤渗水现象,其特征是土壤表面湿润、泥软或有纤流。渗水原因主要是堤身断面单薄、土壤孔隙率大、有裂缝、压实不好,堤身有隐患,地基透水性强等。渗水严重时,有发展成为管涌、漏洞、滑坡的可能。堤身渗水示意见图 5-1。

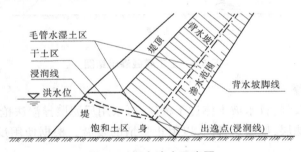

图 5-1 堤身渗水示意图

二、抢护原则

临河截渗,背河导渗。

三、抢护方法

(一)临河截渗

1. 桩柳(土袋)前戗截渗

当临河水较浅有溜时,土料易被冲走,可采用桩柳(土袋)前戗截渗。具体做法如下:①在临河堤脚外用土袋筑一道防冲墙,其厚度及高度以能防止水流冲刷戗土为度。如临河水较深可做桩柳防冲墙,即在临水坡脚前 1~2 m 处,打木桩或钢管桩一排,桩距 1 m,桩长根据水深和溜势决定。②在已打好的木桩上,用柳枝或芦苇、秸料等梢料编成篱笆,或者用木杆、竹竿将桩连起来,上挂芦席或草帘、苇帘等,高度以能防止水流冲刷戗土为度。

木桩顶端用 8 号铅丝或麻绳与堤顶上的木桩拴牢。③在抛土前,应清理边坡并备足土料,然后在桩柳墙与堤坡之间填土筑戗。也可将抛筑前戗顶适当加宽,然后在截渗戗台迎水面抛铺土袋防冲。土袋前戗截渗示意见图 5-2。

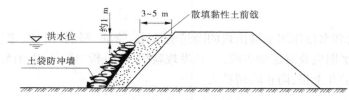

图 5-2　土袋前戗截渗示意图

2. 土工膜截渗

当缺少黏性土料时,若水深较浅,可采用土工膜加保护层的办法,达到截渗的目的。土工膜截渗示意见图 5-3。首先在堤防临水侧铺设土工膜,然后抛土袋压护闭气,从而达到防渗的目的。

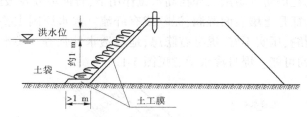

图 5-3　土工膜截渗示意图

(二) 反滤层导渗

当堤身透水性较强,背水坡土体过于稀软,可采用反滤层导渗法抢护。此法主要是在渗水堤坡上满铺反滤层,使渗水排出,以阻止险情的发展。根据使用反滤材料不同,抢护方法有以下几种。

1. 砂石反滤层

在抢护前,先将渗水边坡的软泥、草皮及杂物等清除,清除厚度 20~30 cm。按反滤的要求均匀铺设一层 15~20 cm 的粗砂,上盖一层厚 15~20 cm 的细石,再盖一层厚 15~20 cm、粒径 2 cm 的碎石,最后压上块石厚大于 30 cm,使渗水从块石缝隙中流出,排入堤脚下导渗沟。砂石反滤层示意见图 5-4。

2. 梢料反滤层 (又称柴草反滤层)

按砂石反滤层的做法,将渗水堤坡清理好后,铺设一层稻糠、麦秸、稻草等细料,其厚度不小于 10 cm,再铺一层秫秸、芦苇、柳枝等粗梢料,其厚度不小于 30 cm,然后再压不小于 30 cm 厚的块石或土袋保护(见图 5-5)。

3. 土工织物反滤导渗

当背水堤坡渗水比较严重,堤坡土质松软时,采用此法铺时应使搭接宽度不小于 30 cm。其上面还要满铺 40 cm 以上的一般透水料,最后再压不小于 30 cm 的块石、碎石或土袋进行压载(见图 5-6)。

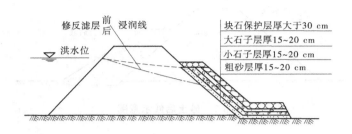

图 5-4　砂石反滤层示意图

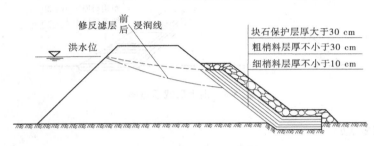

图 5-5　梢料反滤层示意图

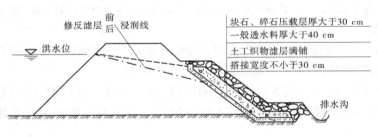

图 5-6　土工织物反滤层示意图

（三）透水后戗（透水压渗台）

此法既能排出渗水，防止渗透破坏，又能加大堤身断面，达到稳定堤身的目的。一般适用于堤身断面单薄，渗水严重，滩地狭窄，背水堤坡较陡或背河堤脚有潭坑、池塘的堤段。当背水坡发生严重渗水时，应根据险情和使用材料的不同，修筑不同的透水后戗。

1. 砂土后戗

在抢护前，先将边坡渗水范围内的软泥、草皮及杂物等清除，开挖深度 10~20 cm。然后在清理好的坡面上，采用比堤身透水性大的砂土填筑，并分层夯实。砂土后戗一般高出浸润线出逸点 0.5~1.0 m，顶宽 2~4 m，戗坡 1:3~1:5（见图 5-7）。

2. 梢土后戗

当附近砂土缺乏时，可采用此法。其外形尺寸以及清基要求与砂土后戗基本相同。在铺料时，要分三层，上下层均用细梢料，如麦秸和秫秸等，其厚度不小于 5 cm，中层用粗梢料，如柳枝、芦苇和秫秸等，其厚度 20~30 cm。梢土后戗示意见图 5-8。

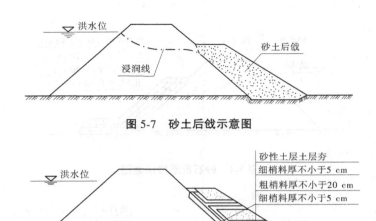

图 5-7　砂土后戗示意图

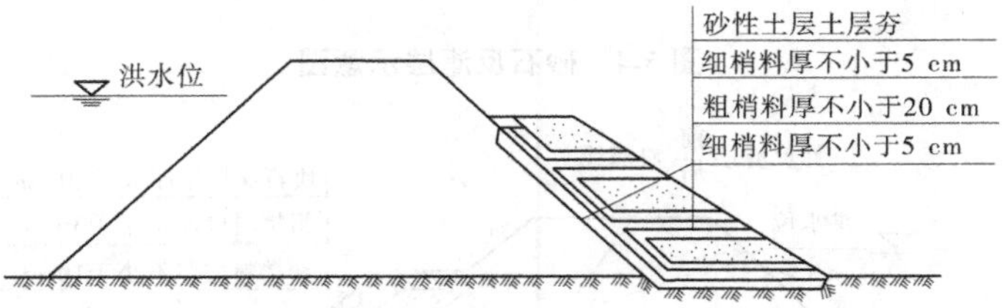

图 5-8　梢土后戗示意图

四、抢险要点

(1)对渗水险情的抢护,应遵守"临水截渗,背水导渗"的原则。但临水截渗,需在水下摸索进行,施工较难。为了避免贻误时机,应在临水截渗实施的同时,更加注意在背水面做反滤导渗。

(2)在渗水堤段坡脚附近,如有深潭、池塘,在抢护渗水险情的同时,应在堤背坡脚处抛填块石或土袋固基,以免因堤基变形而引起险情扩大。

(3)在土工织物、土工膜等合成材料的运输、存放和施工过程中,应尽量避免或缩短其直接受阳光暴晒的时间,完工后,其表面应覆盖一定厚度的保护层。尤其要注意准确选料。

(4)采用砂石料导渗,应严格按照反滤质量要求分层铺设,并尽量减少在已铺好的面上践踏,以免造成反滤层的人为破坏。

(5)使用梢料导渗,可以就地取材,施工简便,效果显著。但梢料容易腐烂,汛后须拆除,重新采取其他加固措施。

(6)在抢护渗水险情中,应尽量避免在渗水范围内来回践踏,以免加大加深稀软范围,造成施工困难和险情扩大。

(7)切忌在背河用黏性土做压渗台,因为这样会阻碍堤内渗流逸出,势必抬高浸润线,导致渗水范围扩大和险情恶化。

五、抢险实例

黄河东平湖水库位于山东省境内,1960 年 7 月 26 日关闭拦河闸开启进湖闸开始蓄洪,至 9 月 17 日最高蓄水位达 43.5 m,相应蓄水量 24.5 亿 m³,当湖水位上升到 41.5 m 时,西堤段即出现渗水。渗水的原因主要是:断面不足;堤身土质不均,间杂有黏性土,渗流不畅,抬高浸润线;堤基有透水性很强的古河道砂层,以致堤基渗水压力大;在堤基薄弱点逸出。随着湖水位不断上涨,险情越来越严重。蓄水位达到 43.5 m 时,渗水严重堤段达 48 km,约占堤线长的 50%。有的堤段发生滑坡、裂缝、流土破坏;有的已出现管涌、漏洞等险情。经对地质条件论证,选择了以下抢护措施:①导渗。对堤身渗水比较严重的堤段,在渗水堤坡的后戗和坡脚处开沟填砂、上面加土盖压,让渗水集中从导渗沟排出,如东段二郎庙、前泊、武家漫、杜窑窝、张坝口等 5 段共挖沟长 755 m,共用砂石料 1 660 m³,土 9 120 m³。②压渗。对堤脚附近低洼、坑塘边沿发生严重渗水有流土破坏的险象,采用在堤脚附近增加盖重的方法,延长渗径,减小渗流坡降,保护基土不受冲刷。盖土分砂石盖重、砂石后戗和压渗台工程等类型,共抢修砂土后戗 8 段,计土方 4.1 万 m³;在背水洼地、坑塘边抢修压渗固基台长 676 m,用土 1.4 万 m³;部分堤段抢修了砂石盖重。③反滤排水。对渗压大、渗流严重的堤段,抢修了反滤坝趾和贴坡反滤。东平湖围堤透水盖重和贴坡反滤结构见图 5-9。

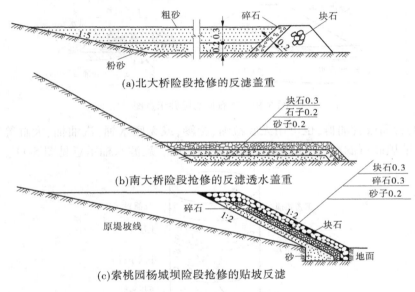

(a)北大桥险段抢修的反滤盖重

(b)南大桥险段抢修的反滤透水盖重

(c)索桃园杨城坝险段抢修的贴坡反滤

图 5-9 东平湖围堤透水盖重和贴坡反滤结构 （单位:m）

第二节 管 涌

一、现象

管涌是在一定渗流作用下,堤身或地基土体中的细颗粒沿着骨架颗粒所形成的孔隙涌出流失的翻沙鼓水现象。堤防背河出现管涌的原因,一般是堤基下有强透水砂层,或地表黏性土层被破坏,在汛期高水位时,渗透坡降变陡,渗流的流速和压力加大造成的。

二、抢护原则

反滤导渗,控制涌水带沙。

三、抢护方法

(一)反滤围井

1.砂石反滤围井

在抢筑时,先将拟建围井范围内杂物清除干净,并挖去软泥约 20 cm,周围用土袋排垒成围井,并在适当高度设排水管。围井内径一般为管涌口直径的 10 倍左右,分层抢铺粗料、小石子和大石子,每层厚度 20~30 cm。如一次铺设未能达到制止涌水带沙的效果,可以拆除上层填料,再按上述层次适当加厚填筑,直到渗水变清。砂石反滤围井示意见图 5-10。

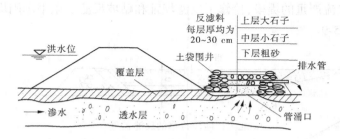

图 5-10　砂石反滤围井示意图

对小的管涌或管涌群,也可用无底粮囤、筐篓,或无底水桶,汽油桶、大缸等套住出水口,在其中铺填砂石滤料,亦能起到反滤围井的作用。反滤水桶示意见图 5-11。

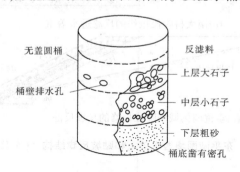

图 5-11　反滤水桶示意图

2.梢料反滤围井

在缺少砂石的地方,抢护管涌可采用梢料代替砂石,修筑梢料反滤围井。细梢料可采用麦秸、稻草等,厚 20~30 cm;粗梢料可采用柳枝、秫秸和芦苇等,厚 20~30 cm;其他与砂石反滤围井相同。但在反滤梢料填好后,顶部要用块石或土袋压牢,以免漂浮冲失。梢料反滤围井示意见图 5-12。

3.土工织物反滤围井

土工织物反滤围井的抢护方法与砂石反滤围井基本相同,但在清理地面时,应把一切带有尖、棱的石块和杂物清除干净、并加以平整,先铺符合反滤要求的土工织物。铺设时块与块之间要互相搭接好,四周用人工踩住土工织物,使其嵌入土内,然后在其上面填筑

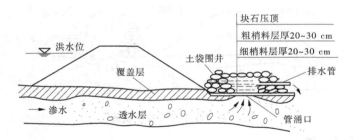

图 5-12　梢料反滤围井示意图

40~50 cm 厚的砖、石透水料。土工织物反滤围井示意见图 5-13。

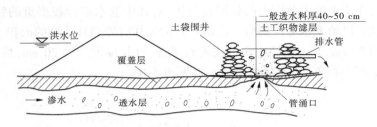

图 5-13　土工织物反滤围井示意图

(二) 养水盆

1. 背水月堤(又称背水围堰)

当背水堤脚附近出现分布范围较大的管涌群险情时,可在堤背出险范围外抢筑月堤,截蓄涌水,抬高水位。月堤可用土袋排垒,随水位升高而逐步加高,并通过排水管位置控制井内水位,直到制止涌水带沙,险情稳定,然后安设排水管将余水排出。背水月堤示意见图 5-14。

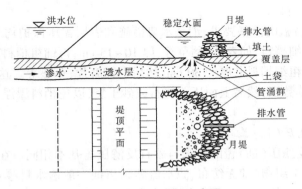

图 5-14　背水月堤示意图

2. 无滤层围井(堰)

在管涌或管涌群周围用土袋无滤层围井,随着井内水位升高,逐渐加高加固,直至制止涌水带沙,使险情趋于稳定,并应设置排水管排水(见图 5-15)。

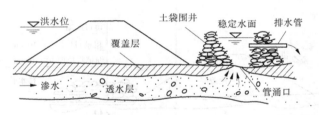

图 5-15　无滤层围井示意图

(三)反滤压(铺)盖

1. 砂石反滤压(铺)盖

此法需要铺设反滤料面积较大、相对用砂石料较多,在料源充足的前提下,应优先选用。在抢筑前,先清理铺设范围内的软泥和杂物,对其中涌水带沙较严重的管涌出口,用块石或砖块抛填,以消杀水势。同时在已清理好的大片有管涌冒孔群的面积上,普遍盖压一层粗砂,厚约 20 cm,其上再铺小石子或大石子各一层,厚度均约 20 cm,最后压盖块石一层厚 20 cm,予以保护。砂石反滤压盖示意见图 5-16。

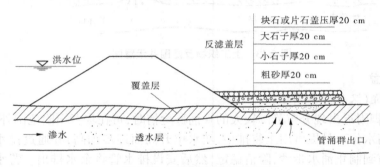

图 5-16　砂石反滤压盖示意图

2. 梢料反滤压(铺)盖

梢料反滤压(铺)盖的清基要求、消杀水势措施和表层盖压保护均与砂石反滤压盖相同。在铺设时,先铺细梢料,如麦秸、稻草等,厚 10~15 cm;再铺粗梢料,如芦苇、秫秸和柳枝等,厚 15~20 cm,粗细梢料共厚约 30 cm,然后上铺席片、草垫等。这样层梢层席,视情况可只铺一层或连续数层,然后上面压盖块石或砂土袋,以免梢料漂浮。梢料反滤压盖示意见图 5-17。

3. 土工织物反滤压(铺)盖

抢筑土工织物反滤压(铺)盖的要求与砂石反滤压盖基本相同。在平整好地面、清除杂物后,先铺一层土工织物(铺无纺布、滤水流砂),再铺一般透水料厚 40~50 cm,上层满压片石或块石。土工织物反滤压盖示意见图 5-18。

四、抢险要点

(1)在堤防背水坡附近抢护管涌险情时,切忌使用不透水的材料强填硬塞,以免截断排水通路,造成渗透坡降加大,使险情恶化。各种抢护方法处理后排出的清水,应引至排

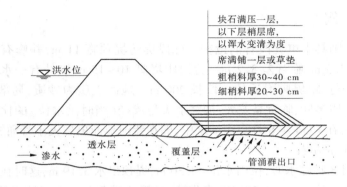

图 5-17　梢料反滤压盖示意图

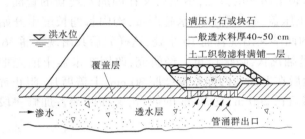

图 5-18　土工织物反滤压盖示意图

水沟。

（2）堤防背水坡抢筑的压渗台，不能使用黏性土料，以免造成渗水无法排出。违反"背水导渗"的原则，必然会加剧险情。

（3）应用土工合成材料抢护各种险情时，要正确掌握施工方法：①土工织物铺设前应将铺设范围内地表尽力进行清理、平整，除去尖锐硬物，以防碎石棱角刺破土工织物。②若土工织物铺设在粉粒、黏粒含量比较高的土壤上，最好先铺一层 5～10 cm 的砂层，使土工织物与堤坡较好地接触，共同形成滤层，防止在土工织物（布）的表层形成泥布。③尽可能将几幅土工织物缝制在一起，以减少搭接。土工织物铺设在地表不要拉得过紧，要有一定宽松度。④土工织物铺设时，不得在其上随意走动或将块石、杂物重掷其上，以防人为损坏。⑤当管涌处水压力比较大时，土工织物覆盖其上后，往往被水柱顶起来，原因是重压不足，应当继续加石子，也可以用编织袋装石子压重，直到压住。⑥要准备一定数量的缝制、铺设器具。

（4）用梢料或柴排上压土袋处理管涌时，必须留有排水出口，不能在中途把土袋搬走，以免渗水大量涌出而加重险情。

（5）修筑反滤导渗的材料，如细砂、粗砂、碎石的颗粒级配要合理，既要保证渗流畅通排出，又不让下层细颗粒土料被带走，同时不能被堵塞。导滤的层次及厚度要根据反滤层的设计而定，此外，反滤层的分层要严格掌握，不得混杂。

五、抢险实例

黄河山东东阿县牛屯堤段管涌抢护。此段堤防堤顶宽 11 m,并修有后戗、戗顶宽 5 m,边坡 1∶5,高 3.3 m,临背差 3.2 m。背河距堤脚 10~15 m 以外有一水沟,宽 30 m,深 1.5 m,与堤线平行,距堤脚附近的一段长 200 m。地面土质为砂质,局部含有少量黏性土。由于堤基土质多砂、临背悬差大,加之水头与渗径(当时洪水位)的比值仅 1∶7,不满足 1∶8 的要求等,在 1954 年 8 月一次洪水中,即在背河地面出现大小管涌 36 处,直径一般为 0.5 m,大的 1 m 左右。

1954 年 8 月 8 日涨水时,位山水位 42.30 m,堤顶出水 3.19 m,这时在堤脚 30 m 处沟内出现管涌 4 处,直径 0.3~0.6 m,涌水带沙,呈黑色或黄色。由于缺少抢护管涌险情的经验,采用了草捆草袋土堵塞的方法,堵塞后又在四周发现新的管涌,并且逐渐增多。当即在沟内管涌处用土压盖,越压翻沙鼓水越严重,沟内管涌长度由开始抢护的 45 m 增加到 100 m。在压土的两端又出现管涌 10 余处,这样先后共出现管涌 36 处。最大的直径 1 m 左右,深 3.2 m,呈翻花状,险情严重。经研究,改用在未盖土前先把管涌用麦秸塞严,用麻袋装土压住,然后在上面及四周铺麦糠厚 30 cm;上盖席片,阻止浑水涌出,并迅速压土厚 1.5~3.0 m,修筑长 200 m、宽 30 m 的戗台,又在两端各加修一段后戗,方保大堤万无一失。

第三节 漏 洞

一、现象

漏洞是贯穿堤身或地基中的缝隙或孔洞流水的现象。黄河堤防土质多沙,抗冲能力弱,漏洞扩展迅速,极易造成决口。堤防出现漏洞的原因是多方面的,但主要原因是:①堤身土料填筑质量差;②堤身存在隐患。

二、抢护原则

前截(堵)后导,临背并举,一气呵成。

三、抢护方法

(一)临水截堵

1. 塞堵法

当漏洞进水口较小,周围土质较硬,可采用棉絮、棉被、草包或土袋等方法塞堵,还可用预制的草捆堵塞。具体做法如下:把稻草或麦秸等用绳捆扎成锥体,粗头直径一般为40~60 cm,长度为 1.0~1.5 m。在抢堵时,首先应把洞口的杂物清除,再用软楔或草捆以小头朝洞口塞入洞内。小洞可以用一个,大洞可用多个。洞口用软楔堵塞后,最好再用棉被、篷布铺盖,用土袋压牢,最后用黏性土封堵闭气,直到完全断流。

此外,还有水布袋堵漏、软罩堵漏法、软袋塞堵漏洞法、探堵器等。

2.盖堵法

盖堵法指用铁锅、软帘、网兜和木板等覆盖物盖堵漏洞的进水口,待漏洞基本断流后,在上面再抛土袋或填黏土盖压闭气,以截断漏洞的流水。根据覆盖材料不同,有如下几种抢护方法:

(1)软帘盖堵。此法适用于洞口附近流速较小、土质松软或周围已有许多裂缝的情况。一般可选用草帘、苇箔、篷布或土工织物布等重叠数层作为软帘,也可临时用柳枝、秸料、芦苇等编扎软帘。软帘的上边可根据受力大小用绳索或铅丝拴牢于堤顶的木桩上,下边坠以块石、土袋等重物。盖堵用木横顶推,使其顺堤坡下滚,把洞口盖堵严密后,再盖压土袋,并抛填黏性土,以达到封堵闭气的目的。软帘盖堵示意见图 5-19。

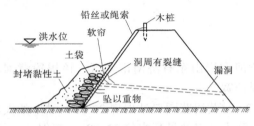

图 5-19　软帘盖堵示意图

(2)网兜盖堵。在洞口较大的情况下,也可以用预制的长方形网兜在进口盖堵。在抢堵时,将网折起,两端一并系牢于堤顶的木桩上,土网中间折叠处坠以重物。将网顺边坡沉下成网兜形,然后在网中抛填柴草、泥土或其他物料,以盖堵洞口。待洞口覆盖完成后,再抛压土袋,并抛填黏土,封闭洞口。

此外,还有土工编织布软帘盖堵、电动式软帘抢堵漏洞、软体排覆盖等。

3.戗堤法

当堤防临水坡漏洞口较多、范围较大或地形复杂时,以及漏洞口位置在水下较深或发生在夜间不易找到的情况下,可采用抛土袋和黏土填筑前戗或临水筑月堤的办法进行抢堵。

(二)背河导渗

为了保证安全,在临水截堵漏洞的同时,还必须在背河漏洞出口处抢做反滤导渗,以制止泥沙外流,防止险情继续扩大。通常采用的方法有反滤围井法、反滤铺盖法和透水压渗台法等(适用于出水小而漏洞多的情况)。这些方法可参见本章第二节管涌抢险。

四、抢险要点

(1)抢护漏洞险情是一项十分紧急的任务,一定要做到组织严密、统一指挥、措施得当、行动迅速,要尽快找到漏洞进水口,充分做好人力、料物准备,力争抢早抢小,一气呵成。

(2)在抢堵漏洞进水口时,切忌乱抛砖石等块状料物,以免架空,使漏洞继续发展扩大。

(3)在漏洞出水口处,切忌用不透水材料强塞硬堵,以免堵住一处,附近又出现多处,愈堵漏洞愈大,导致险情扩大和恶化,甚至造成堤防溃决。实践证明在漏洞出口抛散土、土袋填压都是错误做法。

(4)采用盖堵法抢护漏洞进水口时,须防止在刚盖堵时,由于洞内断流、外部水压力增大,从洞口覆盖物的四周进水。因此,洞口覆盖后应立即封严四周,同时迅速用充足的黏土料封堵闭气,否则一次堵复失败,洞口扩大,增加再堵的困难。

(5)无论对漏洞进水口采取哪种办法探找和盖堵,都应注意探漏抢堵人员的人身安全,落实切实可行的安全措施。

(6)漏洞抢堵闭气后,还应有专人看守观察,以防再次出现漏洞。

(7)凡发生漏洞险情的堤段,大水过后,一定要进行锥探或锥探灌浆加固。必要时,要进行开挖翻筑。

五、抢险实例

老徐庄堤段位于黄河右岸山东省济南市郊区。该堤段背河堤高 8.20 m,临河边坡 1:2.5,背河边坡 1:3,堤顶宽 7 m。

1958 年 7 月 17 日 23 时黄河花园口站出现 22 300 m³/s 的大洪水,7 月 19 日,济南河段开始涨水,23 日 12 时济南泺口站最高水位 32.09 m,超保证水位 1.09 m,老徐庄堤段临河水位比背河地面高 6~7 m。7 月 23 日,在老徐庄险工上首 47 号防汛屋附近长 85 m 堤段内,先后发现 3 个漏洞过水。当日 1 时首先在临河堤脚处查水发现 2 个陷坑(背河未出水),当即用草捆、麻袋装土堵塞。当日 4 时许,于 2 个陷坑下首约 50 m 处背河戗顶与坡面结合处出现直径约 0.1 m 的浑水漏洞,在临河(与背河出水洞口相对位置)堤坡上水深 1.0 m 处发现漩涡,经探摸确系进水洞口,随即用一个草捆及 3 条麻袋(未装土)堵塞,背河流水停止,险情缓和。不久在第一个洞口下首 4 m 处又发现出水洞口一个,除在出水口用土袋做养水盆外,又在临河找到进水口,用草捆、柳枝及土袋堵塞。半小时后,第一个漏洞出水口又冒浑水,水流更急,同时背河后戗顶部又出现新漏洞一个,出水口如鸡蛋大。前后 85 m 长堤段范围内,共发现临背贯通漏洞 3 个,且险情发展十分危急。

针对出险情况,开始时采取"临河堵塞,背河做反滤围井"的抢护措施。具体过程是:当先在背河发现漏洞时,一面在背河用土袋做小型半圆形围埝(半径 1.0 m 左右),将出水养住,一面在临河及时找到进水口,用草捆及未装土麻袋将洞口堵塞,后用柳枝编围坝,填抛土袋及散土。当时险情略有缓和,但仍然感到不够安全。随后又在背河洞口土袋围埝内填铺 29 cm 厚麦秸,并压土袋,但效果不甚理想。不久旧洞又冒浑水,且因麦秸反滤围井质量不好,将麦秸冲开,水流速度加大,将反滤围井半径扩大至 10 m。铺填麦秸 7 500 kg(厚 50 cm),用土袋千余条大力加固,并在临河用土袋 4 000 余条打月堤围埝一道,长 85 m,将发生问题的堤段全部围住,并在土袋围埝与大堤中间抛投散土 2 000 m³。至工程基本完成时,背河漏洞开始停止流水,完全闭气后,险情彻底消除。

同一场洪水,在济南市泺口铁桥附近的赵庄堤段背河堤后戗顶与堤坡接茬处,发生一个直径 10 cm 冒浑水的漏洞。当时立即用草捆堵塞,因洞径小草捆大而无法堵塞,故用锄头敲砸草捆。漏洞出口受到冲击与振动,加上土袋硬压,水压增大,在该洞口以上又出现一个漏洞出口,直径约 20 cm,仍采用土袋压住。在采取上述处理措施的同时,在临河探摸漏洞进口,但一直未找到。在此危急情况下,在与背河漏洞相对应的临河沿堤坡抛填土袋用以堵截进水口,未见效果。此时又在第二个漏洞出口以上 20 m 处发生更大漏洞,口径为 50 cm,直冒浑水,流速、流量突增,情况万分危急,而在距离漏洞口约 3 m 处的临河处出现较大的漩涡,确定了进水口的位置,最后抛填大量土袋(约 30 余万条),将进水口堵住,才转危为安。

第四节　滑　坡

一、现象

堤坡(包括堤基)部分土体失稳滑落,同时出现趾部隆起外移的现象,称为滑坡。滑坡(亦称脱坡)有背河滑坡和临河滑坡两种,堤防出现滑坡,主要是边坡失稳下滑造成的。

二、抢护原则

固脚阻滑、削坡减载。

三、抢护方法

(一)滤水土撑(又称滤水戗垛法)

此法适用于背水堤坡排渗不畅、滑坡严重、范围较大、取土又较困难的堤段。具体做法是:先在滑坡体上铺一层透水土工织物,然后在其上填筑砂性土,分层轻轻夯实而成土撑。一般每条土撑顺堤方向长 10 m,顶宽 3~8 m,边坡 1∶3~1∶5,土撑间距 8~10 m,修在滑坡体的下部。滤水土撑示意见图 5-20。

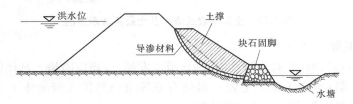

图 5-20　滤水土撑示意图

(二)滤水还坡

凡采用反滤结构恢复堤防断面、抢护滑坡的措施,均称为滤水还坡。

1. 反滤层滤水还坡

此法与导渗沟滤水还坡基本相同,仅将导渗沟改为反滤层。反滤层的做法与抢护渗水险情的反滤层做法相同。反滤层滤水还坡示意见图 5-21。

2. 砂土透水体滤水还坡

当堤背滑坡发生在堤腰以上,或堤肩下部发生蛰裂下挫时,应采用此法。

(1)砂土还坡。其作用和做法与抢护渗水险情采用的砂土后戗相同。如采用粗砂、中砂还坡,可恢复原断面。如用细砂或粉砂还坡,边坡可适当放缓,回填土时亦应层层夯

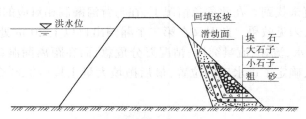

图 5-21 反滤层滤水还坡示意图

实。砂土还坡示意见图 5-22。

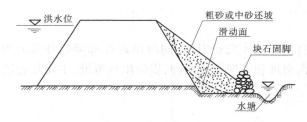

图 5-22 砂土还坡示意图

（2）土工织物反滤土袋还坡。

土工织物反滤土袋还坡，即在滑坡堤段范围内，全面用透水土工织物或无纺布铺盖滤水，以阻止土粒流失。土工织物反滤布及土袋还坡示意见图 5-23。

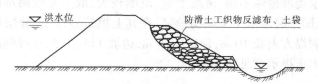

图 5-23 土工织物反滤布及土袋还坡示意图

（三）护脚阻滑

此法在于增加抗滑力，减小滑动力，制止滑坡发展，以稳定险情。具体做法是：查清滑坡范围，将块石、袋（或土工编织土袋）、铅丝石笼等重物抛投在滑坡体下部堤脚附近，使其能起到阻止继续下滑和固基的双重作用。

（四）削坡减载

滑动面上部和堤顶，除有重物时要移走外，还要视情况削缓边坡，以减小滑动力。

四、抢险要点

（1）滑坡是堤防重大险情之一，一般发展较快，一旦出险，就要立即采取措施。在抢护时要抓紧时机，事前把料物准备好，一气呵成。在滑坡险情出现或抢护时，还可能伴随浑水漏洞、严重渗水以及再次滑坡等险情，在这种复杂紧急情况下，不要只采取单一措施，应研究选定多种适合险情的抢护方法，如抛石固脚、填塘固基、开沟导渗、透水土撑、滤水还坡、围井反滤等，在临、背水坡同时进行或采用多种方法抢护，以确保堤防安全。

（2）在渗水严重的滑坡体上，要尽量避免大量抢护。人员践踏，造成险情扩大。如坡脚泥泞,人上不去,可铺些芦苇、秸料、草袋等,先让少数人工作。

(3)抛石固脚阻滑是抢护临水坡行之有效的方法,但一定要探清水下滑坡的位置,然后在滑坡体外缘进行抛石固脚,才能制止滑坡土体继续滑动。严禁在滑动土体的中上部抛石,这不但不能起到阻滑作用,反而加大了滑动力,会进一步促使土体滑动。

(4)在滑坡抢护中,也不能采用打桩的方法。因为桩的阻滑作用小,不能抵挡滑坡体的推动,而且打桩会使土体振动,抗剪强度进一步降低,特别是脱坡土体饱和或堤坡陡时,打桩不但不能阻挡滑脱土体,还会促使滑坡险情进一步恶化。只有当大堤有较坚实的基础、土压力不太大、桩能站稳时才可打桩阻滑,桩要有足够的直径和长度。

(5)在出现滑坡性裂缝时,不应采取灌浆方法处理。因为浆液中的水分,将降低滑坡体与堤身之间的抗滑力,对边坡稳定不利,而且灌浆压力也会加速滑坡体下滑。

五、抢险实例

1994 年 7 月 12 日,长垣县境内普降暴雨,7.5 h 降雨 293.5 mm,暴雨中心降雨量 310 mm,造成 7 月 13 日太行堤 5+839~6+496 段背水坡出现大范围裂缝和滑坡。共滑坡 20 处,长 355.8 m,滑坡体积 3 284 m³,其中土体完全滑出堤脚以外的滑坡长度 228.8 m,滑坡最长的一段 65 m,滑出距离最远的达 17 m。后经现场检查,发现此段堤防裂缝 9 条,长 469 m,其中最长、最宽的一条裂缝长 104 m、宽 20 cm。

根据调查、探测试验和稳定分析,产生滑坡和裂缝的原因为:①堤坡陡,稳定性差。滑坡堤段背水堤坡一般是上缓下陡,距堤脚 5 m 以下的堤坡坡度为 1:2,其上的坡度为 1:3~1:4。②施工质量差,堤身隐患多。据查,该段堤防滑坡部位是新中国成立初期所修,未采取压实措施,土体密实度差,堤身裂缝等隐患很多。③暴雨强度大,历时长。堤身土质疏松,堤坡无排水设施,使堤身土体达到饱和,引起裂缝和滑坡。

针对此段堤防滑坡产生的原因和滑坡裂缝较多的情况,拟订了四种加固方案,经比较,采取背河加修土戗方案,戗顶压浸润线 0.5 m,戗顶宽 5 m,边坡 1:4.5。太行堤滑坡加固断面示意见图 5-24。

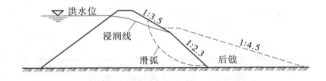

图 5-24　太行堤滑坡加固断面示意图

太行堤加固工程于 1995 年汛前完成,经黄河"96·8"洪水考验,工程完好无损。

第五节　跌　窝

一、现象

跌窝又称陷坑。一般是在大雨、洪峰前后或高水位情况下,经水浸泡,在堤顶、堤坡、戗台及坡脚附近,突然发生局部凹陷而形成的一种严重险情。主要原因是堤防施工质量差或本身有隐患,常伴随渗水、漏洞等险情同时发生。

二、抢护原则

翻筑抢护,防止险情扩大。

三、抢护方法

(一)翻筑夯实

凡是在条件许可,而又未伴随渗水、管涌或漏洞等险情的情况下,均可采用此法抢护。具体做法是:先将跌窝内的松土翻出,然后分层填土夯实,直到填满跌窝,恢复堤防原状为止。如跌窝出现在水下且水不太深,可修土袋围堰或桩柳围堰,将水抽干后,再行翻筑。如跌窝位于堤顶或临水坡,宜用防渗性能不小于原堤土的土料,以利防渗;如跌窝位于背水坡,宜用透水性能不小于原堤土的土料,以利排水。翻筑夯实跌窝示意见图5-25。

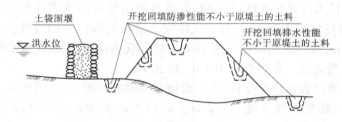

图 5-25　翻筑夯实跌窝示意图

(二)填塞封堵

当跌窝发生在堤身单薄、堤顶较窄堤防的临水坡时,均可采用此法抢护。具体做法是:先用土工编织袋、草袋或麻袋装黏性土料,直接向水下填塞陷坑,填满后再抛投黏性散土加以封堵和帮宽。要求封堵严密,避免从陷坑处形成漏洞。填塞封堵跌窝示意见图5-26。

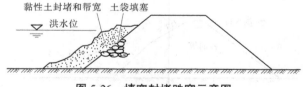

图 5-26　填塞封堵跌窝示意图

(三)填筑滤料

跌窝发生在堤防背水坡,伴随发生渗水或漏洞险情时,可采用此法抢护。具体做法是:先清除跌窝内松土或湿软土,然后用粗砂填实,如涌水水势严重,按背水导渗要求,加填石子、块石、砖块、梢料等透水材料,以消杀水势,再予填实。待跌窝填满后,可按砂石反滤层铺设方法抢护。填筑反滤料抢护跌窝示意见图5-27。

四、抢险要点

(1)抢护跌窝险情,应先查明原因,针对不同情况,选用不同方法,备足料物,迅速

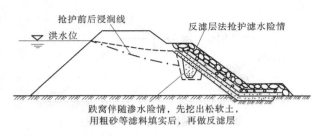

图 5-27 填筑反滤料抢护跌窝示意图

抢护。

（2）在翻筑时，应根据土质情况留足坡度或用木料支撑，以免坍塌扩大，并要便于填筑。需筑围堰时，应适当围得大些，以利抢护工作和漏水时加固。

（3）在抢护过程中，必须密切注意上游水位涨落变化，以免发生安全事故。

第六节 坍 塌

一、现象

坍塌也称"崩岸"，是指顺堤行洪走溜，水流淘刷堤脚，造成堤坡失稳坍塌的险情。该险情黄河下游时常发生，一般长度大、坍塌快，如不及时抢护，将会冲决堤防。主要原因有：①横河、斜河，水流直冲堤防；②水位陡涨骤降，变幅大，堤坡、坝岸失去稳定性。

二、抢护原则

缓溜防冲、护脚固根。

三、抢护方法

（一）护脚固基防冲

当堤防受水流冲刷，堤脚或堤坡冲成陡坎时，可采用此法。根据流速大小可采用土（沙）袋、长土枕、块石、柳石枕、铅丝笼及土工编织软体排等防冲物体，加以防护。因该法具有施工简单灵活，易备料，能适应河床变形的特点，因此使用最为广泛（见图 5-28～图 5-30）。

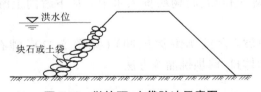

图 5-28 抛块石、土袋防冲示意图

具体做法如下：在堤顶或船上沿坍塌部位抛投块石、土（沙）袋、柳石枕或铅丝石笼。先从顶冲坍塌严重部位抛护，然后依次上下进行，抛至稳定坡度为止。水下抛填的坡度一般应缓于原堤坡。抛投的关键是实测或探摸险点位置准确、避免抛投体成堆压垮坡脚。

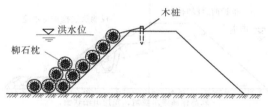

图 5-29 抛柳石枕防冲示意图

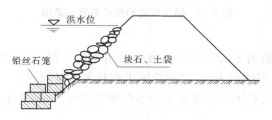

图 5-30 抛铅丝石笼防冲示意图

水深溜急之处,可抛铅丝石笼、土工布袋装石等。

(二)沉柳缓溜防冲

此法适用于堤防临水坡被淘刷范围较大的险情,对减缓近岸流速、抗御水流比较有效。对含沙量大的河流,效果更为显著(见图 5-31)。具体做法如下:

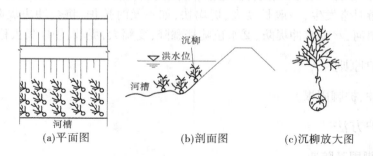

(a)平面图   (b)剖面图   (c)沉柳放大图

图 5-31 沉柳护脚示意图

(1)采用枝多叶茂的柳树头,用麻绳或铅丝将大块石或土(沙)袋捆扎在柳树头的树权上。

(2)用船抛投。待船定位后,将树头推入水中。从下游向上游,由低处到高处,依次抛投。

此外,还有桩柴护坡(含桩柳编篱抗冲)(见图 5-32)、柳石搂厢、柳石软搂(见图 5-33)、土工编织布软体排、修坝挑溜等方法。

四、抢险要点

(1)要从河势、水流态势及河床演变等方面分析坍塌发生的原因、严重程度及可能发展趋势。堤防坍塌一般随流量的大小而发生变化,特别是弯道顶点上下,主流上提下挫,坍塌位置也随之移动。汛期流量增大,水位升高,水面比降加大,主流沿河道中心曲率逐

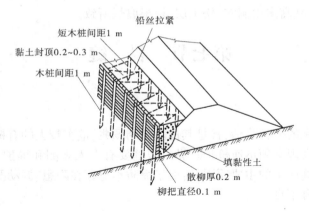

图 5-32 桩柴护坡示意图

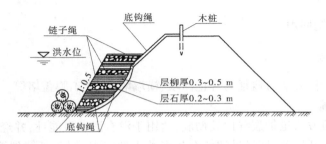

图 5-33 柳石软搂示意图

渐减小,主流靠岸位置移向下游;流量减小,水位降低,水面比降较小,主流沿弯曲河槽下泄;曲率逐渐加大,主流靠岸位置移向上游。凡属主流靠岸的部位,都可能发生堤岸坍塌,所以原来未发生坍塌的堤段,也可能出现坍塌。因此,在对原出险处进行抢护的同时,也应加强对未发生坍塌堤段的巡查,发现险情,及时采取合理抢护措施。

(2)在涨水的同时,不可忽视落水出险的可能。在大洪水、洪峰过后的落水期,特别是水位骤降时,堤岸失去高水时的平衡,有些堤段也很容易出现坍塌,切勿忽视。

(3)在涨水期,应特别注意迎溜顶冲造成坍塌的险情,稍一疏忽,会有溃堤之患。

(4)坍塌的前兆是裂缝,因此要细致检查堤、坝岸顶部和边坡裂缝的发生和发展情况,要根据裂缝分布、部位、形状以及土壤条件,分析是否会发生坍塌,可能发生哪种类型的坍塌。

(5)对于发生裂缝的堤段,特别是产生弧形裂缝的堤段,切不可堆放抢险料物或其他荷载。对裂缝要加强观测和保护,防止雨水灌入。

(6)圆弧形滑塌最为危险,应采取护岸、削坡减载、护坡固脚等措施抢护,尽量避免在堤、坝岸上打桩,因为打桩对堤、坝岸振动很大,做得不好,会加剧险情。

五、抢险实例

1958 年黄河下游洪水期间,山东济阳县堤段发生跌窝(陷坑)多处,坑深都在 1.5~2.0 m,大都采用填土和土袋填堵及压盖的方法处理,效果良好,洪水过后又彻底进行了翻筑。从翻筑情况看,跌窝多由洞穴、松土层、树根腐烂所致。

第七节　裂　缝

一、现象

堤防裂缝是常见的一种险情,常是其他险情的预兆,危害较大的有横向裂缝和纵向裂缝。横向裂缝一经发现必须迅速抢护。纵向裂缝要有专人观测和维护,对发展较快的要采取抢护措施。裂缝产生的主要原因是:由于堤防本身存在隐患、振动及其他因素影响堤防与刚性建筑物结合不良。

二、抢护原则

隔断水源、开挖回填。

三、抢护方法

裂缝险情的抢护方法可概括为开挖回填、横墙隔断、土工膜盖堵等。

(一)开挖回填

采用开挖回填方法抢护裂缝比较彻底,适用于没有滑坡可能性,并经检查观测已经稳定的纵向裂缝。在开挖前,用经过滤的石灰水灌入裂缝内,便于了解裂缝的走向和深度,以指导开挖。在开挖时,一般采用梯形断面,深度挖至裂缝以下 0.3~0.5 m,底宽至少 0.5 m。回填土料应与原料相同,并控制在适宜的含水量内。回填要分层夯实,每层厚度约 20 cm,顶部应高出堤顶 3~5 cm,并做成拱形,以防雨水灌入。开挖回填处理裂缝示意见图 5-34。

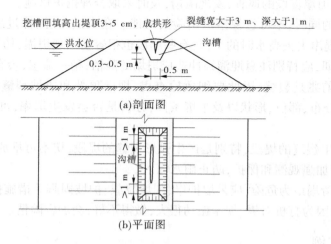

图 5-34　开挖回填处理裂缝示意图

(二)横墙隔断

此法适用于横向裂缝抢护,具体做法是:①除沿裂缝开挖沟槽外,并在与裂缝垂直方向每隔3~5 m增挖沟槽,槽长一般为2.5~3.0 m,其余开挖和回填要求均与上述开挖回填法相同。②如裂缝前端已与临水相通,或有连通可能时,在开挖沟槽前,应在裂缝堤段临水面先做前戗截流。横墙隔断处理裂缝示意见图5-35。

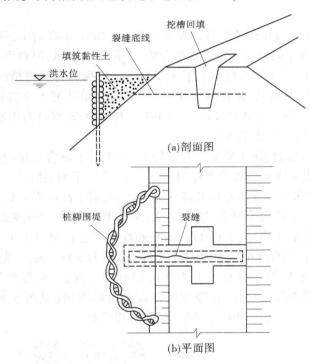

图 5-35　横墙隔断处理裂缝示意图

(三)土工膜盖堵(或土工织物盖堵)

洪水期堤防常发生纵、横向裂缝。如发生横向裂缝,深度大,又贯穿大堤断面,可采用此法。应用防渗土工薄膜或复合土工薄膜、土工织物,在临水堤坡全面铺设,并在其上用土帮坡或铺压土袋、沙袋等,使水与堤隔离起截渗作用;在背水坡采用透水土工织物进行反滤排水,保持堤身土粒稳定,然后采用横隔断法处理。

四、抢险要点

(1)对已经趋于稳定并不伴随有坍塌、滑坡等险情的裂缝,才能选用上述方法进行处理。

(2)对未堵或已堵的裂缝,均应注意观察、分析,研究其发展情况,以便及时采取必要措施。

(3)对伴随有滑坡、坍塌险情的裂缝,应先抢护坍塌、滑坡,待脱险并趋于稳定后,必要时再按上述方法处理裂缝本身。

(4)采取"横墙隔断"措施时是否需要做前戗、反滤导渗,或者只做前戗或反滤导渗而不做隔断墙,应当根据实际情况决定。

(5)在采用"开挖回填""横墙隔断"等方法抢护险情时,必须密切注意水情、雨情的预报,并备足料物,抓住晴天,保证质量,突击完成。此外,当发现裂缝后,应尽快用土工薄膜、雨布等加以覆盖保护,不让雨水流入缝中,并加强观测。

五、抢险实例

沁河新右堤是沁河杨庄改道工程的组成部分,于1981年春动工,当年汛前完成筑堤任务。1982年虽经受了沁河超标准洪水的考验,工程安全度汛,但自洪水期开始,由于堤身黏性土含量较大,随着土体固结产生了大量裂缝。根据堤身裂缝情况,1985~1992年,连续进行了8年的压力灌浆,累计灌入土方5 422 m^3,单孔灌入土方由0.2 m^3下降到0.05 m^3,但1992年又回升到0.08 m^3。经1993年开挖检查,堤身内仍发现有大量裂缝。

经分析,产生裂缝的主要原因是:

(1)干缩裂缝。此段堤防土质黏粒含量较大,施工时土壤含水量较高。因此1982年沁河洪水时未出现堤防渗水。堤身土体因自然失水,产生干缩裂缝。

(2)不均匀沉陷裂缝。堤防原地基高低起伏较大,填土高度不一致,又由于施工工段多、进度不平衡、碾压不均匀等因素,导致堤身土体不均匀沉陷,产生裂缝。

经分析论证和方案比较,决定对0+000、1+600堤段进行复合土工膜截渗加固处理。选用湖南维尼纶厂生产的两布一膜复合土工膜,规格为500 g/m^2。先将原堤坡修整为1:3,再铺设土工膜,最后加盖垂直厚度1.0 m的砂壤土保护层,保护层内外坡均为1:3.0。另外,为增强堤坡的稳定性,在原堤坡分设两道防滑槽(见图5-36)。该工程1995年施工,工程竣工后,经受了近年洪水考验,防渗效果良好。

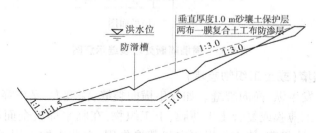

图 5-36　沁河新右堤土工膜加固断面示意图

第八节　风　浪

一、现象

汛期江河涨水以后,堤坝前水深增加,水面加宽。当风速大,风向与吹程一致时,形成冲击力强的风浪。轻者把堤防临水坡冲刷成陡坎,重者造成坍塌、滑坡、漫水等险情,使堤身遭受严重破坏,以致溃决成灾。主要原因是风大浪高,堤坝顶高程不足,堤坝抗冲能力差等。

二、抢护原则

消能防冲,保护堤坡。

三、抢护方法

(一) 挂柳防浪

由于水流冲击或风浪拍打,堤岸坡脚已出现坍塌或将要坍塌时,可用此法缓和溜势,减缓流速,促淤防塌(见图 5-37)。具体做法如下:

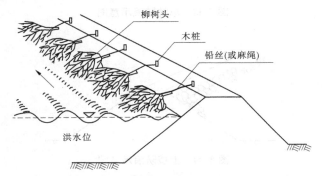

图 5-37 挂柳缓溜防冲示意图

(1)挂柳。用 8 号铅丝或绳缆将柳树头根部拴在堤顶预先打好的木桩上,然后树梢向下,推柳入水。应从坍塌堤段下游开始,顺序压茬,逐棵挂向上游。

(2)坠压。在推柳入水时,要用铅丝或麻绳将大块石或装砂石(砖)麻袋(或编织袋)捆扎在树杈上。

(二) 挂枕防浪

挂枕防浪适用于水深不大、风浪较大的堤段。单枕防浪具体做法如下:

(1)用柳枝、芦苇或秸料扎成直径 0.5~0.8 m 的枕,长短根据堤段弯曲情况而定。

(2)在堤顶距临水堤肩 2~3 m 以外打 1 m 长木桩一排,间距 3 m。

(3)将枕用绳缆与木桩系牢后,把枕沿堤推入水中。枕入水后,使其漂浮于距堤 2~3 m(相当于 2~3 倍浪高)的地方。随着水位涨落,随时调整绳缆,使之保持距离,可起到消浪的作用(见图 5-38)。

(三) 土袋防浪

这种方法适用于土坡抗冲性能差,当地缺少秸、柳等软料,风浪冲击较严重的堤段(见图 5-39)。具体做法如下:

(1)土工编织袋装土、砂、碎石、砖等,每袋装七八成后。在土袋放置前,将堤坡适当削平,然后铺放土工织物。

(2)根据风浪冲击的范围摆放土袋,袋口向里,袋底向外,依次排列,互相叠压,袋间排挤严密,上下错缝,以保证防浪效果。

(3)堤坡较陡时,则需在最下一层土袋前面打木桩一排,长度约 1.0 m,间距 0.3~0.4 m,以防止土袋向下滑动。

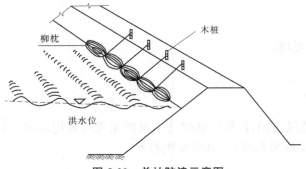

图 5-38　单枕防浪示意图

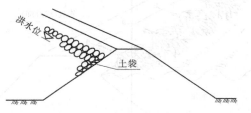

图 5-39　土袋防浪示意图

(四)土工织物软体排

土工织物软体排,是将聚丙烯编织布或无纺布缝制成简单排体,宽度按 5~10 m,长度根据风浪高和超高确定,一般 5~8 m,在编织布下端横向缝上直径 0.3~0.5 m 的横枕袋子。投放时,将排体置于堤顶,对横枕装土(装土要均匀),并封好口,滚成捆,用人力推滚排体沿堤坡滚动,下沉至浪谷以下 1 m 左右,并在上面抛投压载土袋或土枕,防止土工织物排体被卷起或冲走(见图 5-40)。

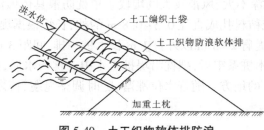

图 5-40　土工织物软体排防浪

四、抢险要点

(1)抢护风浪险情,尽量不要在堤坡上打桩,必须打桩时,桩距要大,以免破坏土体结构,影响堤防抗洪能力。

(2)防风浪一定要坚持"预防为主,防重于抢"的原则。平时要加强管理养护,备足防汛料物,避免或减少出现抢险被动局面。

(3)汛期抢做临时防浪措施,使用料物较多,效果较差,容易发生问题。因此,在风浪袭击严重的堤段,如临河有滩地,应及早种植防浪林并应种好草皮护坡,这是一种行之有效的堤防防风浪的生物措施。

五、抢险实例

东平湖位于黄河与汶河下游冲积平原相接的条形洼地上。1952 年 8 月 5 日,花园口站发生 15 000 m³/s 洪水,8 月 6 日黄河水开始倒灌入湖,8 月 11 日孙口站出现 8 640 m³/s 的洪峰,加之汶河来水,东平湖水位急骤上涨,部分堤段仅出水 0.2 m,湖区大部分堤段发生了风浪冲刷堤身的险情,其长度达 15.64 km。临蓄洪区的堤坡全部冲垮,堤顶平均冲坍 2/3 左右,土方 10 余万 m³。同时,新临黄堤段也出现了风浪冲刷情况,堤身也受到损失。面对风急浪高出险面广的局面,研究采取散厢护坡和秸枕防浪两种抢护措施。

(1)散厢护坡法。这种方法适用于堤脚已被风浪冲垮,且险情继续发展的情况。具体做法是:在临湖堤肩每隔 1.0 m 打长 2.0 m 桩一根,然后再将秸料用麻绳捆在木桩上,随捆随填土(采取做好一段再做一段的办法),一直做到出水 5 cm。"散厢护坡"起到了防止随机风波转为固定的水位风波的作用,效果很好。

(2)秸枕防浪法。此种方法简单易行,适用于在风浪开始阶段土料尚未走失时缓和风浪对堤防的拍击,在无浪情况下也可以使用。具体做法是:首先捆好直径 0.5 m、长 6.0 m 的纯秸料枕(腰绳以 12 号铅丝为最好、间距 80 cm),然后在临河堤肩每隔 6 m 打长 1 m 签桩和一根拉桩,再用拉绳拴住枕的两端的第一道腰绳挂在签桩上(拉绳长度视堤距水面远近而定),然后再将签桩靠近枕的里边打下去。在拴拉绳时,不要太紧,以能上下活动为宜,当水位稍许升降时仍能漂浮削浪。上述两种方法,在不同情况下使用,均取得较好效果。

第九节　漫　溢

一、现象

漫溢是洪水漫过堤、坝顶的现象。堤防、土坝为土体结构,抗冲刷能力极差,一旦溢流,冲塌速度很快。当遭遇超标准洪水,根据洪水预报,洪水位(含风浪高)有可能超越堤顶时,为防止漫溢溃决,应迅速进行加高抢护。

二、抢护原则

水涨堤高,在洪水到来之前,全部完成抢修子堤。

三、抢护方法

(一)纯土或土袋子堤

纯土子堤应修在堤顶靠临水堤肩一边,其临水坡脚一般距堤肩 0.5~1.0 m,顶宽 1.0 m,边坡不陡于 1:1,子堤顶应超出推算最高水位 0.5~1.0 m。在抢筑时,沿子堤轴线先开挖一条结合槽,槽深约 0.2 m,底宽约 0.3 m,边坡 1:1,清除子堤底宽范围内的草皮、杂物,并将表层刨松或犁成小沟,以利新老土结合。填筑子堤土料宜选用黏性土,尽量避免用砂土或腐殖土(见图 5-41)。

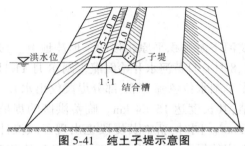

图 5-41　纯土子堤示意图

土袋子堤适用于堤顶较窄、风浪较大、取土较困难、土袋供应充足的堤段。用土工编织袋或麻袋、草袋装土,装七八成满,以利铺砌。一般用黏性土料,土袋于上游坝肩处分层交错叠垒,顶宽 1 m,坡度 1:1。土袋后修后戗宽 1.0 m 左右,边坡 1:1.0~1:1.5,子堤加高至洪水位以上 0.5~1.0 m(见图 5-42)。

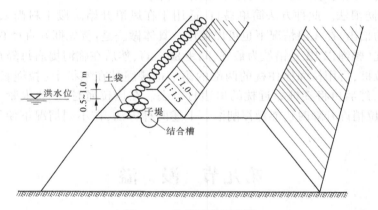

图 5-42　土袋子堤示意图

在个别堤段,如即将漫溢,来不及远处取土时,在堤顶较宽的情况下,可临时在背水堤肩取土筑子堤。这是一种不得已抢堵漫溢的措施,不可轻易采用。待险情缓和后,即抓紧时间,将所挖堤肩土加以修复(见图 5-43)。

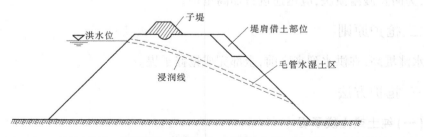

图 5-43　堤肩借土示意图

(二)柳石(土)枕子堤

当取土困难,土袋缺乏而柳源又比较丰富时,适用此法。根据子堤高度,确定使用柳石枕的数量。如高度为 0.5 m、1.0 m、1.5 m 的子堤,分别用 1 个、3 个、6 个,按品字形堆放。第一枕前面至坝肩留宽 0.5~1.0 m,并在其两端各打木桩 1 根,以固定柳石(土)枕,或在枕下挖深 1 m 的沟槽,以免滑动和渗水。枕后用土做戗,戗下开挖结合槽,清除草皮杂物,刨松表层土,以利结合。然后在枕后分层铺土夯实,直至戗顶。其顶宽一般不小于1 m,边坡不陡于 1:1,如土质较差,应适当加宽戗顶并适当放缓坡度(见图 5-44)。

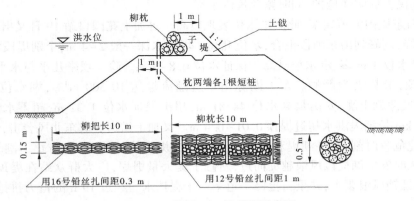

图 5-44 柳石(土)枕子堤示意图

四、抢险要点

(1)根据洪水预报估算洪水到来的时间和最高水位,做好抢修子堤的料物、机具、劳力、进度和取土地点、施工路线等安排。在抢护中要有周密的计划和统一的指挥,抓紧时间,务必抢在洪水到来之前完成子堤。

(2)抢筑子堤务必全线同步施工,突击进行,决不能做好一段,再加一段,决不允许留有缺口或部分堤段施工进度过慢的现象存在。

(3)抢筑子堤要保证质量,派专人监理,要经得起洪水期考验,绝不允许子堤溃决,造成更大的溃决灾害。

(4)临时抢筑的子堤一般质量较差,要派专人严密巡视检查,加强质量监督,加强防守,发现问题,及时抢护。

五、抢险实例

1958 年 7 月 17 日 17 时,由于三门峡(陕县)以上干流来水与三门峡至花园口区间(伊洛河)来水相遭遇,黄河花园口站出现洪峰流量 22 300 m³/s,为黄河有水文实测记录以来的最大洪水。19 日 16 时洪水到达高村站,洪峰流量 17 900 m³/s;22 日洪水到达艾山站,洪峰流量 12 600 m³/s;23 日洪水到达泺口站,洪峰流量 11 900 m³/s;25 日洪水到达利津站,洪峰流量为 10 400 m³/s。这次洪水洪峰高,水量大,来势凶猛,持续时间长,含沙量小。花园口站大于 10 000 m³/s 流量持续 81 h,12 d 洪水总量 88.85 亿 m³。这次洪水在兰考东坝头以下,迫岸盈堤,约有400 km堤段超过保证水位0.38~1.09 m。山东部分危险堤段洪水位几乎与堤平,堤根水深3~4 m,多处险工坝岸水漫坝顶。东平湖水位达44.81 m,超过保证水位1.31 m,有的堤段水位超过堤顶,靠抢修子堤挡水。山东河道两岸堤防和东平湖堤防处于十分严峻的局面。

根据水情、雨情和工情,黄河防总提出不分洪、加强防守、战胜洪水的意见,征得河南、山东两省同意,并报告国家防总,决定采取"依靠群众,固守大堤,不分洪、不滞洪,坚决战胜洪水"的方针。豫、鲁两省坚决贯彻执行,决心全力以赴,加强防守,确保安全。动员200多万军民上堤防守抢护,同时紧急抢修子堤。

由于山东境内河道狭窄,此次洪水位表现较高。再加上花园口站19日又出现14 600 m³/s的洪峰,两峰到山东河段汇合,水位升高。堤根水深一般2~4 m;个别堤段深达5~6 m。大堤出水仅1 m多,洪水位已高于保证水位0.8~1 m。险工坝岸几乎与水平,不少坝岸水已漫顶,形势极为严峻。东平湖陈山口进潮流量达10 300 m³/s,湖水位以8~14 cm/h的速度急剧上涨,安山最高水位44.81 m,超出保证水位1.31 m,超蓄水量3.8亿m³。有44 km长湖堤洪水超过堤顶0.01~0.4 m。又加上遭遇5级东北风袭击,情势险恶万分。在此危急时刻,东平湖堤和东阿以下临黄大堤全线抢修子堤,防止了潮堤漫溢成灾。最紧张时安山湖堤段风浪越堤而过,新修子堤大量坍塌,广大群众站在堤顶上,形成一道人墙,抵挡风浪袭击,并重新抢修一道柴草子堤挡水。经过19 h的奋力拼抢,终于转危为安。

此次山东军民一昼夜间在两岸共抢修高1~2 m的子堤600 km,在2 000多段(座)险工坝岸上用土袋及柳石料加高1~2 m。洪水期间,全河险情迭出,普遍紧张,共发现各种险情1 290余段次,包括漏洞18处、管涌109处、陷坑228处、大堤脱坡56段次、埽坝坍蛰308段次,根石走失严重的175段次,掉塘子56段次,还有不少控导护滩工程被冲垮。经百万军民奋力抢护8昼夜,战胜了新中国成立以来首次出现的大洪水。

第十节　溃　口

无论是险工、控导工程、堤防,还是涵闸工程,若查险、报险以及抢险不及时,抢险措施不当,或任其险情发展,水流条件变化剧烈、险情发展较快来不及抢护等,均有可能发生堤防工程溃决险情,形成溃口。因此,溃口险情应及时进行堵复,否则将对人民群众的生命财产造成很大的损失。

一、堵口准备工作

(一)裹头

堤防决口后,为防止水流冲刷扩大口门,对口门两端的断堤头,要及时采取保护措施。抢筑坚固的裹头,是堤防封堵决口的必备工作。要根据口门的水位差、流速及地形、地质条件,确定裹头的措施。一般在水浅流缓、土质较好的条件下,可在堤头周围直接用土工布裹护,也可采用打桩,桩后填柳、柴柳或抛石裹护。在水深流急、土质较差的条件下,可在堤头铺放土工布软体排或柳石枕、柳石搂厢裹头,或采用抗冲流速较大的石笼等进行裹护。

(二)水文观测和河势勘查

在进行堵口前,要实测口门的宽度、水深、流速和流量等,并绘制纵横断面图。在可能的情况下,要勘测口门及其附近水下地形,并勘查土质情况,了解其抗冲流速值。

(三)制订堵口设计方案

根据上述水文、水下地形、地质及河势变化、筹集料物能力等资料,分析、研究堵口时间,确定堵口方案,进行堵口设计。对重大堵口工程,还应进行模型试验。

(四)做好施工准备

制订具体实施计划,布置堵口施工现场,筹集堵口料物,组织施工队伍,准备施工机械、设备及所用工具。

二、堵口工程布局

(一)堵口时间

堤防一旦决口,应采取一切必要的措施,减少灾害损失,缩小淹没范围。同时,利用上游水库和分洪工程削减洪水,抓紧组织人力、物力,尽快抢堵合龙。因客观条件限制,不能当即堵口合龙的,应考虑安排在洪水降落到下次洪水到来之前或在汛末枯水时期堵复。

(二)堵口次序

堤防多处决口,口门大小不一的,堵口时一般应先堵下游口门,后堵上游口门,先堵小口,后堵大口。

(三)堵口堤线选择

为了减少堵口施工时对高流速水流拦截的困难,在河道宽阔并具有一定滩地的情况下,或堤防背水侧较为开阔且地势较高的情况下,可选择"月弧"形堤线,以有效增大过流面积,从而降低流速,减少堵口施工的困难。

(四)堵口辅助工程的选择

为了降低口门附近的水头差和减少流量、流速,在堵口前可采取开挖引河和修筑挑水坝等辅助工程措施。要根据水力学原理,精心选择挑水坝和引河的位置,以引导水流偏离决口处,并能顺流下泄,以降低堵口施工的难度。对于全河夺流的堤防决口,要根据河道地形、地势选好引河、挑水坝的位置,从而使引河、堵口堤线和挑水坝三项工程有机结合,以达到顺利堵口的目的。

三、堵口方法

堵口方法主要有平堵、立堵、混合堵等多种方法。应根据口门过流多少、地形、土质、料物采集以及人员、机械条件,综合考虑选定。

(一)平堵

平堵是沿口门选定的坝轴线,自河底抛料物,如石块、石枕、土袋等,逐层填高,直至高出水面,以截堵水流的堵口方法。平堵有架桥平堵及抛料船平堵两种方法。

1. 架桥平堵

1) 架桥

横跨口门每隔 3 m 打桩 1 排,每排 4 根,间距 2~3 m,木桩直径 0.25~0.45 m,桩长 11~21 m,打入河底 4.5~12 m,桩顶纵横架梁,梁上铺板连接成桥,面上铺轻便铁轨,运石抛投(见图 5-45)。

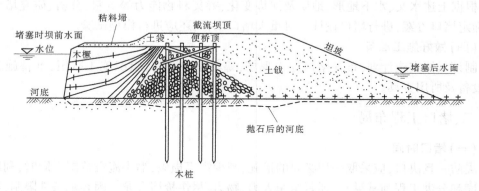

(a)截流坝横断面图

(b) 打桩修筑抛石栈桥

图 5-45　平堵法堵口

2) 铺底

在便桥下游面,用钢丝网片铺于河底,以防冲刷。网片每卷长 45.78 m,宽 16.5 m,网片一端系在桥桩上,一端在船上徐徐放松,尽其长度,顺流铺垫,并用块石填压,以防冲刷。

3) 填石

在桥上运石料,抛填出水面后,于坝前加筑埽工或土袋,阻断水流。

2. 抛料船平堵

先在口门坝线两端,各竖起 2 根标杆,然后将运石船开到口门,对准两端的 4 根标杆,使运石船停在坝线上,抛锚定位,进行抛石。抛石时,将机动船停在上游,抛锚固定;再将驳船缓缓放下,沿坝线先抛许多块石堆,等高出水面后,再以大驳船横向靠于块石堆之间,集中抛石,使之连成一线,形成拦河坝,阻水断流。堆石坝堵口横断面见图 5-46。

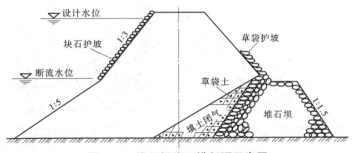

图 5-46　堆石坝堵口横断面示意图

(二) 立堵

从口门的两端或一端,沿拟定的堵口坝基线向水中进占,逐渐缩窄口门,最后将所留的缺口(龙门口)抢堵合龙。可采用填土进堵、柳石枕进堵、搂厢进堵、钢木土石组合坝堵口等方法,如果口门较宽,浅水部分流速不大,在浅水部分可采用水中倒土方法填堵,当填土受到水流冲刷难以稳定时,采用埽工进占抢堵。

1. 埽工进占法

对分流口门,当溜势缓和,土质较好时,可采用单坝堵合。一般是从口门两端向中间进堵(见图 5-47),也有从一端向另一端进堵的,俗称独龙过江(见图 5-48)。

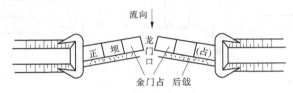

图 5-47　单坝进占堵口示意图

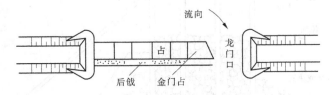

图 5-48　独龙过江堵口示意图

当口门为全河夺流,口门溜势湍急,土质较差时,可采用双坝进堵,即在正坝之后再修边坝,用以维护正坝(见图 5-49)。正坝的迎水面抛柳石枕、块石防护,正坝与边坝间相隔 5~10 m,中间填土,称为土柜。土柜用以维护坝身,增加抗御力量,并起隔渗作用,以填黏土为宜。边坝后面修筑后戗,后戗顶宽 6~10 m,边坡 1:4~1:6,采用水中倒土方法筑戗,边坡 1:8~1:10。合龙时,先堵合正坝,再堵合边坝。

2. 打桩进堵

打桩进堵做法不一,举例如下。

一般土质较好,水深 2~3 m 的口门,从两端裹头起,沿选定的堵口坝基线,打桩 2~4

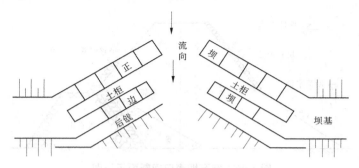

图 5-49　双坝进堵示意图

排,排距 1~2 m,桩距 0.5~1 m。桩顶用木杆纵横相连捆牢。在下游一排桩后,加打戗桩。然后从两端裹头起,在排桩之间,压入柳枝(或柴),水深时可用长杆叉子向下压柳,压一层柳,抛一层石(或袋土),这样层柳层石一直压到水面以上。随压柳随在排桩下游抛土袋、填土作后戗。排桩上游如冲刷严重,再抛柳石枕维护,直到合龙,如图 5-50 所示。

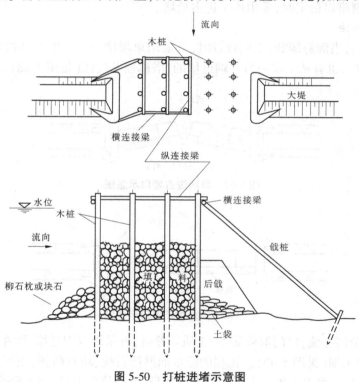

图 5-50　打桩进堵示意图

3. 钢木土石组合坝堵口

实施步骤如下:

(1)护固坝头。首先从决口两端坝头上游一侧开始,围绕坝头顺水流密集打一排木桩,用 8 号铅丝连接固定。

(2)框架进占。设置钢框架,植入木桩,预先将装好的土袋、石子袋进行错缝填塞。

（3）设置导流排，加快填塞速度。合龙前，口门两端提前备足填料，合龙时，两端同时快速填料直至合龙。

（4）防渗固坝。对新筑坝修筑上、下游护坡后，在其上游护坡上铺两层土工布，中间加一层塑料布，作为防渗层，其两端应延伸到决口外原坝体 8~10 cm 范围，并用袋装土石料压坡面和坡脚（见图 5-51）。

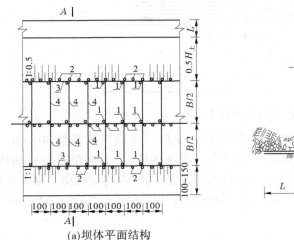
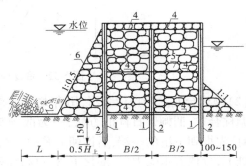

(a)坝体平面结构　　　　　　　　　(b)A—A 横断面

1—直径 5 cm 钢管桩；2—直径 20~30 cm 木桩；3—直径为 5 cm 的 x 向（坝轴向）钢管连接件；
4—直径为 5 cm 的 y 向（顺水流方向）钢管连接件；5—袋装土或碎石（化引直径不小于 30 cm）；
6—PVC 防渗土工织物和两层塑料布；B—坝基宽度；L—防渗长度；$H_上$—上游水深。

图 5-51　钢木土石组合坝结构图　（单位：cm）

目前，采用的立堵方法还有土工包进占、堆石进占、机械化柳石搂厢进占等。

（三）混合堵

混合堵是立堵与平堵相结合的堵口方法，也称平立混堵法。堵口时，根据口门的具体情况和立堵、平堵的不同特点，因地制宜，灵活采用。如在开始堵口，一般单宽流速较小，可用立堵快速进占。在缩小口门后流速较大时，再采用平堵的方式，减小施工难度。对较大的口门，可以正坝用平堵法、边坝用立堵法进行堵合。

平堵法一般适用于流速不大的情形，堵口材料自口门底部向上部填筑，能达到很好的护底效果，但若操作不当，堵口抛填材料极易被水流冲失；立堵法适应于流速较大的情形，是从口门一端或两端一节一节向口门中间进修，抛填材料不易冲失，但随着口门缩窄，流速加大，极易冲刷口门底部，增加口门堵复难度。因此，在口门堵复时，应根据口门地质情况、水流状况、现场堵口条件（材料、机械、人力等）以及抢险方法等，确定平立混合堵口时机，确保堵口取得圆满成功。

（四）合龙

堵口时，最后留下的缺口称为龙门口。在合龙时，必须周密筹划，备足料物才能动工，一经着手，务必一气呵成。合龙常用如下两种方法：

（1）埽占合龙法。用合龙埽合龙，所留口门宽一般为 10~25 m，在龙门口两端坝顶上打桩挂缆,缆上铺秸料做埽,由两坝头松绳沉埽入水,再继续加料上土,直至埽沉入河底闭塞口门(见图5-52)。

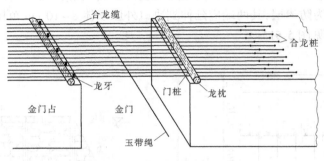

图5-52 合龙埽桩缆示意图

(2)抛枕合龙。当口门缩窄,用合龙埽不易堵合时,龙门口可适当放宽至30~60 m,进行抛枕合龙,捆柳柴石枕的方法,一为散柳柴包石或淤泥捆枕;二为柳柴把包石捆枕。抛枕时,先推朝下游的一端,后推朝上游的一端,枕沉到预定位置,即将穿心绳一端系在坝头木桩上,待枕着水受力后,随枕下落,可将绳稍稍松动,直到枕落河底,如图5-53所示。

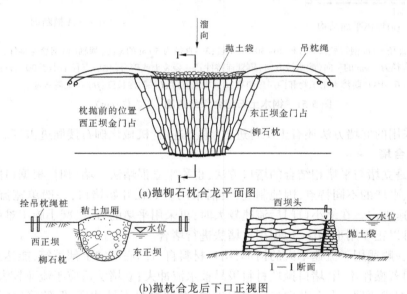

(a)抛柳石枕合龙平面图

(b)抛枕合龙后下口正视图

图5-53 抛枕合龙示意图

目前,合龙施工中多采用机械化捆抛柳石枕、机械化抛投大体积铅丝石笼等方法。

(五)闭气

正坝合龙以后,坝身仍向外漏水,特别是用柳石枕堵合后,漏水更为严重,封堵这种漏水的工作,称为闭气。闭气的方法一般有以下四种:

(1)边坝合龙法。双坝合龙时,用边坝合龙闭气,在正坝与边坝之间,用土袋及黏土填筑土柜,边坝之后再加后戗,阻止漏水。

（2）养水盆法。如堵口后上游水位较高,可在坝后一定距离范围内修筑月堤,以蓄正坝渗出的水壅高水位,到临背河水位大致相平时即不漏水(见图5-54)。

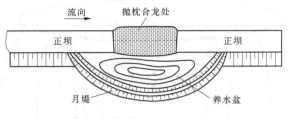

图5-54　养水盆法平面图

（3）门帘埽法。在合龙堵口的上游,以蒲包、麻袋、编织袋装土抛填,或做一段长埽抢护口门,使其闭气(见图5-55)。

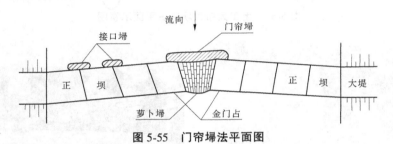

图5-55　门帘埽法平面图

（4）临河修月堤法。堵合后,如透水不严重,且临河水浅流缓,可在临河筑一道月堤,包围住龙门口,再于月堤内填土,完成闭气工作(见图5-56)。

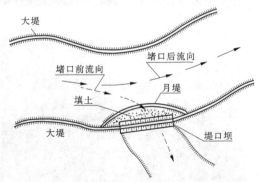

图5-56　临河月堤闭气法平面图

目前,多采用水下铺设土工布达到闭气,速度快、效率高、闭气效果好。

（六）新材料、新工艺堵口方法

1.土工大布筑坝进占堵口新方法

土工大布筑坝进占堵口新方法是在进占位置用3只船组成"U形",在"U形"内铺设底勾绳、连子绳形成大网兜,并在网兜内铺设土工大布,然后利用推土机向大布网兜内推土,实现快速进占堵口。该网绳大布结构筑坝堵口技术获国家发明专利。具有抢险速度快、效率高、投资省的优点。适用于水深12 m以内、流速2.0 m/s的水流条件

（见图 5-57、图 5-58）。

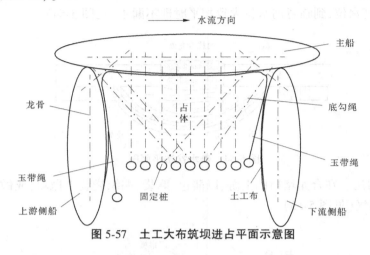

图 5-57　土工大布筑坝进占平面示意图

图 5-58　土工大布筑坝进占施工图

2.土工包进占堵口方法

土工包进占主要是指利用挖掘机或装载机配合自卸车装抛土工包和装载机现场装抛土工包等,能够快速实现水中筑坝施工进行堵口(见图 5-59、图 5-60)。

（七）抢险要点

（1）无论是堵口还是险情抢护,均应考虑就地取材、料源充足的原则。

图 5-59 挖掘机配合自卸车装抛土工包水中进占图

图 5-60 装载机装抛土工包水中进占图

（2）尽可能地使用机械化进行抢护,便于连续作战。

（3）无论采用哪种抢护方法,在抢护过程中,均应连续作战、一气呵成;否则,一是导致冲刷坑增大,堵难度增加,二是易出现塌病或次生其他险情。

（4）抢护方法可多措并举,同时进行,确保堵口万无一失。

（5）料物运输考虑进出循环道,避免拥堵,影响堵口效率。

（6）堵口占体的宽度、高度应考虑合龙后,水位迅速上涨的因素,避免因水位上涨过快,造成二次漫决。

（7）无论采用传统埽工技术进占堵口,还是采用机械化以及新材料、新工艺抢险新技术进占堵口,关键点是修筑的埽体不被水流冲失、不跑埽;土工包、长管袋等袋类不能一次抛投入水,否则土工包或长管将被水流冲失。

（八）抢险实例

1. 郑州花园口决口堵复

1946 年黄河郑州花园口堵口,即采用混合堵法。堵口时,口门宽 1 460 m,口门东侧为主流深槽,最大水深 9 m,口门西侧为浅滩。口门以下开挖了引河,分泄全河流量约一半(引河开放时大河流量 800 m³/s)。在两侧浅水区用土填筑新堤和用捆厢埽单坝进堵(见图 5-61)。口门缩至 400 m 宽时,采用架桥平堵,用打桩机从两坝头沿口门打桩 124 排,每排打桩 4 根,排距、桩距 3 m,桩长 12～20 m,打入河底 7～12 m。桩顶架桥,铺轻便铁路 5 条,中间一条行驶小型机车牵引铁斗列车,两旁 4 条铁路,分行手推平车,每 24 h 运石 3 000 m³。水深处改抛柳石枕或铅丝笼装石,坝身高度 6～15 m 不等,坝前水深 18 m 时,平堵不能前进,用埽工进行双坝进堵。把桥坝上游边层柳层石帮宽 10 m 作为正坝,桥的下游用捆厢埽进占作为边坝,每隔 20～40 m 做秸料格坝,连接正坝与边坝。桥与边坝之间,用运土机填筑土柜,边坝后加筑后戗,并在所留 32 m 的龙门口上架设悬桥两道,供两侧运料,最后推柳石枕和石笼将正坝合龙,边坝用合龙埽合龙。

2. 兰考蔡集工程控制堤堵口

2003 年,受"华西秋雨"影响,黄河流域遭遇多年不遇的严重秋汛,黄河下游河段经历了长时间的洪水考验。9 月 18 日,兰考县蔡集工程上首的谷营黄河滩区生产堤被冲垮,危及兰考、东明黄河大堤和滩区 12 万群众的生命、财产安全。

为堵复口门,时任河南省常务副省长的王明义任指挥长,组织部队、黄河专业队伍、群防队伍近万人参加堵口。为加快运料速度,在黄河水利委员会专家组的建议下,指挥部先后在东坝头险工、禅房控导工程、生产堤断头处、蔡集控导工程建设临时码头 5 处,抽调河南黄河河务局两支水上抢险队、开封海事局、某舟桥团、民船等共 100 余条船只负责水路运输;开封市抢修口门西侧两条临时道路,1 500 名官兵会同河南黄河河务局抽调的机械设备和 300 余名技术骨干投入抢险。

（1）西岸前期守护。

10 月 18 日,在东岸道路修通前先在西岸抛柳头缓柳落淤,具体做法是:在船上装铅丝笼,笼内放桩,桩上拴 6 根绳,然后将每条绳与柳头或柳捆相连,最后抛笼,柳头随即而下。

（2）架设浮桥。

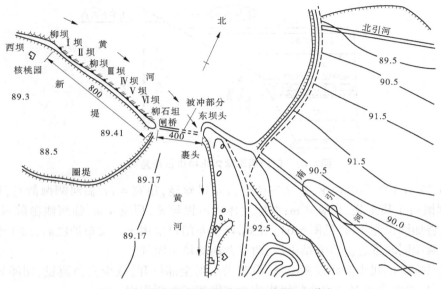

图 5-61　黄河郑州花园口堵口示意图　（单位:m）

10 月 20 日舟桥部队完成浮桥驾设,浮桥架设后西岸的两支抢险队调到东岸,为抛铅丝笼挂柳大大提供了方便,也为钢管桩作业提供了平台。

（3）西岸土工布护岸。

西岸裹头挂柳落淤后效果明显,已出滩 10 余 m,但裹头上游滩岸坍塌,后在西岸裹头上游侧铺土工布护岸,防止冲刷,稳住西岸裹头。

（4）透水钢管桩。

为使口门流速减缓,指挥部决定由大桥局在口门处打两排钢管桩,钢管桩直径 40 cm、桩距 2 m、排距 2 m,从口门西侧向东侧挺进,钢管桩距西岸埽体 2 m,后因水流冲击力摆动很大,自身不稳定,停止作业。共打钢管桩 16 根,长 16 m,为后期施工进占提供了便利。

（5）背河透水月堤。

10 月 21 日开始,沿口门下游向外辐射 500 m 为半径的透水月牙堤开始抢修。具体做法是将抛下的柳捆用铅丝固定在桩上,然后桩与桩相互连接,其目的是缓柳落淤、减少口门过流。

（6）埽体进占堵口。

10 月 21 日,先在口门西岸用"厢修护崖等埽"做裹头平台为抢险阵地。具体做法是:

①占体以口门西岸裹头平台为依托,开始进占采用柳石混杂的方法,在水流流速较缓、水深较浅的浅水区完成进占任务,长度 10 m。

②水中进占在水深超过 6 m 时流速较大,采用捆厢船截流堵口技术。

③进占埽宽控制 12 m,埽体进占临河侧抛笼固根,背河侧抛石袋加固,顶宽 4 m,石袋外边抛土袋闭气,顶宽 4 m,如图 5-62 所示。

（7）金门合龙。

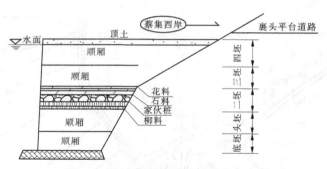

图 5-62　口门西岸埽体水中进占示意图

　　10 月 27 日下午实施合龙,东岸主体进占是铅丝笼,顶宽 4 m,临河侧抛散石,顶宽 1 m,背河侧抛石子袋土袋,顶宽 4 m;西岸主体进占铅丝笼,顶宽 4 m,临河侧抛散石,背河侧石袋土袋加固顶宽 4 m(见图 5-63、图 5-64)。龙门口采用土工大布护底后,加工专用的大钢筋笼两岸同时推进。合龙结束后,两岸背河侧填土闭气。

　　在堵口抢险期间小浪底控泄流量,沿黄供水闸全部打开,减少大河流量;切滩导流改变河势走向,缓解洪水对口门威胁等措施也都发挥了重要作用。

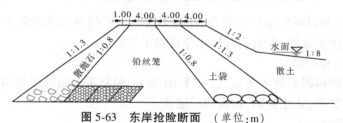

图 5-63　东岸抢险断面　（单位:m）

图 5-64　西岸抢险断面　（单位:m）

第六章 河道整治工程险情

黄河河道整治工程常见的险情有坍塌、墩蛰、滑动、坝裆后溃、溃膛、漫溢六种类型,根石基础薄弱是坝垛出险的主要原因,新修坝垛和受大溜顶冲的坝垛易出险,抢险应本着"抢早、抢小、抢了"的原则进行抢护。常用的抢护方法有抛块石、铅丝笼、土袋、柳石枕及柳石搂厢等。

第一节 坍 塌

一、现象

坍塌险情是黄河工程坝垛最常见的一种险情,一般表现为根石坍塌、坦石坍塌、土胎坍塌。出险原因多是坝基受正溜或回溜淘刷,坝、垛及护岸前形成冲刷坑,根坦石下蛰,根石坡度陡,从而导致根坦石或土体坍塌。

二、抢护原则

老坝(修建年月时间较长经多次抢险的坝岸)以护根为主,新坝(新修工程或虽修建年月时间较长但未经抢险的坝岸)以护胎为主。

三、抢护方法

(一)抛散(块)石或抛石笼固根

根石坍塌时一般利用机械或人工将块石(混凝土块)或铅丝笼抛投到出险部位,加固坝垛坡脚,提高坝体的抗冲性和稳定性,并将坝坡恢复到出险前的设计状况(见图6-1)。

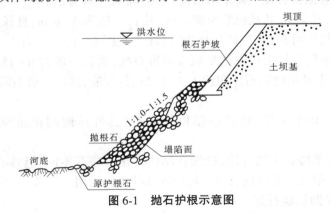

图 6-1 抛石护根示意图

坦石坍塌时宜用抛石补坦、抛笼固根的方法抢护。其抛投方法同抛石加固,但块石抛投量和抛投速度要大于坍塌速度,可采用船抛和岸抛同时进行,以使险情尽快得到控制。

目前,采用机械化抛散石的方法有:挖掘机抛散石、装载机抛散石和自卸车抛散石;装抛石笼的方法有:挖掘机抛石笼、装载机抛石笼和自卸车抛石笼。

(二)抛袋固根

当块石短缺或供给不足时也可采用抛土袋等方法进行临时抢护。方法是:在草袋、麻袋、土工编织袋内装入土料,每个土袋质量应大于 50 kg,装土的饱满度为 70% ~ 80%,以充填砂土、砂壤土为好(见图 6-2)。

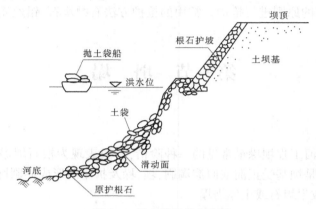

图 6-2   抛土袋护根示意图

(三)捆抛柳石枕

坝基土胎坍塌时,仅抛块石抢护速度慢、耗资大,这时可采用抛柳石枕进行抢护。枕长一般为 3 ~ 10 m,直径 0.7 ~ 1.0 m,柳、石体积比 1:0.2 ~ 1:0.3,也可按流速大小或出险部位调整比例。柳石枕构造及抢护结构见图 6-3。

也可使用土袋枕代替柳石枕,由编织布缝制成大型土袋,装土成形后形状类似柳石枕。可使用船抛、岸抛、人工抛、机械抛。

(四)机械化装抛柳石枕

目前,机械化装抛柳石枕主要采用埽枕、笼枕、厢枕三种方法。

埽枕是利用软料叉车、装载机装抛柳石枕,枕长一般为 3 ~ 6 m、直径 1 ~ 2.5 m,体积大,搂厢一个成埽枕即可到"家",所以称为"埽枕"(见图 6-4)。

笼枕是利用装载机、推土机或挖掘机装抛柳石枕,枕长一般为 6 ~ 15 m、直径 1 ~ 1.5 m,这种枕体积大、重量足(柳、石体积比 1:1 ~ 1:2)、抗冲能力强,一般不需要拴系留绳(见图 6-5)。

厢枕是利用自卸车车厢、辅爪挖掘机装柳石枕,可异地制作运至出险地点抛投(见图 6-6)。

以上机械化捆抛柳石枕的方法,虽然在制作方法上略有不同,但各有利弊和适应范围,在使用过程中,根据险情特点、材料、场地等条件择优而用。

(五)机械化装抛铅丝石笼

机械化装抛铅丝石笼的方法主要有装载机装抛铅丝石笼和挖掘机配合自卸车装抛铅丝石笼(见图 6-7、图 6-8)。

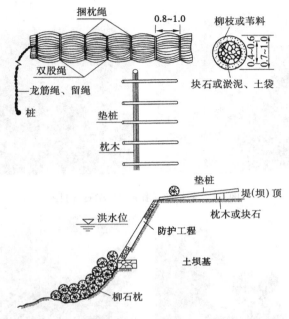

图 6-3　抛柳石枕剖面示意图　（单位：m）

图 6-4　机械化装抛埽枕（柳石枕）图

图 6-5　机械化装抛笼枕（柳石枕）图

图 6-6　机械化装抛厢枕(柳石枕)图

图 6-7　装载机装抛铅丝石笼抢护坍塌险情图

图 6-8　挖掘机配合自卸车装抛铅丝石笼抢护坍塌险情图

(六)新材料、新工艺抢险方法

目前,新材料、新工艺抢险方法主要有:土袋枕(也称连环袋)、土袋笼、集装袋(也称吨袋)、长管袋等,如图 6-9~图 6-12 所示。

四、抢险要点

(一)抛散(块)石要点

(1)抛根石应在冲刷较深,溜势较缓时进行,使石块减少冲失,易于抛到河底深处,以免主溜顶冲淘刷时,再发生猛墩猛蛰等险情。切记在大边溜、大溜或大溜顶冲坝岸时,避

图 6-9　土袋枕(连环袋)抢护坍塌险情图

图 6-10　土袋笼抢护坍塌险情图

图 6-11　集装袋(吨袋)抢护坍塌险情图

免利用自卸车等大型机械倾卸石料,否则抛投水中的大量石料将被冲失。

（2）如在水深溜急的情况下抛石,应先用较大石块把下游抛成一条石埂,然后用一般石块抛向上游。如果在大溜顶冲时抢抛根石,要尽量选用大块石,并预先运放到推抛地点,待急溜的间隙,大量突击抛下,以减少走失。

（3）由坝顶或根石台上向下抛石,要先抛一般石块,预留一部分较大石块,抛在坡面及顶部。

（4）在船上抛石,应由外向里,先抛较大石块,后抛一般石块,逐层抛向水面。

（5）抛石时,为避免砸坏坝岸,应采用滑板、抛石架等办法,以保持石块平稳下落,减

图 6-12 机械化装抛长管袋抢护坍塌险情图

少冲击滚动,以免碰损砸碎。

（二）装抛石笼要点

（1）使用石料以一般石块或小块石为主,在装笼时,应把小块石放在里面或铺放一层柳枝,以免漏掉石块。

（2）石笼应抛压在主坝的上跨角和坝头局部淘刷严重处。在抛石笼"抢点顾线"时,要在水流顶冲坝岸部位靠上游一点抛石笼墩(石笼墩应凸出坝坡 1~2 m),一是挑流效果好,二是避免因石笼抛投位置不对而产生回流,且抛石笼墩的间距应为 6~8 m。

（3）抛笼之前,应摸清根石坡度情况,以确定装抛位置。如果拟抛地点凸凹不平或下部坡度过陡,应先抛一部分散石,然后进行抛笼。

（4）石笼一般要在根石顶部装封,利用审板或撬棍,使之平稳滑入水内,不得过高,以免砸坏笼子。

（5）装排石块要轻放,不得猛力下砸,用大石排紧、小石填严空隙。如果是方笼,先装四角再装中间;如果是圆笼,要和柳石枕一样排成圆柱体,然后封扎结实。

（6）抛笼应自下而上层层上抛,尽量避免笼与笼接头不严的现象。如条件许可,还要自下游而上游抛完第一层再抛第二层,使上下笼头互相间错紧密压茬。

（7）笼抛完后,应再探摸一次,将笼顶部分和笼与笼接头不严之处,用大块石抛填整齐。

（三）抛柳石枕要点

（1）抛枕抢护根石蛰动坍塌,多在水深溜急、大溜顶冲的情况下进行。根石坡度陡缓不一、凸凹不平,枕入水后难以平稳下沉,据情况抛短枕(柳石枕长度短一些)、重枕(柳石枕石料多一些),并加强摸水工作,多用留绳切实掌握。

（2）如果根石大量坍塌蛰陷,入水较深较快,则系底脚淘刷所致。应摸清水下情况,宜用较长的枕抛出水面。如用长枕有困难,也可用一般枕推抛,但应随抛随探摸,以便根据水下情况随时调整推抛位置和枕的长短。

（3）如果根石上部凸凹不平,水下 4~5 m 以下蛰塌走失甚烈,由坝上抛枕不易滚落到适当位置时,则除多用留绳外,还须酌加底钩绳,使枕在底钩绳兜的控制下依次沉至适当地点。

（4）如果根石中、下部完好,仅中上部发生局部蛰动走失,则是急溜冲揭所致,最好用石笼或大块石压护。如蛰动走失面积较大,低水位以下可用枕抛护,其上应用大块石。

五、抢险实例

(一)开封欧坦控导工程20坝坦石坍塌较大险情

1. 险情概述

欧坦控导工程位于黄河右岸的府君寺工程与夹河滩工程之间的开封市祥符区刘店滩区,在开封市祥符区刘店乡欧坦村北,上迎封丘县曹岗工程来流,下导流至封丘县贯台控导工程。

2019年6月21日开始,至6月26日8时花园口流量加大到3 850 m³/s,8时55分欧坦控导工程20坝受大溜顶冲影响YS0+045~YS0+055发生根坦石坍塌,出险体积104 m³。6月28日15时40分20坝迎水面再次发生根坦石坍塌,险情从YS+045~YS+055向两边发展至YS+040~YS+065根坦石坍塌,出险体积231 m³。由于长时间受大流量冲刷,拐迎部位出现裂缝,经探查发现根石走失。6月30日8时花园口流量达到4 160 m³/s,8时30分20坝出险部位发展至YS+050~GY+100,出险体积1 200 m³,如图6-13、图6-14所示。

图6-13　开封欧坦控导工程20坝险情图

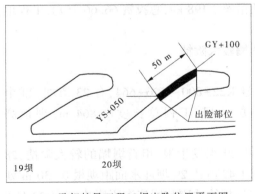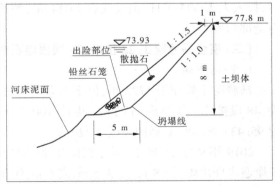

(a)欧坦控导工程20坝出险位置平面图　　　　(b)20坝出险部位断面图

图6-14　开封欧坦控导工程20坝险情平面图、断面图

2. 出险原因

(1)工程根石基础浅、坝体不稳。

由于该工程是20世纪80年代修建的,受当时施工条件和河势情况的限制,坦坡石块小,坦坡短而且薄,没有根石基础,而且每道坝(12~28坝)的迎水面未裹护段均在50~60 m,裹护长度不足,坡比达不到设计标准。

(2)土坝基土质差、易冲失。

资料显示,欧坦控导工程20坝修建时,土坝基为砂壤土填筑,坝体长时间受到大溜冲刷,沙土极易冲失,造成根基不稳,极易发生根坦石坍塌的险情。

(3)坝体受大溜顶冲、坝前冲刷坑加深。

欧坦控导工程20坝就处于大溜顶冲,在长历时下泄清水的情况下,河床冲刷加剧,坝前冲刷坑加深,导致工程基础失稳,根石走失、坦石坍塌,从而导致险情的发生。

3. 抢险过程

6月26日8时55分,欧坦控导工程巡查人员在巡坝过程中,发现20坝YS+045~YS+055处发生根坦石下滑的现象,及时将险情情况上报防汛抗旱办公室,防汛抗旱办公室迅速安排人员到现场核查险情,制订抢护方案,主管领导迅速安排抢险人员和机械对出险部位抛投铅丝石笼、抛散石进行抢护,险情得到有效的控制。

随着小浪底泄洪量的加大,欧坦控导工程20坝长时间受大溜冲刷。6月28日15时40分,20坝YS+040~YS+065处再次发生根、坦石坍塌险情,险情发生后抢护人员及时到位,在出险部位抛投铅丝笼,同时在坍塌处抛投散石护坦。

6月30日8时花园口流量达到4 160 m³/s,8时20分查险人员发现在YS+065~GY+100处出现4 cm的裂缝,并伴随块石下水的声音,查险人员发现根坦石开始滑塌,险情发展迅速。县局领导接到险情报告后赶到出险现场,成立现场抢险指挥部,调集人员设备投入到险情抢护中,同时向市局求援,调集机动抢险队投入抢护工作,经过2 d紧张的抢护,险情得到有效控制。

自6月30日欧坦控导工程20坝发生过较大险情后,7月2~4日又发生4次根坦石坍塌的一般险情。6月26日~7月4日9 d时间一共发生7次险情,投入机械336.50台时,投入人工393工日,消耗块石2 044 m³,消耗铅丝3 198 kg,总投资66.66万元,工程坦石全部恢复。

(二)惠金马渡险工28护岸、29坝根坦石坍塌较大险情

1. 险情概述

马渡险工始建于1722年,位于大堤公里桩号K22+800~K26+664,有23道坝、29个垛,48段护岸,多为砌石结构,共计100个单位工程,工程总长度3 864 m,坝顶高程95.43~96.88 m,裹护长度4 520 m。

2019年9月21日23时马渡险工28护岸及29坝发生根、坦石坍塌的较大险情,28护岸迎水面出险长68 m、宽3.5 m、高6 m,体积1 428 m³,29坝迎水面距坝根0~30 m处出险长30 m、宽3 m、高8 m,体积720 m³。受水流持续冲刷和回流淘刷影响,9月22日8时30分,马渡险工29坝再次出险长20 m、宽3 m、高11 m,出险体积660 m³。9月22日8时40分,马渡险工28护岸再次出险,出险长38 m、宽2 m、高11 m,体积836 m³;马渡险工28护岸、29坝累计出险体积为3 644 m³,如图6-15~图6-17所示。

图 6-15　惠金马渡险工 28 护岸、29 坝险情图

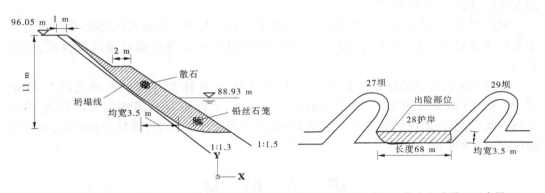

(a)马渡险工28护岸出险断面示意图　　　　　(b)马渡险工28护岸出险平面示意图

图 6-16　惠金马渡险工 28 护岸出险断面图、平面图

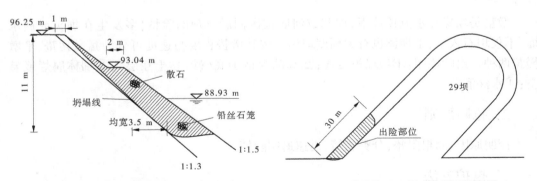

(a)马渡险工29坝出险断面示意图　　　　　(b)马渡险工29坝出险平面示意图

图 6-17　惠金马渡险工 29 坝出险断面图、平面图

2. 出险原因

出险时大河流量在 4 000 m³/s 左右,马渡险工持续靠河着溜,大溜直接顶冲 27～29 坝,回流淘刷 28 护岸。

通过对马渡险工险情发生前后河势分析发现,马渡险工 25～31 坝附近河势变化较大。具体表现为:一是水流在27～29坝,形成斜河,主流集中,流速急剧加大,受流量变化,河势上提下挫尤为明显;二是由于河势变化,27～29坝前水沙条件变得更为复杂,水流颜色分界线明显,在距27～29坝沿线50多m处出现明显的水位下降现象,水流对工程根基处产生淘刷;三是主溜南移紧靠工程,大溜顶冲29坝,在28护岸前形成回溜对工程进行淘刷。

3. 抢险过程

险情发生后,惠金河务局立即向郑州河务局和金水区防汛抗旱指挥部报告,金水区防汛抗旱指挥部立即启动相关预案,成立了以区长为指挥长的抢险现场指挥部,经研究采用挖掘机、装载机配合自卸车抛铅丝笼护根、抛散石护坡的抢险方案。现场调动抢险队员50名,装载机1台、挖掘机1台、自卸车5辆、照明车2台,金水区政府调动人员18名,自卸车8辆,挖掘机2辆抢险。

河南河务局、郑州河务局派出抢险专家组指导险情抢护。根据实际情况,调整抢险方案为在回流顶冲位置28护岸30m处、29坝距坝根20m处抛铅丝笼修垛挑流,抢点护面。

按照专家组调整的抢护方案,经过一昼夜抢护,至9月22日21时,马渡险工28护岸、29坝较大险情得到控制。由于坝前水深达15m,水深溜急,工程根石坡度较陡,险情得到控制后,不同部位仍出现了不同程度的根石坍塌。9月26日,险情抢护结束,累计出险体积为6839 m³。

第二节　墩　蛰

一、现象

墩蛰是坝垛在水流顶冲下,坝基或河底被淘刷后出现的险情,多发生在坝头或迎水面,不仅坦石入水,土坝体也有大幅度坍塌。按其墩蛰程度与速度可分为猛墩猛蛰、平墩慢蛰两种。出险原因:①坝垛根石浅;②基础为格子底(砂、黏土互层);③埽体腐烂或悬空;④水深溜急。

二、抢险原则

探明原因、固根阻蛰,分类施策,迅速遏制险情。

三、抢护方法

(一)抛土袋

抛土袋适用于发生在坝垛迎水面的中后部、土坝体坍塌较少的情况。抢护时先在土坝体坍塌部位抛压土袋防冲,土袋出水1m后,再在其前面抛块石固根,然后加修土坝体,恢复根石、坦石。

(二)抛柳石枕

抛柳石枕适用于土坝体坍塌较多的情况,出险位置多发生在坝垛迎水面的中前部。

防护中必要时先削坡,后抛柳石枕补填并防护土坝体坍塌部位,再抛投块石恢复根石、坦石,最后抛铅丝笼固根。

（三）柳石搂厢

柳石搂厢是以柳石为主体,以绳、桩分层连接成整体的一种轻型水工结构（见图6-18）,主要用于土坝体严重坍塌的险情。它具有体积大、柔性好、抢险速度快的优点,但操作复杂,关键工序的操作人员要进行专门培训。

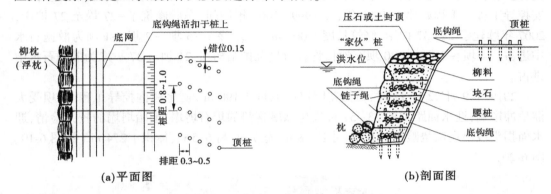

图 6-18　柳石搂厢示意图　（单位:m）

四、抢险要点

本节主要讲柳石搂厢抢险要点:

（1）每加厢一坯,应适当后退,做成 1:0.3 左右的坡度,坡度宜陡不宜缓,不应超过 1:0.5,防止厢体仰脸或前爬。

（2）在搂厢之前及搂厢（尤其底坯）过程中,应注意随时摸水深,探明河底坡度、土质与淘刷情况,以便适当选用"家伙"和上料压土的尺度等。比如:搂厢段遇淤泥滑底,或河床坡度较陡,在铺完底坯后,可据情加"满天星"或"五子""棋盘"等"家伙"桩绳,以增加防止前爬的阻力。如遇流沙或"格子底"（层淤层沙底）,除赶抛柳石枕固根,还可据情下"硬家伙"增大往后的牵力,要根据具体情况采取相应措施,因地因时制宜。

（3）柳石搂厢,压土量应少于用秸料软搂。对于压埽土不论是用石、用土或用淤,均需按操作步骤进行,即自两边上口、下口到埽面前眉（埽眉）逐渐往后退压。一般可按每立方米软料压土 0.3 m³ 以上,并结合河底土质、坡度与软料容重做全面考虑。压土不可过多或过少,过少容易走失,过多容易前爬。

（4）柳石搂厢使用的"家伙",因为埽面小,一般都很简单,多用羊角抓、鸡爪抓、三星等。每付"家伙"桩间距 2.5~3 m,最紧密间距不得小于 2 m。

（5）关于压土、压石的厚度。开始要薄,愈向上加厢,则逐坯稍加厚,总的原则是:在未抓泥前不能把埽压沉入水,抓泥后才能加大土,以资稳实。

（6）关于铺料和搂绳。铺料应向前铺料,后边跟着搂绳下"家伙",边铺边搂。

（7）在厢修埽体时,无论是底钩绳,或是"家伙"桩绳缆,要及时还绳（慢慢松绳、始终让绳缆带受力）,一是避免吊埽冲刷埽体底部,形成二次墩蛰险情;二是切忌绳缆受力过度而被拉断,否则将有跑塌的危险。

五、抢险实例

(一)险情概述

枣树沟控导工程位于荥阳市高村乡境内,位于黄河右岸,距郑州铁路桥上游 17 km 处,是黄河下游河道整治规划中的工程,上迎武陟县驾部控导工程来溜,送溜于武陟县东安控导工程。工程始建于 1999 年,在 1999~2002 年期间,先后修筑了-27 垛至 27 护岸,2007 年续建了 28~37 护岸,修筑长度 1 000 m。-27 垛至-5 坝、-2 坝、-1 坝为散抛石水中进占,-4 坝、-3 坝、1~20 坝充沙长管袋褥垫沉排结构坝,21 坝至 37 护岸为散抛石水中进占。

2019 年 9 月 22 日 11 时,黄河花园口站流量 4 190 m³/s,枣树沟控导工程 19 坝受大溜顶冲影响,迎水面距坝根 23~51 m 发生猛墩猛蛰的坦石坍塌、土胎坍塌的较大险情,迎水面拐头段出现墩蛰险情,出险尺寸长 28 m、宽 7 m、高 6.5 m,体积 1 274 m³(见图 6-19、图 6-20)。

图 6-19　荥阳枣树沟控导工程 19 坝墩蛰险情图

(二)出险原因

一是枣树沟控导工程 7 坝至 37 护岸长期靠主溜,长时间受大溜顶冲影响,水流集中冲刷,河床淘刷;二是枣树沟 19 坝属于充沙长管袋褥垫沉排进占坝,坝体结构特殊,经洪水长时间浸泡和冲刷,容易发生猛墩猛蛰险情,险情可预见性差。

(三)抢险过程

发现险情后,当地河务部门立即组织人力、物力,根据险情及河势发展情况制订了"铅丝柳枕护土坝基,抛铅丝笼加固根石,抛石还坦,恢复土坝基"的抢护方案。

具体做法如下:

(1)人工、机械配合在出险部位推"铅丝柳石枕"护土胎,然后抛铅丝石笼护根,待出水面后,内部填土,外部抛散石。

(2)整修坝基,抛散石护坡。护坡顶宽 1.0 m,边坡 1:1.5。

由于险情发现及时,抢护方案正确,组织得力,于当日 18 时控制了险情,经过两昼夜奋战,使工程基本得到恢复。枣树沟控导工程 19 坝抢险共用石 1 010 m³,用土 744 m³,柳料 600 kg,铅丝 600.5 kg,机械 324.91 个台时,人工 222 个工日。

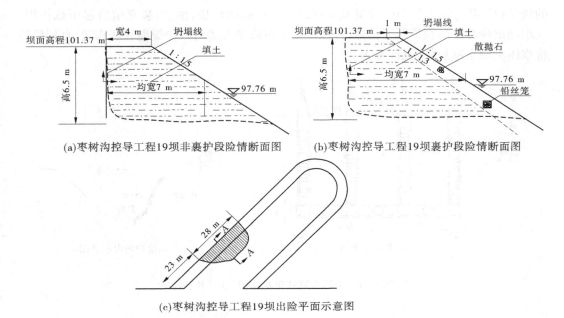

(a)枣树沟控导工程19坝非裹护段险情断面图　　(b)枣树沟控导工程19坝裹护段险情断面图

(c)枣树沟控导工程19坝出险平面示意图

图 6-20　荥阳枣树沟控导工程 19 坝墩蛰险情断面图、平面图

第三节　滑　动

一、现象

坝垛在自重和外力作用下失去稳定,护坡连同部分土胎从坝垛顶部沿弧形破裂面向河内滑动的险情称为滑动险情,分为骤滑和缓滑两种。滑动易发生在水流集中冲刷处,一般发生在险工砌石坝,主要原因是坝高坡陡,稳定性差。

二、抢护原则

对缓滑应以"减载、止滑"为原则,可采用抛石固根等方法进行抢护;对骤滑应以搂厢或土工布软体排等方法保护土胎,防止水流进一步冲刷坝体。

三、抢护方法

(一)抛石笼固根及减载

抛石笼要选在坝垛坡脚附近,压住滑动面底部出逸点,避免将块石抛在护坡中上部,当水位比较高时,应选用船只抛投或吊车抛放。在固根的同时还应做好坝垛上部的减载,如移走备防石,放缓坝体边坡等,以减轻载荷。

(二)土工布软体排

当坝垛发生骤滑,水流严重冲刷坝后土胎时,除可采取搂厢抢护外,还可以采用土工布软体排进行抢护。按险情出险部位的大小缝制成排布,排布下端再横向缝 0.4 m 左右的袋子(横袋),两边及中间缝宽 0.4~0.6 m。6 m 的竖袋,横、竖袋充填后起压载作用。在坝垛出险部位的坝顶展开排体,并依照横袋沉降情况适时放松缆绳和底钩绳,直到横袋将坝体土胎全部护住(见图 6-21)。

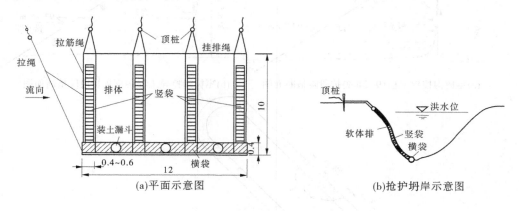

(a)平面示意图　　　　　　　　　　(b)抢护坍岸示意图

图 6-21　土工布软体排示意图　(单位:m)

四、抢险实例

(一)孟津花园镇控导工程 26 坝滑动险情

1. 险情概述

花园镇控导工程位于孟津县会盟镇台荫至小寨村北,黄河南岸洛阳桥下 12.5 km 处,为黄河孟津段最下游的河道工程。工程始建于 1964 年,是地方政府修建的护滩工程,1972 年由孟津黄河管理段接管,纳入河道整治规划,续建到 21 坝,1988~1991 年修建和接管 22~29 坝。现有丁坝 29 道、垛 2 座,工程长度 3 900 m。

2014 年 7 月 12 日 11 时 39 分,黄河西霞院站 8 时流量 418 m³/s,花园镇控导工程 19~26 坝、28 坝、29 坝靠河,主溜走 21 坝、24 坝、28 坝、29 坝,边溜 20 坝、22 坝、23 坝、25 坝、26 坝。花园镇控导工程水尺脱河,26 坝坝前水位暂无法确定,估算水位 108.2 m,坝顶高程 116.2 m,该坝在调水调沙期较高水位的浸泡和回落后小流量后边溜淘刷作用下,迎水面 0+097~0+152 坦石与坝基同时滑塌入水(坦石顶墩蛰为 8.0 m),造成坝体土胎外露,坝体迎水面土胎下蛰,长约 55 m、高 8.0 m、宽 3 m(另沿子石宽 1 m)(见图 6-22、图 6-23)。

2. 出险原因分析

(1)沙、黏土互层的河床结构决定了出险概率大。

花园镇控导工程上迎逯村控导来溜,下送溜至开仪控导工程。上首铁谢工程河段为砂卵石河床,河道边界条件较好,不易冲刷,基础相对稳固。花园镇控导工程河段为沙土河床,不耐冲刷,同时,沙、黏土互层的河床使险情先兆不够明显,普通根石探测工具难以探测到根基真实情况。加之近年来,小浪底、西霞院等水库常年清水下泄,该河段河床下切严重,造成根石深度相对较浅,易出现猛墩猛蛰的险情。

图 6-22　孟津花园镇控导工程 26 坝滑动险情图

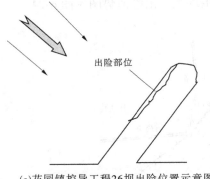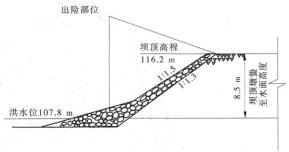

(a)花园镇控导工程26坝出险位置示意图　　(b)花园镇控导工程26坝抢险断面示意图

图 6-23　孟津花园镇控导工程 26 坝滑动险情平面图、断面图

（2）长期靠溜冲刷造成根基失稳。

当流量在 3 000~4 000 m³/s 时,花园镇控导工程河势变化相对比较频繁,对流量变化较为敏感,主要表现在 21 坝至 29 坝间坝岸靠溜变化频繁,其中 26 坝、28 坝、29 坝大水时常靠主溜,25 坝常靠边溜,21 坝、22 坝、23 坝、24 坝经常在边溜和主溜之间转换,18 坝、19 坝基本处于漫水状态。由于 26 坝常年靠溜,在水流作用下,容易受到冲刷造成根基失稳。

（3）小流量情况下坝体失去依托造成小水大险。

2014 年 7 月 12 日黄河西霞院站 8 时流量为 418 m³/s,在小流量下,坝体失去高水位依托,加大了坝体出现险情的风险。

综上原因,26 坝出现了根石及坦坡大面积滑动险情。

3. 抢险过程

在接到报险后,孟津河务局立即派出人员对险情进行核查,组织技术人员针对险情状况及当前水情、河势情况会商制订险情抢护方案,同时,将险情情况立即向上级和防指报告。经过会商,决定采用铅丝笼护根,土方还坝基,散抛石裹护的抢险方法进行紧急抢护。具体抢险流程为:先平整坝体下挫断面,采用抛投铅丝笼方式,对根石进行加固处理,再用土方对坝基还坡,最后在迎水面抛投散抛石进行裹护,抢护体积为 1 760 m³。

（二）河南黄河北围堤险情及抢护

1. 险情概述

北围堤始建于 1960 年,是原花园口枢纽左岸围堤。1972 年该工程脱河,1982 年洪峰过后,主溜逐渐北移。1983 年 8 月 3 日花园口 8 370 m³/s,洪峰流量过后,北股过流已超过 80%,主溜逼近北围堤。从 8 月 10 日开始抢修工程,至 10 月 23 日险情基本稳定的 50余 d 内,先后发生坍塌、滑动等各类险情几十起,其中以坍塌险情最多。如 1 号垛搂厢整体滑动前爬,致使抢护部位后溃 10 余 m;2~8 号垛基本上是平稳的下蛰塌陷或滑塌;西 8~西 2 垛长 450 m 的工段,接连墩蛰。西 4 垛及西 5 护岸跑塌,后部堤顶被冲塌,长 70 余m,宽 2~6 m,其中有 20 余 m 仅剩残缺背坡。针对不同险情,分别采用了柳石搂厢、柳石滚厢、大懒枕、柳石枕、铅丝笼、散抛石等不同的抢护方法,共计用柳 1 500 万 kg,石 3 万m³,抢修坝垛 26 座、护岸 25 段,耗资近 300 万元。北围堤工程出险河势图见图 6-24。

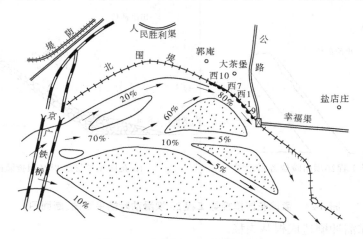

图 6-24　北围堤工程出险河势图

2. 出险原因

（1）大溜顶冲河床不断刷深,是险情发生的主要原因。随着主溜北移,滩地不断坍塌后退,临堤下塌后,水流淘刷河床,加之工程基础较浅,不能适应水流集中冲刷。出险期,大河流量基本在 4 000 m³/s 以上,河面最窄处仅 300 余 m,坝前流速 2.5~3.5 m/s,平均水深 10 m,最大水深 14 m。

（2）坝垛基础及修做方法不同,险情不同。4 号、5 号、6 号垛,修建时水深 3~4 m,先采用柳石枕护底,随着河床下切,在枕上逐步加厢,枕的适应性较搂厢好,故险情多为局部塌陷。西 8~西 2 垛采用柳石搂厢抢修,大溜顶冲后,搂厢底部被淘空,没有及时固根,最终导致墩蛰险情的发生。另外,不排除河床局部有黏土夹层的可能,当夹层底部被淘空后,无法承受上部荷载时,会发生墩蛰险情。

（3）操作方法不当,导致险情扩大。如 1 号垛采用搂厢抢护,由于施工人员认为放松底钩绳可加速厢体抓底,导致厢体整体滑动,坝根过水后溃。西斗垛厢体稳定后,在 40 h内未抛枕固根,水流进一步冲刷后,厢体悬空,随后根桩塌没、底钩绳失效,厢体猛墩入水后走失(见图 6-25)。

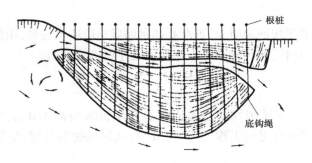

图 6-25　北围堤 1 号垛出险平面图

3. 抢险过程

本次险情的最大特点是,出险堤段长,险情种类繁多,出险情况各异,同时"边修边抢""抢修结合",针对这一特点分别采用了不同的抢护方法,主要有:

(1)对塌陷或滑塌险情采用抛枕固根,加高搂厢。

(2)对墩蛰险情采用迅速加高搂厢、推柳石枕护根、抛铅丝笼堆压脚的方法进行抢护。

(3)对整体滑动险情,视滑动情况采用了不同的抢护方法。在滑动不严重的埽面上加打"家伙"桩,大力后拉,同时抛枕固根。对滑动严重的险情,按照"轻埽、重枕、笼压脚"的抢护原则进行抢护。即临堤下埽加厢,埽要以软料为主,防止围堤坍塌后退,同时前头与原埽面错开 2 m,在错开部位打桩缠绳,拉住埽体,并在此抛石压重,使埽体紧贴床面,埽体落到河底后,立即推一排枕护根,枕的体积要大,石料要足,抗冲能力要强,枕到位后在迎水面抛三四个铅丝笼堆固脚,防止柳石枕滑动外移。

第四节　坝裆后溃

一、现象

坝裆后溃是由于受回溜或正溜的淘刷,坝裆滩岸坍塌后退,使上、下丁坝土坝体非裹护部位坍塌,严重时大堤或连坝也发生坍塌。

二、抢护原则

护岸(滩岸或坝岸)抗冲或挑(导)流外移、阻挡(坝裆)后溃。

三、抢护方法

(一)抛柳石枕

可在坍塌部位抛柳石枕至出水面 1~2 m,顶宽 2 m,以保护坝体不被进一步淘刷。

(二)土工大布护岸

在坍塌部位挖槽,铺设土工大布,用土袋、铅丝笼等压重,再回填土方,达到防护土坝体的作用。

(三)修回溜垛

如险情由下一道丁坝回溜引起,可在其迎水面后半段适当位置,用抛石或抛石笼的方法修建回溜垛,挑溜外移,减轻回溜对丁坝坝根或连坝裆的淘刷。

四、抢险要点

(1)在溃裆险情的下游坝垛的迎水面抛石笼墩出水面高 1.0 m、宽(垂直坝轴线方向)2.0 m 以上的石笼墩(老河工称之为"坝蛋"),或埽垛挑溜外移,避免回流上延致使坝裆后溃。

(2)在迎水面抢石笼墩挑流外移时,应避免抛散石,特别是利用自卸车抛散石会造成大量石料冲失,浪费财力、物力、人力。

(3)坝裆后溃严重的,应及时采用柳石枕、土袋笼或土工大布护岸等方法进行抢护,避免危及工程(连坝)安全。

五、抢险实例

(一)险情概述

温县大玉兰控导工程位于温县黄河左岸祥云镇南 5 km 处,该工程始建于 1974 年冬,经历次续建,大玉兰控导工程现有坝 52 道、垛 8 座、护岸 8 段,计 68 座工程。现工程控制长度 6 400 m,连坝加高后作为防护堤保护着小浪底水库移民区的安全。其中 1~27 坝为旱地筑坝,坝长 120 m,裹护长度 60 m,未裹护段长 60 m,修筑时裹护段根石埋深 1 m,是大玉兰控导整个主体工程的薄弱段,抗溜能力较弱;28 坝以下为水中进占坝,常年靠河,由于 28 坝—34 坝受坝前河心滩影响,大流顶冲此段,致使该段工程易发生险情。

2016 年 3 月 31 日 9 时 30 分,34 坝受回溜淘刷影响,致使迎水面 0+030~0+070 发生根坦石坍塌的较大险情,坝前水深 6 m,出险长 40 m、宽 3.5 m、高 6 m,出险体积 840 m³。随后,坝头和迎水面等部位也因回溜淘刷影响相继发生险情。34 坝 3 月 31 日至 4 月 4 日共发生险情 4 次,其中一般险情 3 次,较大险情 1 次,累计出险体积 1 777 m³。

2016 年 3 月 31 日 9 时 50 分,33 坝受回溜淘刷影响,致使坝前头、迎水面等部位相继发生根坦石坍塌险情。3 月 31 日至 4 月 8 日共发生险情 4 次,均为一般险情,累计出险体积 1 086 m³,如图 6-26、图 6-27 所示。

(二)出险原因

28~34 坝受坝前河心滩影响,出现横河河势,30~34 坝坝前河心滩挑流上游来水大流顶冲 30~34 坝,由于水流速度快,冲刷力强,在迎水面形成强回溜,致使 33~34 坝受回溜淘刷影响,迎水面、坝前头等部位发生根坦石下蛰的较大险情。

(三)抢险过程

险情发生后,温县河务局及时向县防汛抗旱指挥部与焦作河务局防汛办公室做了汇报,同时在抢险现场成立了以温县副县长任指挥长、温县河务局局长任副指挥长的工程抢险现场指挥部。为及时控制险情,指挥部立即制订抢护方案,采取抛铅丝笼抗溜、土工包护坡,散抛石还根还坦等方法进行抢护。

具体做法如下:

图 6-26　温县大玉兰控导工程 33 坝—34 坝坝裆后溃险情

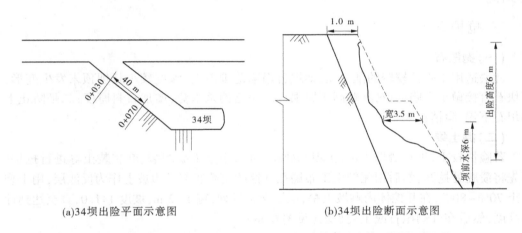

(a)34坝出险平面示意图　　　　　　　　　　(b)34坝出险断面示意图

图 6-27　温县大玉兰控导工程 33 坝—34 坝坝裆后溃险情平面图、断面图

（1）指挥部调用 2 部装载机、1 台挖掘机、3 辆自卸车、2 台发电机组,组织专业抢险队员 20 人、亦工亦农抢险队 10 人投入抢险。

（2）在 34 坝迎水面和 33 坝下跨角回溜淘刷强的部位分别选点抛投铅丝笼墩,促使回溜外移,使坝裆形成静水。

（3）抛石还根还坦,并在裹护段与非裹护段交界处抛土工包护基后抛石护根。

由于险情发现及时,人力物资组织迅速,抢护措施得力,险情得到了及时控制。本次抢险共投入石料 2 863 m³,铅丝 1 824 kg,人工 1 451 工日,装载机 73.2 台时,挖掘机 3.3台时,自卸车 201.6 台时,投资 49.53 万元。其中,34 坝投入石料 1 777 m³,铅丝 1 064kg,人工 1 056 工日,装载机 42.7 台时,挖掘机 3.3 台时,自卸车 142.3 台时,投资 31.37万元;33 坝投入石料 1 086 m³,铅丝 760 kg,人工 395 工日,装载机 29.7 台时,自卸车 59.3台时,投资 18.16 万元。

第五节　溃　膛

一、现象

坝垛溃膛也叫淘膛后溃,是坝胎土被水流冲刷,形成较大的沟槽,导致坦石陷落的险情。

二、抢护原则

阻水窜膛、翻修补强。查找窜塘过流通道,抛填软料或碎石闭气,按原结构恢复垛体或坝体。

三、抢护方法

(一)抛散石

此法适用于险情较轻的乱石坝,即坦石塌陷范围不大、深度较小且坝顶未发生变形,用块石直接抛于塌陷部位,并略高于原坝坡。一是消杀水势,增加石料厚度;二是防止上部坦石下塌,险情扩大。

(二)抛土袋

若险情较重,坦石滑塌入水,土坝基裸露,可采用土工编织袋、麻袋装土等进行抢护。即先将溃膛处挖开,然后用无纺土工布铺在开挖的溃膛底部及边坡上作为反滤层,用土袋装土 70%~80%,在开挖体内顺坡上垒,层层交错排列,宽 1~2 m,坡度 1:1.0,直至达到计划高度,然后在外侧抛石或土袋护坡(见图 6-28)。

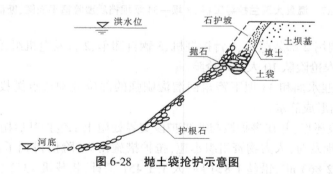

图 6-28　抛土袋抢护示意图

(三)抛枕或捆懒枕

如果险情严重,坦石坍塌入水,坝基裸露,土体冲失量大,险情发展速度快,可采用大柳石枕(又叫懒枕)、柳石搂厢等方法进行抢护。若厢体与土体之间过溜致使土体坍塌形成溃膛,应填塞软料或抛土袋阻窜。

抛枕抢护示意见图 6-29。

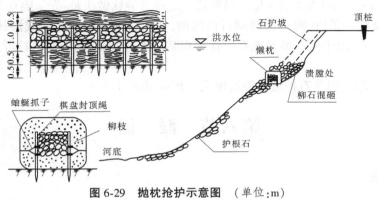

图6-29　抛枕抢护示意图　（单位:m）

四、抢险要点

（1）抢护坝垛溃膛险情,首先要通过观察找出串水的部位进行截堵,消除冲刷。在截堵串水时,切忌单纯向沉陷沟槽内填土,以免仍被水流冲走,扩大险情,贻误抢险时机。

（2）坝体蛰陷部分,要根据具体情况相机采用懒枕或柳石搂厢等方法抢护。

（3）坝垛前抛石或柳石枕维护,以防坝体滑塌前爬。

（4）水位降低后或汛后,应将抢险时充填的料物全部挖出,按照设计和施工要求进行修复。

五、抢险实例

河南省武陟县老田庵控导工程紧靠郑州京广铁路桥下侧,其中15号坝于1993年春修筑,坝基位于串沟上,水深较浅,平均仅2.0 m。筑坝时先于水中用柳石搂厢进占,最大进占水深5 m,占后填土筑坝基,占前先抛柳石枕后抛乱石裹护,坝前头用铅丝笼加固。竣工后即靠溜出险。险情特点是裹护体基础下蛰,引起坝基出现裂缝,由于裹护体用3月底4月初的柳料,枝叶较少,透水性大。水流冲淘坝基严重,坝基大量土体流失,形成典型的溃膛险情。

险情发展过程如下:

5月9日18时30分,15号坝上跨角及坝前头距坦石分别为2 m和1 m处坝基各出现裂缝1条,长度分别为3 m和2 m。至19时裂缝处土体下蛰长6 m、宽2.5 m、最深1 m。此时坝体土以漏斗形向下迅速流失。至20时坝基下蛰长10 m、宽12 m、平均深0.7 m,最深1.5 m;21时下蛰长20 m、宽16 m、深1.5 m,最大入水深1.5 m;至22时12分坝基下蛰长27 m、宽19 m、深1.8 m,入水坑半径3 m。

抢护过程是先用人工推土补填坝基未能奏效,改用推土机推土填筑仍未控制险情发展,后调用铲运机运土,推土机推土,捆懒枕抢护取得成功。具体做法是:

（1）清理坍塌入土坝基内的护坡块石,同时用铲运机运土,推土机推土填筑被冲蚀的坝基,使填筑强度远大于冲蚀强度。坝坡距原裹护体约2 m。

（2）加宽加厚根石:削减水流对坝基土的冲刷。

（3）在水位变动区捆 2 排 3 层简易懒枕。此简易懒枕做法是：先每隔 0.5 m 铺垂直坝的迎水面捆枕绳一条，在绳上铺柳铺石再铺柳，然后将捆枕绳捆扎即成懒枕。枕的长度 10 m，直径 1 m。由于要求懒枕能有效保护坝基土壤，因而所用柳料选枝叶繁茂细柳，捆扎更为紧密。

（4）整修坝基，抛散石护坡。护坡顶宽 1.0 m，边坡 1∶1.5。

第六节　漫　溢

一、现象

漫溢是指洪水漫过坝垛顶部并出现溢流现象。

二、抢护原则

预报后续洪水不大，个别地段高程不足，可考虑"抢修子堤阻漫"的原则；若后续洪水较大，在弃守前也可考虑采用柳把或土工大布"护顶防冲"的原则。

三、抢护方法

（1）柳把护顶。在坝顶前后各打一排桩，用绳或铅丝将柳捆成直径 0.5 m 左右的柳把，然后将柳把相互搭接铺在坝顶上，再用小麻绳或铅丝绑扎在桩上，防止坝顶被冲。如漫坝水流水深流急，可在两侧木桩之间直接铺一层厚 0.3～0.5 m 的柳料，再在柳料上面压块石，以提高防冲能力（见图 6-30）。

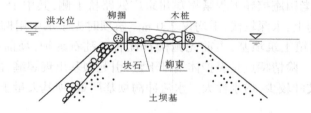

图 6-30　柴柳护顶示意图

（2）土工布护顶。将土工布铺放于坝顶和堤顶，用木桩将土工布固定于坝顶，下端用石坠固定，木桩数量视具体情况而定。一般行间距 3 m。为使土工布与坝顶结合严密，不被风浪掀起，可在其上铺压土袋一层（见图 6-31）。

四、抢险要点

（1）根据洪水预报，估算洪水到达当地的时间和最高水位，抓紧拟订抢护方案，积极组织实施。若抢修子堤，务必抢在洪水漫溢之前完成。

（2）抢筑子堤必须全线同步施工，突击进行，不能做好一段，再做另一段。决不允许中间留有缺口或低凹段等。

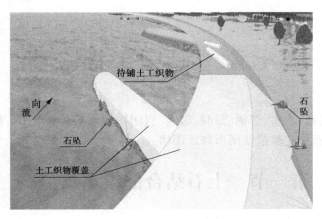

图 6-31　土工布护顶示意图

（3）抢筑子堤要保证质量,做好防守抢险加固准备工作,不能使子堤溃决,失去防护作用。

总之,以上河道整治工程和堤防工程险情抢护,传统抢护方法中较常采用的方法、抢险理念、抢险方法都是前人通过抢险实践总结概括出来的,在今后的险情抢护中仍适用。但是,由于新型材料、抢险机械以及社会生产力的提高,抢险手段、作业方式、施工工艺等均有了很大的变化。因此,在险情抢护时,根据现有抢险材料和抢险机械等条件,要因地制宜、与时俱进。目前,针对河道整治、堤防等工程发生坝岸坍塌等险情,常用的抢护方法有:大布进占、大布护岸护底,机械化捆抛柳石枕、厢枕、笼垛,机械化装抛石笼(挖掘机配合自卸车装抛石笼、装载机装抛石笼、挖掘机装抛石笼)、机械化装抛袋类(集装袋、长管袋)等抢险新技术、新工艺、新方法,提高了抢险效率,为工程安全提供了保障。

第七章　涵闸工程险情

涵闸易出现滑动、渗水、管涌、漏洞、裂缝、启闭机故障等险情,对不安全的涵闸,当预报有大洪水时,宜提前在闸前或闸后修堤围堵。

第一节　土石结合部渗水及漏洞

一、现象

涵闸、管道等建筑物某些部位,如水闸边墩、岸墙、翼墙、刺墙、护坡、管壁等与土基或土堤结合部产生裂缝或空洞,在高水位渗压作用下,沿结合部形成渗流或绕渗,冲蚀填土,在闸背水侧坡面、坡脚发生渗透破坏,出现管涌、漏洞等险情。

二、抢护原则

抢护漏洞、渗水的原则是"上截下排",即临水堵塞漏洞进水口,背水反滤导渗。

三、抢护方法

(一)堵塞漏洞进口

1.篷布覆盖

该法一般适用于涵洞式水闸闸前临水堤坡上漏洞的抢护。覆盖用布可是篷布或土工布,幅面宽2~5 m,长度要能从堤顶向下铺放至将洞口严密覆盖,将布上下两端各缝一套筒,上端套上竹竿,下端套上钢管,捆扎牢固。把篷布卷在钢管上,在堤顶肩部打数根木桩,将卷好的篷布上端固定,然后推篷布卷筒顺堤坡滚下,直至铺盖住漏洞进口。为提高封堵效果,在篷布上面抛压土袋"闭气"(见图7-1)。

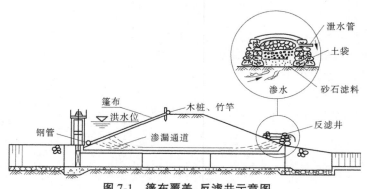

图 7-1　篷布覆盖、反滤井示意图

2. 土袋或棉絮堵塞

当漏洞口不大,且水深在 2.5 m 以内时,用土袋堵塞。还可用旧棉絮、棉衣等内裹石块用绳或铅丝扎成捆。抢险人员系上安全绳,挟带土袋或棉絮捆,靠近漏洞进口,用土袋(棉絮捆)楔入洞口并用力压紧塞入,在其上压盖土袋,以使闭气。

(二)背河导渗反滤

渗流已在涵闸下游堤坡出逸,为防止流土或管涌等渗流破坏,致使险情扩大,需在出逸处采取导渗反滤措施。

1. 砂石反滤层

使用筛分后的砂石料,对一般用壤土填筑的堤防,可按图 7-2 所示的三层反滤结构填筑,滤水体汇集的水流,可通过导管或明沟流入涵闸下游排走。

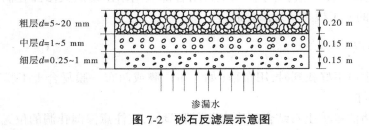

粗层 d=5~20 mm	0.20 m
中层 d=1~5 mm	0.15 m
细层 d=0.25~1 mm	0.15 m

渗漏水

图 7-2　砂石反滤层示意图

2. 土工织物滤层

土工织物滤层使用幅宽 2~4.2 m、长 20 m、厚 2~4.8 mm 的有纺或无纺土工织物。据国内有些工程使用的经验,用一层 3~4 mm 厚的土工织物滤层,可代替砂石料反滤层。具体铺设如图 7-3 所示。

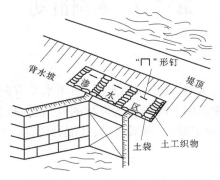

图 7-3　土工织物滤层铺设示意图

铺设前要对坡面进行平整,清除杂草,使土工织物与土面接触良好。铺放时要避免尖锐物体扎破织物。土工织物幅与幅之间可采用搭接,搭接宽度一般不小于 0.2 m。为固定土工织物,每隔 2 m 左右用"冂"形钉将其固定在堤坡上,再用土袋压重。

(三)中堵截渗

在临河漏洞进口堵塞、背水导渗反滤取得成效之后,为彻底截断渗漏通道,可从堤顶偏下游侧,在涵闸岸墙与土堤结合部开挖长 3~5 m 的沟槽,开挖边坡 1:1 左右,沟底宽 2 m。当开挖至渗流通道时,将预先备好的木板紧贴岸墙和流道上游坡面,用锤打入土内,然后用含水量较低的黏性土或灰土(灰土比 1:3~1:5)迅速分层将沟槽回填并夯实(见图 7-4)。

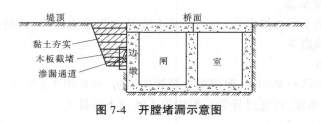

图 7-4　开膛堵漏示意图

此外,还可用灌浆阻渗法,对于涵闸土石结合部或闸基出现的大渗漏孔洞,可采用以灌浆方法充填好的土工模袋堵塞渗漏通道。

四、抢险要点

(1)临河进水口不好找到时,用布幕(如一布一膜或两布一膜复合土工膜)覆盖法抢护,并采用土袋压护。

(2)中间截堵法抢护土石结合部渗水及漏洞险情,应注意渗漏孔洞的位置,位置在洪水位以下时不宜采用。

(3)背河修筑反滤层时,反滤层的铺设应垂直渗流的方向,以便反滤层更好地滤水留沙。

第二节　水闸滑动

一、现象

修建在软基上的开敞式水闸,高水位挡水时,由于水平方向推力过大,抗滑阻力不能平衡水平推力而产生建筑物向闸下游侧移动失稳的险情,如抢护不及,将导致水闸失事。滑动可分为三种类型:①平面滑动;②圆弧滑动;③混合滑动。

二、抢护原则

增加阻滑力、减小水平推力,预防滑动。

三、抢护方法

(一)下游蓄水平压

在水闸下游一定范围内用土袋或上土料筑成围堤,适当壅高下游水位,减小上下游水头差,以抵消部分水平推力。修筑围堤的高度要根据壅水对闸前水平作用力的抵消程度进行分析,堤顶宽约 2 m,土围堤边坡 1:2.5,堆土袋边坡 1:1,要留 1 m 左右的超高,并在靠近控制水位处设溢水管(见图7-5)。

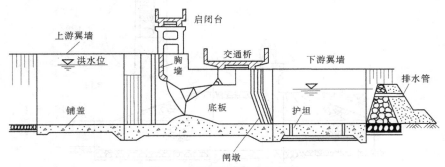

图7-5　下游围堤蓄水示意图

(二)圈堤围堵

在建筑物的临水面前沿滩地修筑临时圈堤,圈堤高度通常与闸两侧堤防高度相同,顶宽应不小于5m,以利施工和抢险。圈堤边坡1:2.5~1:3。圈堤临河侧可堆筑土袋,背水侧填筑土戗,或者两侧均堆筑土袋,中间填土夯实,以减少土方量。土袋堆筑边坡1:1。

四、抢险要点

(1)这类险情一般只发生在开敞式水闸,最好的抢护方法是蓄水平压,在修筑围堰时,围堤应压实或夯实,围堤修筑按照预估水深,围堤的宽度、高度及坡度满足稳定要求,避免闸后围堰溃决。

(2)这类水闸禁止车辆通行,避免因过往车辆振动促使闸基土体液化,促使水闸滑动。

第三节　闸顶漫溢

一、现象

对于开敞式水闸,当洪水位超过闸墩顶部时,将发生闸墩顶部浸水或闸门溢流的险情。涵洞式水闸埋设于堤内,防漫溢措施与堤防的防漫溢措施基本相同。

二、抢护原则

加高胸墙,阻漫抗冲。用土袋或土工模袋加高胸墙,防止闸顶过水。

三、抢护方法

(一)无胸墙开敞式水闸

当闸孔跨度不大时,可焊一个平面钢架,钢架网格尺寸不大于0.3m×0.3m。用门机或临时吊具将钢架吊入闸门槽内,放置于关闭的工作闸门顶上,紧靠门槽下游侧,然后在钢架前部的闸门顶部,分层叠放土袋,迎水面放置土工膜布或篷布挡水。具体做法如图7-6所示。

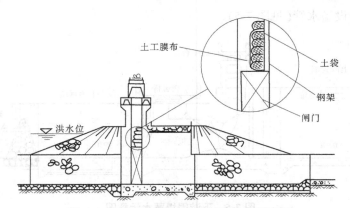

图 7-6　无胸墙开敞式水闸漫溢抢护示意图

(二)有胸墙开敞式水闸

利用闸前工作桥在胸墙顶部堆放土袋,迎水面压放土工膜布或篷布挡水,如图 7-7 所示。土袋应与两侧大堤衔接,共同抵御洪水。具体做法如图 7-7 所示。

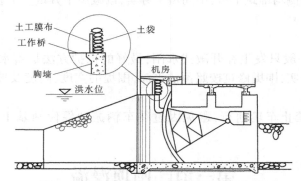

图 7-7　有胸墙开敞式水闸漫溢抢护示意图

四、抢险要点

(1)在抢护漫溢险情的同时,根据工况和现场条件,在闸后抛填砂石袋阻滑,或修筑养水盆,避免随着水位升高、水平推力(压力)和仰压力(浮托力)的增大,促使水闸发生滑动险情。

(2)根据洪水预报,对水闸防洪进行安全评估,若存在安全隐患,应尽早在闸前或闸后进行围堵,确保水闸安全。

第四节　闸基渗水或管涌

一、现象

涵闸地下轮廓渗径不足、渗流比降大于地基土允许比降,可能产生渗水破坏,形成冲蚀通道;或者地基表层为弱透水薄层,其下埋藏有强透水砂层,承压水与河水相通,当闸下游出逸渗透比降大于土壤允许值时,也可能发生流土或管涌,冒水冒沙,形成渗漏通道,危及闸体安全。

二、抢护原则

上游截渗、下游导渗,或蓄水平压、减小水位差。

三、抢护方法

(1)上游阻渗。关闭闸门停泄;在渗漏进口处,由人工或机械抛填黏土袋填堵进口,再加抛散黏土封闭,或利用洪水挟带的泥沙,在闸前落淤阻渗,还可用船在渗漏区抛填黏土,形成铺盖层阻止渗漏,如图7-8所示。

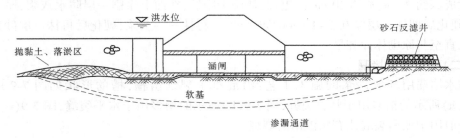

图 7-8 上游阻渗和下游设反滤井示意图

(2)在下游管涌或冒水冒沙区修筑反滤围井。

(3)在下游修筑围堤蓄水平压,减小上下游水头差。

(4)下游滤水导渗。当闸下游冒水冒沙面积较大或管涌成片时,在渗流破坏区分层铺填中粗砂、石屑、碎石修筑反滤层,下细上粗,每层厚20~30 cm,上面压块石或土袋。如缺乏砂石料,亦可用秸料或细柳枝做成柴排(厚15~30 cm),上铺草帘或苇席(厚5~10 cm),再压块石或沙土袋。

四、抢险要点

(1)闸基渗水或管涌险情应重点在下游修筑反滤围井,或采用无滤水桶蓄水平压减少上下游水位差,避免险情进一步扩大。

(2)若险情控制效果不佳,或有进一步扩大趋势,可在下游借助淤区或闸后围堰进行围堵,消除险情隐患。

第五节 建筑物裂缝

一、现象

混凝土建筑物主体或构件,在各种外荷载作用下,受温度变化、水化学侵蚀,以及设计、施工、运行不当等因素影响,会出现有害裂缝。严重的可造成建筑物断裂和止水设施破坏。

二、抢护原则

灌缝堵漏,更换止水。用环氧树脂或不透水黏接材料,灌堵裂缝进口,防止渗漏险情发生。

三、抢护方法

对建筑物裂缝,可采用下述方法进行抢修。

(一)防水快凝砂浆堵漏

在水泥砂浆内加入防水剂,使砂浆有防水和速凝性能。施工工艺:先将混凝土或砌体裂缝凿成深约 2 cm、宽约 20 cm 的毛面,清洗干净后,在面上涂刷一层防水灰浆,厚 1 mm 左右,硬化后即抹一层厚 0.5~1 cm 的防水砂浆,再抹一层灰浆,硬化后再抹一层砂浆,交替填抹直至与原砌体面齐平。

(二)环氧砂浆堵漏

防水堵漏用环氧砂浆的施工工艺:沿混凝土裂缝凿槽,槽的形状如图 7-9 所示。图 7-9(a)所示的槽多用于竖直裂缝,图 7-9(b)所示的槽多用于水平裂缝,图 7-9(c)所示的槽一般用于坡面裂缝或有水渗出的裂缝。

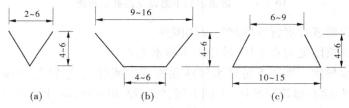

图 7-9　缝槽形状 （单位:cm）

浆砌石或混凝土块体砌缝及伸缩缝渗水严重,要先将缝中浮渣、杂物清除干净,用沥青麻丝或桐油麻丝填塞并挤紧,再用水玻璃掺水泥阻渗,然后用防水砂浆或环氧砂浆填密实并勾缝。裂缝嵌补抢护示意见图 7-10。

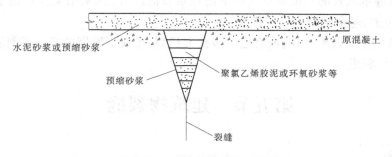

图 7-10　裂缝嵌补抢护示意图

此外,还可使用丙凝水泥浆堵漏或其他新型防渗堵漏及补强材料。

四、抢险要点

（1）防水快凝砂浆或环氧砂浆等黏接材料在有效期范围内,并事前进行黏接试验,确保强度满足要求。

（2）缝槽要清除干净,必要时应开沟拙毛,以利黏合。

（3）这类险情尽可能结合汛前工程安全排查或专项检查,发现隐患及时处置。

五、抢险实例

黄河下游引黄涵闸沉陷缝以平头接缝为主,并采用金属片、塑料或橡胶止水;止水好坏将直接影响涵闸安全。多数涵闸、虹吸管发生漏水、冒沙,甚至基底管涌现象,都是因沉陷缝止水失效引起的。如濮阳县南小堤闸,1960 年修建,沉陷缝采用柏油麻绳止水,1965年清淤检查,沉陷缝一昼夜冒沙几十千克至几百千克。台前县刘楼老闸,1985 年修建,采用镀锌铁皮止水,缝内填塞柏油麻丝,1965 年清淤检查,铁皮锈蚀断裂,经打孔检查发现底板下基土被淘冲,呈架空状态。抢险一般采用沿沉陷缝铺放土工织物的方案。首先根据土壤颗粒分析试验成果选定土工织物规格,其次用选定的土工织物进行管涌抢护试验。试验结果表明,既未发生管涌,也未发生淤堵。施工方法是将宽 90 cm 的土工织物沿沉陷缝对称铺放,两侧用 20 cm×20 cm 的混凝土条作为压重,混凝土压条之间填碎石作为透水压重体(见图 7-11)。

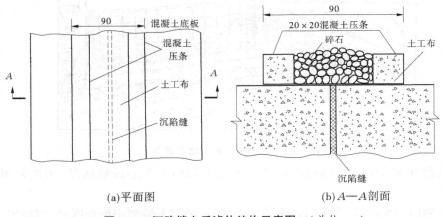

(a)平面图　　　　　　　　　(b)A—A剖面

图 7-11　沉陷缝上反滤体结构示意图　（单位:cm）

第六节　闸门失控及漏水抢堵

一、现象

由于闸门变形,闸门槽、丝杠扭曲,启闭装置发生故障或机座损坏、地脚螺栓失效以及卷扬机钢丝绳断裂等原因闸门失控及漏水,不仅危及水闸本身的安全,而且由于控制洪水作用减弱或失去对洪水的控制,对闸下游地区或河流下游地区将造成严重危害,必须引起高度重视。

二、抢护原则

前后围堵,蓄水平压。利用叠梁闸板或前、后围堤进行封堵,防止渗漏或较大险情发生。

三、抢堵方法

出现闸门失控和漏水险情后,可采用如下方法抢堵:

(1)吊放检修闸门或叠梁屯堵。如仍漏水,可在工作门与检修门或叠梁门之间抛填土料,也可在检修门前铺放防水布帘。

(2)采用框架—土袋屯堵。对无检修门槽的涵闸,可根据工作门槽或闸孔跨度,焊制钢框架,框架网格 0.3 m×0.3 m 左右。将钢框架吊放卡在闸墩前,然后在框架前抛填土袋,直至高出水面,并在土袋前抛土,促使闭气,如图 7-12 所示。

图 7-12　框架—土袋屯堵示意图

(3)大型分泄水闸抢堵的临时措施主要是根据闸上下游场地情况,相机采用围堰封堵。

(4)对闸门漏水险情,在关门挡水条件下,应从闸门下游侧用沥青麻丝、棉纱团、棉絮等填塞缝隙,并用木楔挤紧。有的还可用直径约 10 cm 的布袋,内装黄豆、海带丝、粗砂和棉絮混合物,堵塞闸门止水与门槽上下左右间的缝隙。

四、抢险要点

(1)针对以上涵闸工程发生的各种险情,如土石结合部渗水、闸门漏水、滑动等险情,在抢护有困难或不宜彻底根除险情时(险情不可控、有可能危及堤防安全的情况下),为确保涵闸工程防洪运行安全,应采取闸前、闸后封堵或闸前闸后同时封堵。

(2)涵闸封堵应借助(结合)闸前或闸后围堤、淤区等有利条件封堵。

(3)穿堤虹吸或管道发生险情抢护,应将前虹吸或管道前端的活接或管口吸水嘴去掉,加上盖板、橡胶止水密封、封堵。

(4)当发生的险情可控,对堤防工程安全影响不大时,可采用关闭检修门或叠梁闸门,在工作门与叠梁闸门之间,填黏土,并予以密实后抢险。

五、抢险实例

(1)黑岗口闸位于开封市郊区临黄大堤 77+170 处,1957 年兴建,为 5 孔钢筋混凝土结构涵洞式涵闸,平板闸门,孔口尺寸 2.0 m×1.8 m(高×宽),设计流量为 50 m³/s。因河道淤积,1980 年改建提高设防水位,加长洞身,抬高启闭机座。该闸担负着开封市工业、居民生活及郊区农业用水的任务,年引水天数 320 d 以上,年均引水约 1.5 亿 m³。

该闸存在的主要问题是:①闸前顶部设计高程不足。该闸始建于 1957 年,原设防水位为 82.64 m,闸顶高程为 84.0 m,1980 年改建时只抬高了启闭机房至 86.4 m 以上,闸顶没有抬高。1996 年花园口站发生 7 860 m³/s 洪水时,闸前顶部即漫水 0.3 m,当发生更大洪水需放下防洪闸门时,在水中很难操作,对抢护极为不利。②洞身裂缝及渗水。由于该闸粉质地基较差,涵洞建成后即发生不均匀沉陷,洞身出现裂缝及冒水冒沙现象。1987 年以来先后采用石棉绳堵塞、水泥灌浆、环氧树脂压裂等多种方法处理,但冒水冒沙现象仍然存在;1991~1994 年清淤检查发现局部裂缝冒水呈赤色,说明洞身钢筋已锈蚀。③该闸还存在启闭机座抗拉强度不足及检修桥偏低挂草等问题。

鉴于上述问题,在防御大洪水预案中,当发生大洪水时首先利用检修闸门吊放混合叠梁进行闸前封堵。

(2)共产主义闸位于武陟县临黄大堤 78+800 处,1958 年建成,1981 年改建,为开敞式 6 孔钢结构弧形闸门,孔口尺寸 3.5 m×5.0 m(高×宽),设计流量 280 m³/s。

该闸存在的主要问题是:①闸门及牛腿支撑锈蚀严重,强度不足;②消力池排水系统失效,渗径不足;③闸门桥高度不足,距设计值相差 1.5~1.8 m。

采取的抢护措施是封堵中 4 孔闸槽;东、西两边孔闸门重新改造,加固牛腿,1997 年已完成东边孔闸门改造。

(3)陈山口闸位于黄河右岸东平县境内,系开敞式弧形钢结构闸门,属黄湖两用闸,于 1959 年建成,共 7 孔,孔口尺寸为 10 m×8 m(长×宽),设计流量 1 200 m³/s。由于河道淤积,洪水位抬高。反向水压力增大,闸门改变了原来单向挡水的设计条件,1982 年黄河大洪水时河道水位高,湖水位低,造成牛腿破裂,不能正常运用。

抢护措施是增加闸墩反向抗拉钢筋、加固牛腿,以适应反向挡水要求。鉴于该闸挡水高度不足,牛腿损伤,启闭设施老化,1998 年汛后对该闸进行了修筑齿坎、抬高机架桥、改弧形门为平板门的改建。

(4)张庄闸位于河南省台前县境内,是金堤河流域排涝入黄的口门,又是防止黄河高水位倒灌金堤河的挡水建筑物,即"排涝挡黄"双向运用。该闸为开敞式水闸,筏式基础,共 6 孔,净跨 10 m,孔高 4.7 m,设有弧形闸门和固定卷扬机。

由于长期使用及受出口处黄河河床淤积抬高的影响,相继出现不少问题,主要是:①闸室淤积高程达 40.0 m;较底板高程 37.0 m 高 3.0 m,每年必须清淤方可启用,严重影响正常使用;②建筑物挡黄标准不足,较 1997 年设防水位低 0.35 m;③连接闸室的岸厢平均沉降 300 mm,最大沉降差 276 mm,岸厢倾斜,路桥损坏;④消力池底板断裂;⑤止水设施老化失效等。

抢护方案是:弧门孔口垂直上抬 3 m,底板抬高形成驼峰堰,消力池段采用钢筋混凝土浇筑;牛腿及顶面以上的闸墩拆除加高;胸墙、机架桥拆除更新;更换、维修止水及观测设备;闸门及启闭设备更新。

第八章　水库工程险情

水库是调蓄洪水的主要设施,又多是综合利用的水利枢纽,主要工程包括水库库区、挡水、输水、溢洪以及电站等建筑物。土石坝、混凝土坝常见的渗水、漏洞、管涌、裂缝、滑坡等抢险可参照第五章堤防工程险情,本章只介绍输泄水建筑物险情和溢洪道险情抢护。

第一节　输泄水建筑物险情抢护

一、输泄水建筑物与土坝结合部位渗水及漏洞抢护

抢护原则是"临水截渗,背水导渗",具体方法和土堤或土坝渗水及漏洞抢护相同。

二、输泄水建筑物裂缝及分缝止水破坏抢护

建筑物发生裂缝和分缝止水设施破坏,通常会恶化工程结构的受力状态和破坏工程的整体性,对建筑物稳定、强度及防渗能力产生不利影响,发展严重时可能危及工程安全,应及时进行抢护。对混凝土建筑物裂缝处理有以下几种方法:

(1)环氧砂浆堵漏。

(2)防水快凝砂浆堵漏。

以上两种方法均应先将裂缝处凿成窄槽,并留有一定的毛面,需将槽洗干净后再填以止缝材料。

(3)反滤盖重或围井倒滤。

在临水面裂缝堵漏的同时,对背水面渗水处,如位于翼墙与土坝结合部,不便于围井时,可以采用反滤盖重;如分缝止水位于墙后填土戗台边坡,可采用围井倒滤方法进行处理。

三、输水洞(管)漏水、地基渗透破坏和冲刷破坏抢护

(一)输水建筑物地基渗透破坏及抢护措施

抢护原则是:上游截渗,下游导渗。

其具体方法为:上游抛黏土截渗,下游抢筑反滤层或反滤盖重。其具体做法与土坝渗漏相同。

(二)输水建筑物被冲刷破坏抢护

(1)上游泄流顶冲淘刷抢护。主要措施是抛投料物,直至抛出水面0.5~1 m高度,防止继续淘刷。

(2)下游冲刷破坏抢护。具体方法:①断流抢护,在条件许可时,可暂时断流,对损坏部位进行及时抢修;②潜坝缓冲,即在海漫末端或下游抢筑潜坝,增加下游水深,抬高水

位,减轻冲刷;③短坝挑流,即在冲坏部位的上部筑短坝将水流挑起。

四、溢洪泄水建筑物险情抢护

(1)降低扬压力。溢洪道底部扬压力过大是造成底板破坏的主要原因。降低扬压力的办法,一般是上游加强防渗措施,下游改善排水条件。

(2)表面如有破坏,可用水泥速凝砂浆、沥青砂浆或环氧砂浆修补。如底板被掀起、折断等,可临时抛块石、石笼等抢护。

五、泄水建筑物滑动抢护

抢护原则:增加抗滑力,减少滑动力,以稳固基础。具体方法有:①闸顶加重增加阻滑力;②下游堆重物阻滑;③下游蓄水平压。

六、闸门失灵抢修

如有检修闸门,可将其吊放后对工作闸门进行检修。如无检修闸门,在条件许可的情况下,可在闸门前筑一临时挡水墙后工作闸门进行检修,在情况紧急时,可将工作闸门炸毁,以保水库安全。

第二节　溢洪道险情

溢洪道险情大致分为两类:一类是运行维护险情(剥蚀、磨损与空蚀),另一类为泄洪险情。

一、险情说明

(一)运行维护险情

溢洪道因冻融循环、水质侵蚀和钢筋锈蚀、磨损和空蚀等造成的混凝土表层剥落称为剥蚀。挟带有悬移质和推移质的高速水流冲刷混凝土工程时易导致破坏,形成混凝土表层磨损。高速水流在局部区域水流内部产生低压气泡,即为空穴(气穴),空穴在水流液固边界附近溃灭时,在小面积上产生高压冲击波,导致混凝土剥蚀,即为空蚀。

(二)泄洪险情

溢洪道泄洪险情主要是:边坡及导墙不稳;两岸山体滑坡;堰体失稳以及有闸门溢洪道启闭设施失灵等。即溢洪道行洪时,冲毁边坡和导墙,当导墙与坝体相连接时,洪水有可能冲击大坝,两岸山体滑坡,滑坡体堵塞溢洪道,堰体失稳导致坍塌或崩岸,启闭设施失灵等险情。

二、抢险原则

(一)冻融破坏

修补冻融剥蚀应先凿除损伤混凝土,然后回填能满足抗冻要求的修补材料,并采取止漏、排水等措施。修补材料可选用水泥混凝土及砂浆、聚合物水泥砂浆等;修补材料的抗冻等级应符合《水工混凝土结构设计规范》(SL 191—2008)规定。配制抗冻混凝土及砂浆应选用强度等级不低于 425 号的硅酸盐水泥、普通硅酸盐水泥。

(二)钢筋锈蚀破坏

对碳化引起的钢筋锈蚀,应将保护层全部凿除,处理锈蚀钢筋,用高抗渗等级的混凝土或砂浆修补,并用防碳化涂料防护。对氯离子侵蚀引起的钢筋锈蚀,应凿除受氯离子侵蚀损坏的混凝土,处理锈蚀钢筋,用高抗渗等级的材料修补,并用涂层防护。修补材料的性能不得低于建筑物材料原设计指标,选用的水泥混凝土及砂浆、聚合物水泥混凝土及砂浆抗渗等级不低于 W12,对遭受严重侵蚀的部位可选用树脂混凝土及砂浆。在有氯离子侵蚀的环境中,水泥混凝土和砂浆必须掺用钢筋阻锈剂。

(三)磨损和空蚀

磨损破坏采用高抗冲耐磨材料修补。空蚀破坏的修补处理中,体形不合理,修改体形;处理不平整突体,不平整度的控制标准应符合《溢洪道设计规范》(SL 253—2018)的规定;设置通气减蚀设施;改进不合理的闸门运行方式;用高抗空蚀材料和抗冲磨砂浆修补。

磨损和空蚀破坏的修补材料可根据破坏原因选择。修补悬移质磨损破坏可选用高强硅粉混凝土及砂浆、高强硅粉铸石混凝土及砂浆、铸石板等;修补推移质冲磨破坏可选用高强铁矿石硅粉混凝土及砂浆、高强硅粉混凝土及砂浆、钢轨嵌高强混凝土等;修补空蚀破坏可选用高强硅粉钢纤维混凝土、高强硅粉混凝土及砂浆、聚合物水泥混凝土及砂浆和抗冲磨砂浆等,在温度变化不大或经常处于水下的部位也可选用树脂混凝土及砂浆。

(四)边坡及导墙不稳

在边坡或导墙坍塌(或崩岸)位置,以"迅速抛投铅丝石笼或其他抗冲体,恢复工程的抗冲刷能力"为原则。

(五)两岸山体滑坡

采取"有效措施清除,溢洪道滑坡体"的原则。

(六)堰体失稳

汛前进行安全评估,判断堰体是否有裂缝、发生位移等安全隐患,或水库采取安全的运行方式,如水库汛期不超汛限水位等安全措施。

三、抢护方法

对剥蚀、磨损与空蚀的混凝土表层进行修补;消除边坡及导墙、山体滑坡、堰体安全隐患及启闭系统失灵等险情,确保水库安全运行。

(一)裂缝封堵

(1)导流。用沙土将溢洪道渗漏处的水导流至底板的边侧流出。

(2)开槽。利用混凝土切割机沿裂缝两侧切割出宽 4~5 cm、深 3~4 cm 的矩形槽,并剔除松动的混凝土块与石子。

(3)清槽。涂除槽内杂物及泥沙,并用压力水冲洗干净,在日光下暴晒至完全干燥。

(4)"一刷"。用毛刷在矩形槽内壁上涂刷一层配制好的聚氨酯防水涂料。涂刷中要注意排除气泡,保证聚氨酯涂料与混凝土黏结紧密。

（5）"一灌"。第一层涂料手指触摸基本不粘时，即可将聚氨酯涂料浆液通过导流管灌入槽内，浆液的表面要低于底板表面 4~5 mm。在斜坡段，用灰刀将聚氨酯水泥混合料（灰砂比 1:2、聚灰比 5%、水灰比 0.55）填入槽内，并用小锤击实。

（6）"二刷"。槽内浆液固结后，在槽上涂刷第二层聚氨酯涂料。

（7）养护。保持底板干燥，防止人为踩踏，直至表层涂料固化即可。

（二）冲蚀面修补

（1）导流。用沙土将溢洪道渗漏处的水导流至底板的边侧流出。

（2）清除杂物。凿除冲蚀面表层松动的混凝土及其他杂物，并清扫干净，然后用压力水将表面冲洗干净，在日光下晒干。

（3）涂刷黏结剂。配置环氧树脂基液（厂家提供），用毛刷均匀涂刷在冲蚀面上，涂刷厚度约为米粒石直径的一半，即 2 mm 左右，注意保持底板表面干燥且无气泡。

（4）界面糙化。将米粒石均匀撒在环氧树脂基液表面，并用干净的扫把轻拍压实。

（5）浇筑新混凝土。待环氧树脂固化后，先在其表面涂刷一层与后浇混凝土水灰比相同的水泥砂浆（灰砂比 1:2、水灰比 0.55），然后浇筑细石混凝土（水:水泥:砂:细石配合比一般为 0.55:1:1.7:3.0。具体配合比现场试配为准），浇筑厚度为 2~3 cm，并将表面压平。浇筑过程中应注意预留伸缩缝。

（6）养护。在新浇混凝土表面铺撒河砂，并浇水养护 14 d。

（三）边坡及导墙不稳

（1）边坡不稳险情。对于溢洪道堰体边坡或两岸边坡受高速水流冲刷或产生负压等原因，导致边坡发生滑塌或崩塌等险情，尽可能按照"结构修复抢险"的原则，迅速采取有效措施，进行抢险修复，主要方法有：抛铅丝石笼还坡抗冲（有被冲失的可能时，用铅丝绳牵拉），浇筑速凝混凝土（但外部需采取导流、护壁措施，此法只适用于两岸边坡抢护）等方法。

（2）导墙不稳险情。导墙的主要作用是防止溢洪道、导流底孔以及发电厂房之间的水流相互影响，使泄洪时的高速水流平顺进入下游河道，避免产生回流影响工程安全。因此，一旦工程冲垮应迅速采取加固措施，主要方法有：吊绳滑抛铅丝石笼或大混凝土块抗冲导流；钢丝绳缆定向定位滑抛抗冲体（石笼或大混凝土块）。

（四）两岸山体滑坡

两岸山体滑坡堵塞溢洪道，使水库水位迅速上涨，有可能发生洪水漫坝及大坝溃决险情。因此，这类险情应迅速清除溢洪道内的土石堆积物，疏通溢洪道。主要清除方法有：①用长臂挖掘机开挖引水通道，引水泄流，从而扩大过水断面，恢复溢洪道能力；②用高压水枪从溢洪道堆积体下游向上游射流冲失土体，挖槽过流泄洪，并不断用高压水枪扰动土体，增加坍塌速度，快速恢复溢洪道泄洪能力。

（五）堰体失稳

堰体失稳险情一般发生在临河堰体坡度较陡，或洪水陡降的情况下，堰体临河坡由于反向水压力作用，迫使临河坦坡下滑发生险情。这类险情可用运输船只装抛石笼或混凝土块等抗冲体处置，洪水过后，应对护坡进行加固处理。

(六)启闭系统失灵

这类险情多发生于液压启动型闸门,主要原因多为液压机损害或液压组件漏油,闸门不能升起或不能全部升起,溢洪道不能泄洪或不能畅泄洪水。抢险主要方法有:倒链提升闸门或电葫芦提升闸门,确保安全泄洪。洪水过后,修复启闭系统。

参 考 文 献

[1] 水利部黄河水利委员会.黄河河防词典[M].郑州:黄河水利出版社,1995.

[2] 水利电力部黄河水利委员会黄河防汛总指挥部办公室.黄河埽工[M].北京:中国工业出版社,1963.

[3] 水利部黄河水利委员会黄河防汛总指挥部办公室编.防汛抢险技术[M].郑州:黄河水利出版社,2000.

[4] 国家防汛抗旱总指挥部办公室.国家防汛抗旱专业干部培训教材[M].北京:中国水利水电出版社,2010.

[5] 曹克军.黄河传统与现代防洪抢险技术[M].郑州:黄河水利出版社,2017.

[6] 水利部黄河水利委员会黄河防汛总指挥部办公室.黄河防汛抢险技术画册[M].郑州:黄河水利出版社,2002.

[7] 水利部水旱灾害防御司.防汛抢险技术手册[M].北京:中国水利水电出版社,2021.